主校区教学楼

主校区综合楼

学院体育馆

学院清原实验林场秋景

清原实训基地综合楼外景

国家级生物技术（园艺）实训基地

林业技术实训中心

园林技术实训基地

林盛实训教学基地

板式家具实训中心

学院理事会成立大会

木材工程学院促进鞍山经济发展汇报会

学院与大连佳洋木制品有限公司合作揭牌协议

学院与希尔顿全球签署订单培养战略合作协议

召开"场中校"实践育
人理事会成立暨实践育
人工作会议

园林学院校企合作理事会成立会

学院与柬埔寨联合国际贸易发展有限公司建立国际合作

学院与沈阳家具协会合作为企业输送人才洽谈会

与加拿大亚岗昆学院开展合作办学

旅游学院校企共建"森旅英才培养学院"签约仪式

中国（北方）现代林业
职业教育集团成立大会
现场

国家林业局副局长彭有
冬视察指导学院和中国
（北方）现代林业职业
教育集团工作

辽宁生态建设与环境保
护职业教育集团成立大
会现场

全国职业教育集团化办学工作专家组组长刘来泉带队调研参观集团实训基地

企业向职教集团捐赠仪式现场

集团与企业联合开展林业产业领军人才培训

集团开展校校交流活动

辽宁省生态环保产业校企联盟揭牌仪式

联盟与本溪市合作试点
对接会

联盟阜新生态研究院成
立大会

联盟调研组深入企业开
展需求侧调研工作

联盟本溪枫叶研究院成
立大会

林业技术专业"校场共育、产学同步、岗位育人"人才培养模式改革

"课程项目化改造"学生代表座谈会

学生参加辽宁省森林连续清查工作场景

林业技术专业在实验林
场按项目实施企业课堂

"园林花卉"教学做一
体化课程参加课堂教学
质量比赛现场

"百强课改"课程教学做一体化教学现场　　现代学徒制班的学徒在板式家具实训中心工作

辽宁省职业教育改革发展示范校建设启动会

成功牵头建设全国林业技术专业教学资源库，图为工作会议现场

第一期教师职业教育教学能力培训与测评总结表彰大会现场

深化产学研合作，图为邹学忠教授在实验室指导科研工作

召开高职教育研究会成立暨战略创新项目启动会

牵头组建全国文化育人
与生态文明建设工作委
员会，图为工作委员会
成立大会现场

举办大型生态公益活动
（荣获全国梁希科普活
动奖）

牵头组建辽宁省普通高
中生态环保社团

主办全国职业院校"文化育人与生态文明建设"摄影大赛

学院召开生态文明课程工作会议

生态文明"三进",图为社团学生开展古树名木知识宣讲活动

中层干部在实验林场接受生态文明教育培训

学院雷锋园地落成典礼

"雷锋存折续存"活动启动仪式

学院与雷锋旅（团）共建活动现场之一

党建系列活动现场

庆"七·一"师生文艺晚会

学院第六届田径运动会开幕式

校园文化技术节活动现场

学生参加全国职业院校林业职业技能大赛林木种子质量检测大赛现场

国家林业局人事司领导为我院在全国职业院校林业职业技能大赛中获一等奖的选手颁奖

园林学院"卉声卉色花艺公司"在省大学生创业大赛中获奖

学院有 10 名学生荣获全国林科"十佳"毕业生，图为首届"十佳"毕业生魏京龙

木材工程学院学生作品
获全国三维数字化创新
大赛一等奖

学院和沈阳市林业局联合举办沈阳市杨树优良品种
及丰产栽培技术培训班

学院主办全省农民技术员培训班

学院荣获"沈阳市高校十大社会服务贡献奖"

学院被评为"辽宁省高校就业创业教育示范校"

学院荣获全国职业院校林业职业技能大赛"特殊贡献奖"

学院被教育部授予全国高校毕业生就业 50 强

林业类高职院校特色发展模式研究与实践

邹学忠 徐 岩 等著

中国林业出版社

内容简介

本书是关于林业类高职院校特色发展模式的理论和实践研究成果，系统阐述了林业类高职院校特色发展的意义、内涵、特点、原则以及存在的问题，重点以辽宁林业职业技术学院为例，总结剖析了高职院特色发展的实践模式、路径、策略和建议。

本书是对辽宁林业职业技术学院高职特色办学14年核心成果的首次全维度系统凝练。"林业为根、内涵为核、特色为旗、文化为基、服务为魂"的特色发展模式，以及"前校后场、产学结合、育林树人"的鲜明办学特色，对学院自身又好又快发展发挥了重要的引领作用，并已在全国、林业行业和省内产生了重要辐射影响。本书以总研究报告宏观统领，并以11项特色专题实践研究成果和典型案例作为中观延展，附以部分佐证性研究成果，其内容观点新、案例实、理实结合、特色鲜明，具有较强的可读性和可借鉴性，希望能够为职业院校及高校，特别是为高职院校特色发展、科学发展提供有益借鉴和积极参考。

图书在版编目(CIP)数据

林业类高职院校特色发展模式研究与实践/邹学忠，徐岩等著.
—北京：中国林业出版社，2018.2
ISBN 978-7-5038-8111-4

Ⅰ. ①林… Ⅱ. ①邹…②徐… Ⅲ. ①林业 – 高等职业教育 – 发展模式 – 研究 – 中国 Ⅳ. ①S7 – 4

中国版本图书馆 CIP 数据核字(2016)第 320140 号

中国林业出版社·教育出版分社

策划编辑：吴 卉 张 佳 田 苗
责任编辑：田 苗 张 佳
电话/传真：(010)83143561

出版发行 中国林业出版社(100009 北京市西城区德内大街刘海胡同 7 号)
E-mail：jiaocaipublic@163.com
电话：(010)83143500
http：//lycb. forestry. gov. cn
经 销 新华书店
印 刷 固安县京平诚乾印刷有限公司
版 次 2018 年 2 月第 1 版
印 次 2018 年 2 月第 1 次印刷
开 本 850mm×1168mm 1/16
印 张 23 彩插 24
字 数 413 千字
定 价 68.00 元

前言

　　本书是林业类高职院校特色发展模式研究的理论和实践成果，是辽宁林业职业技术学院特色办学的精华实践成果，由辽宁省教育科学规划课题"林业类高职院校特色发展模式研究"以及辽宁林业职业技术学院战略创新项目"'前校后场、产学结合、育林树人'特色高职院建设研究与实践"两个项目研究成果整合凝练而成。

　　办学特色是高校核心竞争力的主导因素，是高校的强校之宝、兴校之源。走特色办学之路，是高校树立自己的独特优势和品牌，提升自身核心竞争力、办学综合实力及社会服务能力，从而在激烈的教育竞争中立于不败之地的必然追求和战略选择。辽宁林业职业技术学院（以下简称学院）是林业类高职院校，素以突出的林业特色在辽宁和全国林业职业院校中占据重要的一席之地。经过60余年深厚的林业职业教育办学积淀，特别是自2003年独立升格以来历经10余年的高职办学，学院形成了"前校后场、产学结合、育林树人"的鲜明办学特色。为了系统分析、研究和遵循林业类高职院校特色发展的内在规律，促进学院自身更好地走特色发展之路，并为同类院校特色发展提供经验借鉴和理论依据，2011年10月，我们申请了辽宁省教育科学"十二五"规划课题《林业类高职院校特色发展模式研究》（课题批准编号JG11EB045），该课题由时任辽宁林业职业技术学院院长（现任院党委书记）邹学忠教授担任主持人，徐岩任副主持人。为了加强学院战略研究，重点深入探索和实践林业高职特色发展新模式，全面提高学院人才培养质量，2012年3月，学院确立"'前校后场、产学结合、育林树人'特色高职院建设研究与实践"为首批战略创新项目，邹学忠教授任该项目主持人，程欣、王巨斌、徐岩任副主持人。上述两个研究项目互为补充、相辅相成，省级项目侧重研究林业类高职院校特色发展的普遍性理论和一般性规律，院级战略创新项目重点探索以学院为代表的林业类高职院校特色发展的实践经验，实现了理论与实践相结合、研究与应用相结合、继承与创新相结合，保证了课题研究成果的高度、深度、新度和效度。

　　全书共分为上下两篇及附录。上篇为理论与实践综合性研究成果，收录了两课题总研究报告的融合体升级版成果，是全书理论与实践成果的综述和精华，偏重于从宏观维度对林业类高职院校特色发展模式进行理论阐释及对辽宁林业职业技术学院特色发展核心实践成果进行凝练分析；下篇为理论与实践专题性研究成果，偏重于从中观维度对以辽宁林业职业技术学院为代表的林业类高职院校特色发展模式进行创新实践研究，共分为 11 个研究专题，依次从人才培养体系构建、特色专业建设、办学体制机制创新、教育教学改革、队伍与管理体系建设、实训基地建设、就业创业工作、教科研与社会服务、质量保障体系建设、党建工作和校园文化等方面总结分析了辽宁林业职业技术学院的特色发展实践经验。11 个专题研究成果中，重点总结了 20 个卓有特色的典型实践案例，并在文首对每个典型案例进行了特色分析和导读；附录部分，则收录了辽宁林业职业技术学院特色发展实践的部分过程性佐证成果，从微观层面形成了对上篇和下篇成果的有益补充。特别是本书上篇中的总研究报告，以及下篇中的专题研究成果和典型案例，很好地分析、展示了学院"林业为根、内涵为核、特色为旗、文化为基、服务为魂"的特色发展模式，并已在全国或全行业、全省广泛应用推广，示范辐射作用凸显，值得职业院校、高等院校，特别是林业类高职院校借鉴参考。

本书由邹学忠、徐岩共同策划设计并完成主要观点凝练，全书由徐岩执笔统稿，两位作者排名不分先后。作为本书成果来源的两个研究项目其主要参与人员有：邹学忠、徐岩、王巨斌、程欣、陈育林、雷庆锋、魏岩、满姝、尹满新、王福玉、丛圆圆、赵鑫等，项目研究人员为本书著述提供了大量有价值的资料或直接参与了本书部分文字的撰稿供稿。

在两个成果来源项目的研究与实践过程中，学院给予了大力支持；学院高职教育研究所相关人员在课题研究实践及本书出版过程中做了大量协调、审校工作；同时，书中所列学院办学实践成果也凝聚着学院领导班子顶层设计的智慧和全院教职工的共同努力，汇聚着两个项目团队和全体参与撰稿供稿人员的辛勤汗水。在此，谨向学院和为本书付梓出版做出贡献的全体人员以及中国林业出版社一并表示由衷的感谢！并谨以此书向学院 2018 年高职办学 15 周年献礼！

本书观点只代表作者的个人认识与探索，存在不当之处，望读者批评指正。同时，限于作者研究水平及著作时间仓促，本书存在的纰漏与不足，敬请读者谅解并多提宝贵意见。

著作者
2017 年 12 月

目录

上　篇
理论与实践综合性研究成果

第一章　林业类高职院校特色发展模式研究与实践总报告

——基于辽宁林业职业技术学院特色发展实践的案例研究

报告主笔人：徐岩

一、概述

（一）研究背景及意义

教育部出台的《高职高专院校人才培养工作水平评估方案》指出：特色应对优化人才培养过程、提高教学质量作用，效果显著。《国家中长期教育改革和发展规划纲要（2010—2020 年）》（以下简称《纲要》）指出：促进高校办出特色……引导高校合理定位，克服同质化倾向，形成各自的办学理念和风格，在不同层次、不同领域办出特色，争创一流。可见，强化高职办学特色，走特色发展之路，是高职教育的工作重点，是兴校之源，也是必由之路。

近年来，各高职院校的特色建设理论和实践存在以下共性问题：一是办学特色宽泛化；二是办学模式与普通高校趋同化；三是办学体制机制和人才培养模式缺乏创新特色，课程建设没有打破传统高等教育模式的瓶颈；四是教学改革力度和深度不足；五是管理不能完全适应工学结合人才培养的需求；六是理念和文化建设缺乏高职特色。这些都与快速发展的现代高职教育不相适应，亟须研究和探索解决途径。

国家示范院、骨干院项目启动以来，针对高职特色主题，省内外先后有来自近百家高职院校和相关研究院所的人员从不同角度、不同层面开展研究。主要分为以理论研究为主的宏观综合性研究、以示范院（骨干院）特色实践为主的中观研究以及从特色专业建设、特色课程建设等入手的微观专题研究。综合来看，目前对高职院校的特色发展研究集中在办学特色、教育特色、教学特色、教师队伍建设特色、管理特色等多个类型和领域。上述理论成果中不乏较成熟和有影响力的观点，代表如邓峰、潘懋元、马树超、张亚军、胡晓旭、黄文伟、谢战锋、叶鉴铭等；关于高职特色的实践研究，广义而言，国家示范（骨干）高职院以及各省示范高职院的实践探索都从不同程度上显现了自己的办学特色，代表如深圳职业技术学院、宁波职业技术学院、辽宁交通高等专科学校等；关于高职特色发展的课题研究，如四川的《高职院校特色定位和发展经验研究》，湖北的《高职院校发展定位及特色化建设的研究》，黑龙江的《高职高专院校科学定位、突出特色、可持续发展研究》，北京的《北京高职院校特色发展》等，有的项目已结题并获研究成果，有的项目刚刚启动；关于林业类高职院校的特色探索，国家示范高职院甘肃林业职业技术学院、江苏农林职业技术学院以及省级示范院广西生态工程职业技术学院、辽宁林业职业技术学院（以下简称学院或辽宁林职院）积累了一些成功经验。辽宁林业职业技术学院还将示范院建设和特色发展的实践成果凝练成28本出版物公开发行，在林业类高职特色建设方面积累了较丰厚的理论与实践成果。

从以上分析可知，一方面，目前我国高职院校特色发展实践存在问题和不足，客观上亟须研究和解决；另一方面，目前我国关于高职院校特色发展的研究缺乏对行业背景下的高职院校特色发展的中观研究，特别是针对林业行业背景下的高职院校特色建设所开展的综合性研究目前是一个空白；同时，对省级示范性高职院校特色发展模式的典型案例研究，目前就辽宁地区而言也是一项空白。为此，课题组认为，开展林业类高职院校特色发展模式研究，为探索解决高职特色发展中存在的上述诸多问题，填补目前该课题研究方面存在的两项空白做出积极探索，是非常必要和重要的。

（二）研究目标及内容

本课题旨在分析林业类高职院校特色发展的现状、取得的成功经验、存在的问题及原因，重点研究林业高职院校特色发展的意义、原则、目标、任务、内容、实施途径及对策。在目前学院省级示范院建设理论探索和实践经验基础上深入探索和实践林业高职特色发展新模式，凸显"前校后场、产学结合、育林树人"的办学特色，全面提高学院整体办学水平和人才培养质量，系统总结林业类高职院校特色发展的规律和经验，为同类院校和各类高职院校特色发展提供经验借鉴、案例模本和较为系统的理论依据。

（三）研究方法及步骤

本课题以林业行业高职院校和辽宁各类高职院校为比照对象，以辽宁林业职业技术学院省级示范院建设及特色发展实践为典型研究样本和实证平台，结合辽宁林业职业技术学院省级示范院建设成果的总结与转化，以林业技术、园林技术、木材加工技术、森林生态旅游 4 个特色重点专业为实证对象，采用文献分析法、调查法、案例剖析法、对比分析法、实证分析法、经验总结法、行动研究法开展理论与实践的综合研究。其技术路线和基本步骤如下：第一步，调研剖析。即对国内外高职特色发展的理论、成功经验和典型案例进行文献研究，重点掌握林业类高职院校国家示范院、国家骨干院、省示范院、普通林业高职院的特色发展现状；同时以辽宁林业职业技术学院作为典型样本，开展详细的案例剖析，重点分析林业类高职院校特色发展所积累的成功经验和存在的共性问题，并找出其原因。第二步，设计总体实施方案。根据调研剖析结果，结合课题假设，进一步论证实证目标、内容、实施要素的可行性、科学性，形成课题总实施方案。第三步，各子项目组研究设计子项目实施方案。第四步，开展各子项目的具体实证研究和同步理论研究。第五步，实施方案动态调整与实证措施动态优化。第六步，实践成果总结分析。第七步，研究统合与反思归纳。对课题的全部研究数据、素材和结果进行综合分析和统和反思，分析归纳出最终的研究结论。第八步，形成总研究报告和最终研究成果，申报结题。

（四）课题研究的原则

本课题研究遵循以实践为基础，以理论为支撑，以创新为突破，以特色为轴心，以典型案例为例证载体的基本原则，遵循高职高专教育的基本规律，坚持理论与实践相结合、研究与应用相结合、继承与创新相结合。本课题运用国内外先进的职业教育理论和现代职教理念，对林业高职教育特色办学模式进行了审视，并进行了适当的理性抽象，努力使研究成果达到一定的理论高度，以期对相关职业院校办学实践发挥一定的指导意义和借鉴作用。

（五）课题研究过程

项目研究的过程大体分为 5 个阶段，即前期准备阶段、子课题论证与立项阶段、子课题理论研究与实践阶段、课题总体研究与成果验收阶段、课题后续发展性研究与成果应用推广阶段。

1. 前期准备阶段

该阶段是本课题被正式批准立项前的时期。主要工作是根据全国高职高专业类院校特色化办学的现状，进行《林业类高职院校特色发展模式研究》的课题论证、研究方案设计和申报立项等。

经过充分的前期调研和论证，2011 年 10 月 28 日，本课题被辽宁省教育科学规划领导小组正式批准立项为辽宁省教育科学"十二五"规划 2011 年度一般课题(课题批准编号 JG11EB045),由现任辽宁林业职业技术学院党委书记邹学忠教授担任课题主持人。按照课题研究的总体设计,本研究分为 9 个子课题,分别是"林业技术特色专业建设研究与实践""园林技术特色专业建设研究与实践""森林生态旅游特色专业建设研究与实践""木材加工技术特色专业建设研究与实践""林业类高职院校'三全八育人'特色育人体系研究与实践""林业类高职院校特色质量保障体系构建研究与实践""林业类高职院校社会服务特色研究与实践""林业类高职院校特色文化研究与实践""林业类高职院校就业创业机制创新研究"。各子课题主持人分别为各专业所在的分院院长、专业带头人或学院相关管理骨干,他们具有丰富的教学和研究经验,学术造诣较深。

2. 子课题论证与立项阶段

本阶段从本课题批准立项开始,到 2011 年 12 月各子课题制订出研究工作方案为止。根据本课题研究工作的总体方案,课题立项后随即向学院 4 个林业特色专业(林业技术专业、园林技术专业、木材加工专业、森林生态旅游专业)征集各子课题研究方案,经有关专家和课题组成员论证、审定,确定每个子课题均由所在学院的院长或专业带头人主持,并且进行了子课题组成员遴选工作。经选,实际参与本课题研究共有 12 人,他们有省内知名的职教管理专家、林业行业知名专家、各专业带头人、一线的优秀教师、工程师和行业管理部门的技术人员,这些研究人员具有不同的专业背景和工作经历,有广泛的代表性和较强的科研实力,为确保课题研究的质量奠定了坚实的组织基础(表 1-1)。

表 1-1　项目研究队伍的分工情况

姓　名	职务与职称	工作单位	研究中的分工
邹学忠	党委书记 教授	辽宁林业职业 技术学院	全面主持并指导课题研究工作 总研究方案制订与组织实施 总研究报告审订
徐　岩	高教所所长 教授	辽宁林业职业 技术学院	课题副主持,协助主持人负责总研究方案制订与组织方案实施,具体协调课题进展各项工作 撰写总研究报告 负责林业类高职院校特色办学模式研究、特色育人模式构建、特色办学体制机制与实践基地建设理论研究、特色就业创业工作理论研究、特色质量保障与教科研体系构建研究与实践

（续）

姓　名	职务与职称	工作单位	研究中的分工
王巨斌	副院长 教授	辽宁林业职业 技术学院	办学体制机制研究 就业创业工作特色实践体系构建 林业类高职院校社会服务特色研究与实践
程　欣	副院长 教授	辽宁林业职业 技术学院	指导各特色专业建设研究方案制定与实施
陈育林	人文学院院长 教授	辽宁林业职业 技术学院	林业类高职院校校园文化特色研究与实践
雷庆锋	林学院院长 教授	辽宁林业职业 技术学院	林业技术专业特色专业建设方案研究 林业技术专业特色专业建设研究与实践
魏　岩	园林学院院长 教授	辽宁林业职业 技术学院	园林技术专业特色专业建设方案研究 园林技术专业特色专业建设研究与实践
满　姝	组织人事部部长 教授	辽宁林业职业 技术学院	森林生态旅游特色专业建设方案研究 森林生态旅游专业人才培养方案研究
尹满新	木材工程学院院长 教授	辽宁林业职业 技术学院	木材加工技术特色专业建设方案研究 木材加工技术特色专业建设研究与实践
王福玉	基建处综合办主任 教授级高级工程师	辽宁林业职业 技术学院	林业类高职院校社会服务特色研究与实践
丛圆圆	助理讲师	辽宁林业职业 技术学院	参与总报告撰写 资料查询
赵　鑫	副教授	辽宁林业职业 技术学院	资料查询 档案整理

2011年12月，本课题课题组在召开了包括各子课题研究者参加的全体研究人员大会。会议通过研讨学习，确定了本课题研究的具体组织形式、研究内容、时间安排、任务分工，使所有参与研究的人员统一了思想，理清了思路。有的子课题组还单独召开子课题研究的开题会，进一步提高认识，增强信心，针对子课题的研究仔细讨论实施方案，详细分解研究任务，加强了对参与研究人员的技术指导。

3. 子课题理论研究与实践阶段

本阶段自2012年1月始，至2014年12月止，是整个课题研究过程中的重点阶段。为顺利完成本课题的研究工作，得到真真切切的研究成果，学院特设立了"'前校后场、产学结合、育林树人'特色高职院建设研究与实践"战略创新项目，并结合省级示范校建设项目，以全校之力进行林业类高职院校特色发展模式研究。此阶段完成了多项核心任务：一是确定4个特色专业人才培养方案、创新体制机制、创建适合各专业特点的人才培养模式、构建新的课程体系、建设具有特色的师资队伍和实训基地、完善质量保障体系，形成林业类高职院校特色专业建设研究与实践框架；二是进行林业类高职院校就业创业机制创新研究与实践；三是研究和构建林业类高职院校"三全八育人"特色育人体系；四是进行林业类高职院校社会服务特色研究与实践；五是进行林业类高职院校特色校园文化研究与实践。

从 2012 年 6 月开始，各子课题根据研究内容的特点，进行了深入系统的研究，具体实施了各项研究工作，提出了各自的研究报告，对研究成果进行了相应的应用与实践。在具体的研究过程中，子课题组都着重强化了现状调查、理论研究、实践检验 3 个环节的工作，促使研究工作的深化。分别对 4 个特色专业建设的机制体制、人才培养模式、课程体系建设、课程改革、教学模式、师资队伍、实训基地、学生素质教育与培养、质量保障体系等多方面进行特色化研究和广泛调研，掌握了大量的第一手资料，获取了鲜活的信息。据此对相关专业建设的经验进行分析和总结，对国内外林业职业教育理论与实践进行比较、分析和借鉴，在此基础上，创构工学结合的人才培养模式，拟定高职林业类主干专业人才培养方案的理论框架，构建基于工作过程的课程体系，制定理论与实训相互融合的专业核心课程的课程标准，创建教学做一体化的实训基地，组织部分课程教材的编写工作，并启动了精品课建设工程，制定和实施"双师型"培养方案和教师执教能力测评标准。同时，针对林业行业特点、职业院校的特殊性和相关院校的成功经验，创新了"三全八育人"的特色育人体系，构建了具有学院特色的社会服务体系，进一步提高了学校人才培养质量，创新了就业创业机制。

在此期间，各子课题虽然因各自情况和特点不同，在研究内容与进度上各有自己的计划和安排，但每个课题组每年都召开 1～2 次工作会议，有的子课题组还根据研究进度和研究中出现的具体问题组织研讨会，交流情况、总结经验。每次会议，都针对研究中遇到的难点和重点问题进行充分讨论，及时统一思想、协调认识、拓宽思路，并适时调整工作分工，明确了下一步的工作和研究方向，从而确保了研究工作有序、有效地进行，完成或超计划完成了预定的研究任务。

4. 课题总体研究与成果验收阶段

从 2012 年年底到 2015 年年初，在各子课题研究与实践的基础上，课题总主持人组织各子课题负责人和相关的专家对课题研究的相关资料和取得的阶段性成果进行了验收，对共性的、关键性的问题进行了进一步的分析研究，总结分析了 3 年来林业类高职院校特色发展模式的实践经验并形成了课题研究的总报告；针对子课题研究成果中存在的一些问题，提出了修改和完善意见，并向辽宁省教育科学规划办提出了辽宁省教育科学规划课题"林业类高职院校特色发展模式研究"的结题验收申请。2015 年 5 月，该课题成果顺利通过省教育科学规划领导小组鉴定通过。

5. 课题后续发展性研究与成果应用推广阶段

从 2015 年年初至 2017 年 3 月，是辽宁省教育科学规划课题"林业类高职院校特色发展模式研究"的后续发展性研究阶段和成果应用推广阶段，也是学院战略项目"'前校后场、产学结合、育林树人'特色高职院建设研究与实践"各专题项目重点深化研究和全面实践阶段。此研究在实践层面更得益于学院 2014 年 4 月被辽宁省教育厅、辽宁省财政厅批准为"辽宁省职业教育改革发展示范校"，于 2014 年 6 月荣获全国高校就业创业 50 强，既为辽宁省教育科学规划课题"林业类高职院校特色发展模式研究"推广应用提供了很好的平台，也对战略项目"'前校后场、产学结合、育林树人'特色高职院建设研究与实践"深入实践形成了有力助推。随着学院内涵建设的不断深化以及"特色院"战略项目的全面实践，以人才培养模式改革、教学模式改革、评价模式改革为主体的内涵建设不断深化，"三有三成"绿色人才培养体系创新构建、"1368"工程创意实施、集团化办学日益深化、文化育人特色凸显、校企联盟建设开始起步等，都成为了学院特色发展体系的有机组成和有效延伸，"三有三成"绿色人才培养体系建设等项目更成为学院特色发展的核心载体和突出亮点。结合近两年学院特色发展的实际，在辽宁省教育科学规划课题"林业类高职院校特色发展模式研究"成果基础上，2017 年 3 月，徐岩等项目组核心成员对学院特色发展的理论研究和实践研究成果进行了重新完善和系统梳理，形成了"'前校后场、产学结合、育林树人'特色高职院建设研究与实践"的系统性研究成果，该成果于 2017 年 3 月通过了校内结题鉴定，这也是辽宁省教育科学规划课题"林业类高职院校特色发展模式研究"的后续发展性研究成果，两课题相互补充、相互印证，省规划课题注重理论多一些，学院战略课题注重实践多一些，二者相得益彰。

应该指出的是，上述 5 个阶段中，各阶段并没有严格的时间界限，一些研究工作在不同阶段是交叉进行的，课题研究做到了边研究、边实践、边总结、边提升。另外，为了保证该课题研究工作的顺利进行，学院给予了大力支持，专门筹集资金，制定积极有效的措施，保证课题研究工作人力、物力、财力的投入，确保了课题研究工作的顺利开展。

二、林业类高职院校特色发展的背景及意义

一所高职院校如何办学，如何发展，首先是基于正确的办学定位。我们认为，对于绝大多数自身办学规模和条件有限，所依托的行业产业主导地位不突出，区域经济社会发展对学校毕业生的需求体量不够大、专业面向不属于综合型的高职院校而言，选择走小而精、专而强的特色化发展定位，比选择全而不精、大而不强的泛化发展模式应更有利于区域需求及学校自身的建设和发展。而林业类高职院校大多属于上面我们所描述的这一类型，因而，走特色化发展道路应更切合大多数林业类高职院校的实际。

（一）从教育发展形势来看，高职院特色化发展非常重要

1. 高职院特色化发展是全面提高高等教育质量的必然要求

质量是高等教育的生命线。"高等教育作为科技第一生产力和人才第一资源的重要结合点，在国家发展中具有十分重要的地位和作用。"《教育部关于全面提高高等教育质量的若干意见》（教高〔2012〕4 号）明确指出，要"牢固确立人才培养的中心地位，树立科学的高等教育发展观，坚持稳定规模、优化结构、强化特色、注重创新，走以质量提升为核心的内涵式发展道路"；要"强化特色，促进高校合理定位、各展所长，在不同层次不同领域办出特色、争创一流"；要"促进高校办出特色"；要"探索建立高校分类体系，制定分类管理办法，克服同质化倾向。根据办学历史、区位优势和资源条件等，确定特色鲜明的办学定位、发展规划、人才培养规格和学科专业设置"；要"加强师范、艺术、体育以及农林、水利、地矿、石油等行业高校建设，突出学科专业特色和行业特色"。可见，增强特色，强化特色，走特色化发展道路，是全面提高高等教育质量的重要路径和手段，同时更是必然要求。

2. 高职院特色化发展是大力发展职业教育的必然要求

作为教育的一种类型，职业教育有着专属于自身的特征限定性和特色约定性。《纲要》指出，职业教育要面向人人、面向社会，着力培养学生的职业道德、职业技能和就业创业能力。到2020年，形成适应经济发展方式转变和产业结构调整要求、体现终身教育理念、中等和高等职业教育协调发展的现代职业教育体系，满足人民群众接受职业教育的需求，满足经济社会对高素质劳动者和技术技能人才的需要。由此推论，在职业教育市场化的机制运作

下，随着人民群众越来越多样化、个性化的职业教育需求，职业教育特色化、个性化、多样化发展的趋势便将无可选择地呈现在大职业教育改革异彩纷呈的广阔时空中。

3. 高职院特色化发展是高等职业教育引领现代职业教育体系的必然要求

《教育部关于推进高等职业教育改革创新引领职业教育科学发展的若干意见》（教职成〔2011〕12 号）指出，高等职业教育具有高等教育和职业教育双重属性。按照"到 2020 年，形成适应经济发展方式转变和产业结构调整要求、体现终身教育理念、中等和高等职业教育协调发展的现代职业教育体系"要求，高等职业教育必须坚持以服务为宗旨、以就业为导向，走产学研结合发展道路的办学方针，以提高质量为核心，以增强特色为重点，以合作办学、合作育人、合作就业、合作发展为主线，创新体制机制，深化教育教学改革，围绕国家现代产业体系建设，服务中国创造战略规划，加强中高职协调，系统培养技术技能人才，努力建设中国特色、世界水准的高等职业教育，在现代职业教育体系建设中发挥引领作用。由此可见，高等职业教育引领现代职教体系，特色化发展是必然选择。

（二）从林业行业的发展形势看，林业类高职院特色化发展非常必要

高等教育大众化以后，高等院校市场竞争机制逐渐形成。在这种发展态势下，高校办学特色意识日益增强，将特色视为学校的核心竞争力，并逐步将特色办学视为大学发展战略。由于林业属于艰苦行业，在行业办学的高职院校中，林业类高等职业院校的核心竞争力受行业地位影响，难免在发展资源、发展途径、发展契机等方面存在着结构性先天不足的缺憾；同时，林业又是有着自身独特内涵和特征的行业，林业类高等职业教育同样承载、吸纳和融合着林业行业文化带来的独特征候和特质，这就逐渐形成了林业类高职院校自身的特色。

1. 林业类高职院校特色化发展是加强生态建设，贯彻可持续发展战略，维护国家生态安全的迫切需要

在"五位一体"总体布局中，生态文明建设居于突出位置；作为生态文明建设主体的林业，则在国家科学发展战略中具有重要地位和特殊地位。2003 年《中共中央、国务院关于加快林业发展的决定》及 2009 年中央林业工作会议，明确指出了生态建设在国民经济发展中的核心地位，确定了在贯彻可持续发展战略中林业具有重要地位，在生态建设中林业具有首要地位，在西部大开发中林业具有基础地位，在应对气候变化中林业具有特殊地位。同时，

林业又是我国实施可持续发展战略的薄弱环节。我国森林资源总体上处于总量不足、质量不高、分布不均衡状态；我国是世界上荒漠化和沙化面积大、分布广、危害重的国家之一，严重的土地荒漠化、沙化，威胁着我国生态安全和经济社会可持续发展。生态环境日益恶化，林业建设面临着前所未有的考验，其中最为突出的就是缺乏林业生态工程建设方面的人才和技术。因此，林业类高职院校特色化发展，特别是找到适合林业类高职院校自身的特色发展模式，促进林业高职教育强内涵、创品牌、显特色、上水平，从而培养大批适应生态建设和现代林业产业发展需要的高素质技术技能人才，是维护生态安全，贯彻可持续发展战略的迫切需求。

2. 林业类高职院校特色化发展是创新发展模式和办学模式，适应林业发展方式转变的客观要求

伴随着林业可持续发展战略的形成以及集体林权制度的改革，林业的产业结构和经营管理体制已发生了一系列重大转变，全新的林业生产经营模式逐步产生，这就意味着行业对林业类人才需求的市场变化随之产生。我国幅员辽阔，林业发展的区域差异明显，更加大了各地区对林业人才需求的针对性。如何适应区域经济和地方林业行业对人才的不同质需求，探索和建立全新的特色发展模式和办学模式，创新特色人才培养模式，培养具有区域特色和行业特色的林业类高素质技术技能人才，是林业类高职院校更好地适应林业发展方式转变的客观要求。

3. 林业类高职院校特色化发展有利于加快农村紧缺人才培养，有效解决"三林"问题，促进社会主义新农村建设

"三农"问题的焦点和难点是"三林"（林业、林区、林农）问题。解决"三林"问题的关键举措是加快培养林业类紧缺人才，即高素质的应用型、技能型人才。因此，林业类高职院校走特色发展之路，针对"三林"问题有针对性地培养林业人才，有利于加强"服务三林"能力建设，为社会主义新农村建设提供智力支撑。

4. 林业类高职院校特色化发展有利于形成协调的林业职教体系和稳健的林业职教格局，更好地引领林业类高素质技术技能人才培养

与我国林业对林业类高素质技术技能人才的大力需求相比较，目前全国20余家林业类高职院校中仅有2所为国家示范，在全国依托行业办学的示范性高职院校中数量比例偏低，致使林业职业院校发展格局容易出现顶端优势不足、态势不够稳健的倾向。同时，与其他行业相比，我国林业区域差异更

为明显，从某种意义而言，两所林业类国家级示范院在林业类高素质技术技能人才培养和林业类高职院校中的示范作用相对受到了行业特殊性的局限。为此，加强建设能够紧密结合区域林业发展的实际需求，探索凸显区域林业人才培养特征的林业类高职院特色发展模式，有利于形成协调的林业职教体系和稳健的林业职教格局，从而推动和引领林业类高素质技术技能人才培养。

（三）从学院的内部发展形势看，特色发展是谋长远的根本大计

1. 特色发展是学院办学体制和历史积淀的必然要求

辽宁林业职业技术学院属于林业行业办学，素以突出的林业特色在辽宁和全国林业职业院校中占据重要的一席之地，60 余年来深厚的历史积淀无不体现着鲜明的林业特色和自身"前校后场、产学结合、育林树人"的办学特色，这是学院发展的根本保证和基本立足点，是学院科学发展的根基所在，如何继承和升华学院特色，创新特色发展模式和办学模式是我们的历史责任。

2. 特色发展是学院发展战略的当然选择

根据学院在辽宁高职院校中的层次地位（是省级示范院，处于辽宁高职的第二梯队前列）以及林业行业在辽宁产业群中的地位，学院只有选择坚持做优做特做精的特色发展战略，才能赢得较大的发展优势和广阔的发展空间。

3. 特色发展是学院当前发展阶段和实现科学发展的战略抉择

学院正面临发展的 3 个重要阶段，一是"十三五"规划的关键阶段；二是进入建设"省内示范、行业一流、全国特色"高职院的"三步走"战略实施的关键阶段；三是特色高职院建设与内涵建设进入深水期的关键阶段。"三步走"特色发展战略是长期、可持续的工程，它本身就规定了学院内涵型特色发展的趋势，新一轮辽宁省职业教育改革发展示范校建设又为特色发展提供了良好的契机和平台。坚持特色发展道路，深化内涵建设，是学院可持续发展的战略选择。

三、林业类高职特色发展的内涵

（一）办学特色的内涵

《汉英双解现代汉语词典》将"特色"定义为"事物所表现的独特的色彩、风格等"。即特色是一个或者一种事物区别于其他事物的独有的本质特征。在此含义的基础上，众多学者提出了办学特色的内涵。《高职高专院校人才培养

工作水平评估方案（试行）》中对特色的描述是："特色是在长期办学过程积淀形成的，本校特有的，优于其他学校的独特优质风貌。特色应对优化人才培养过程、提高教学质量作用，效果显著。特色有一定的稳定性并应在社会上有一定影响，得到公认。"杨路将办学特色定义为"一所学校在发展历程中形成的比较持久、稳定的发展方式和被社会公认的、独特的、优良的传统和优势、风格和特征，是一所学校却别于其他学校的标志性办学特征"；吴中平认为办学特色是"学校在长期的办学过程中积累、形成、创新和发展，在办学理念中体现，在人才培养、科学研究和社会服务、学科专业和师资队伍建设等办学行为中反映且深刻影响学校整体工作的，有别于其他学校且相对优胜并得到校内广泛认可的一种办学特征和发展方式"；李化树将大学办学特色定义为"在一定的办学思想的指导下，经过长期的办学实践逐渐形成比较持久稳定的发展方式和被社会公认的、独立的、优良的办学特征，是一所大学区别于其他大学的特征，尤其是最具有个性的特点和亮点"。综观各家学说，观点几乎一致，取各家所长，我们将办学特色定义为：办学特色是指一所学校在长期的办学过程中逐渐积累、总结和创造出的，能够明显区别于其他院校的稳定的、优质的、得到社会公认的独一无二特质，是一所学校办学活力的突出体现，也是一所学校能够长期稳定发展的必要保障，它主要体现在院校办学理念、特色专业建设、育人体系、质量保障体系、社会服务、校园文化、就业创业工作机制等方面的特色创新。

（二）林业类高职特色发展的内涵

林业类高职院校特色发展模式体系构建必须扎根于林业行业，突出林业特色、高职办学特色、区域特色和院校自身特色；以习近平新时代中国特色社会主义思想为指导，切实贯彻育人为本、德育为先的教育思想，根据区域经济社会发展需求，依据林业行业产业发展规律、高职教育发展规律和院校自身情况科学谋划学院特色发展战略；紧紧把握区域经济发展脉搏，立足林业行业发展动态，根据区域林业产业特点，做优、做强、做精具有林业特色的专业，根据市场需求培养素质高、技能强、后劲足的林业类技术技能人才；创新办学体制机制，形成产教融合、校企合作、林学结合的办学特色；抓好课程及教学改革项目，重视林业类专业的实践性和现场教学的重要性，依据认知规律、人才培养规律和自然生态规律及时调整教学方法和课程结构，将课堂移到林间、移到苗圃，将"教学做一体化"落到实处；培养创新型"双师"队伍，在课堂上以教师和导师身份传道授业解惑，在林场和苗圃等现场既能够以经理人身份指导学生动手实践，也能够作为技术专家、技术能手为林农解决实际问题；通过校企合作、集团化办学、院校自建等多种途径开发具有林业特色的实训基地，形成真实的职业情境，在"前校后场"中产学结合，完成或参与真实的林业生产项目，从而提高学生的实践能力和解决突发问题的能力；通过丰富多彩的校园活动，大力弘扬林业人无私奉献、吃苦耐劳的优良传统，培养林业类专业学生坚忍的意志品质和脚踏实地的工作作风；以服务区域经济为宗旨，发挥林业类职业院校的资源优势，积极服务于区域林业行业的发展，服务"三林"，为区域林业事业发展提供技术支持；全面营造绿色、健康、和谐的校园环境，通过建筑风格和园艺技术展现林业人的精神风貌，凸显林业类高职院校独特的绿色校园文化。

四、林业类高职院校办学特色的特点及重要性

根据办学特色的含义，结合高等职业教育的自身特点，本课题将高职办学特色定义为"高职院校在长期的发展过程中逐步积累和形成的能够明显区别于其他院校的，符合区域经济发展需要的，稳定的、优质的、得到社会公认的独一无二特质"。从含义中可以得出高职办学特色的五大特征，即独特性、稳定性、优质性、社会公认性、区域性，在此基础上，结合林业类高职特色发展的内涵，林业类高职院校的特色化发展还应体现出行业性，因此，我们总结出林业类高职院校办学特色有如下6个特点：

（一）独特性

独特性是指高职院校办学特色既有高等教育和职业教育的普遍特点，又具有属于高职院校本身的独特风格，这种独特风格是其他院校没有的，或者是比其他院校明显的，并且能够引领高职院校发展的总体方向，能够体现出特色立校、特色强校的重要地位。

（二）稳定性

高职院校办学特色是学院在长期的发展中积累下来是的，是历史的积淀，是一所学校拥有顽强的生命力，能够持续稳定发展的比较稳定的独一无二的特质，其具有相对的稳定性，是高职院校发展中始终展现出来并坚持的品质。

（三）优质性

优质性具有三大特点，分别是稀缺性、多样性、流动性。高职院校办学

特色的优质性也体现在这 3 个方面：一是高职院校的优质办学特色必须是明显区别于其他院校的，甚至是其他高职院校不具备的特色。其在专业设置方面体现得最为明显，高职院校在进行专业开发时首先要考虑本区域经济发展迫切需要的专业技术或岗位，或者是在区域经济发展中急需的空白专业。二是高职院校多样性办学特色指的是，高职院校在办学过程中不能仅仅其中一方面有特色，要将特色体现在各个方面，如理念特色、管理特色、专业特色、教学特色、考核评价特色、实践特色等。三是高职院校办学特色的优质性还体现在流动性。一所成功的高职院校不仅要在办学诸多方面有自己的特色，而且还应发挥示范辐射作用，办学特色的核心价值及理念可以升华、凝练到一定的理论高度，并能在其他的高职院中进行本土化应用。

(四)公认性

高职院校的办学特色应该是得到大众公认的，不是自封的，更不是高职院校自己杜撰的。高职院校办学特色的公认性应表现在以下 3 个方面：一是必须得到全校师生的普遍认可，是全校师生耳熟能详的、引以为傲的；二是必须得到行业的认可，在同行业中是佼佼者，在行业内起到引领示范作用；三是得到其他院校的认可，是高职院校对外的一面旗帜，是高职院校个性化的品牌。

(五)区域性

高职院校的办学宗旨是为区域经济发展服务，高职院校的办学必须要依托于区域经济的发展背景，其专业开发与设置、人才培养标准、办学目标等都要根据区域经济结构来设置，脱离区域经济发展背景和人才结构需求的高等职业教育注定是不会成功的。高职办学特色的区域性还表现在高职院校要主动承担起为区域内相关职业工作人员进行在职培训等终身教育的职责，充分展现高职院校服务区域经济的能力和坚持贯彻教育公益性的原则。

(六)林业行业性

林业类高职院校特色发展，必然应充分体现鲜明的林业行业特征，例如，专业建设应紧紧围绕现代林业建设与发展，充分体现以林为根的特征；人才培养模式与课程改革应着力遵循林业行业岗位群的岗位能力素质要求和林业、生态自身的规律；校园文化建设应着力凸显林业行业环保、低碳、和谐的绿色精神；学生素质培养应重点培养学生能够适应林业艰苦行业、肯吃苦耐劳、乐于奉献的行业精神；社会服务应重点面向林业、林区、林农，努力为乡村振兴战略服务。

五、林业类高职特色发展的原则

(一)科学性与发展性原则

林业类高职院校特色化办学要在"创新、协调、绿色、开放、共享"的新发展理念指导下进行规划和设计,要遵循教育的发展规律和职业教育的特有属性,应坚持以育人为根本、以就业为导向、以服务为宗旨和以社会评价为标准来确立办学理念。高职院校的特色不是一蹴而就的,也不是昙花一现的,是在长期的发展中积淀而来的,是在稳定中发展着的特质。高职院校真正的办学特色是在市场和产业结构的动态发展中研究、发现、培养形成的。科学性和发展性原则是高职院校特色化发展的必要前提。

(二)区域性与服务性原则

林业类高职教育具有显著的区域性和服务性特点,服务区域经济发展是高职院校办学的出发点和落脚点。林业类高职院校的特色化发展必须以区域林业行业和林业产业的发展背景为依托,紧密结合区域经济发展趋势和林业产业结构调整,大力培养符合市场需求的高技能林业人才,才能在保证长久生存和发展的前提下探索办学特色。立足区域林业产业结构,把握区域经济发展脉络,培养符合市场需求的高技能林业人才,提高服务区域经济社会发展能力是林业类高职院校得以科学、可持续发展的基础。

(三)求实性与个性化原则

林业类高职院校的办学特色是在本校发展的实际基础上凝练的,它是实实在在存在于本校的机制体制、人才培养方案、教育教学和校园文化建设等一系列办学结构中,不是肆意捏造和想象的。林业类高职院校特色化办学必须实事求是,扎根于本校办学实际,充分发掘本校潜力,利用本校优势,创造具有本校特色的研究成果和经验,树立个性鲜明的品牌,在林业行业和区域中占据不可替代的地位。

(四)凸显林业行业性与生态文化特征原则

林业类高职院校办学,应在办学理念、战略制定、专业建设、人才培养、课程建设、实训基地建设、师资队伍建设、质量保障体系构建、大学生素质培养、校园文化孕育、社会服务等各个方面充分凸显林业行业特征,渗透生态文化特色,立足生态建设主战场,面向现代林业产业发展;否则,失去了行业特征，也就自然失去了最根本的行业办学特色。

六、林业类高职特色办学存在的问题

(一)特色办学模式化

部分高职院校办学是"为了特色而特色"，没有抓住高职院校办学特色的本质，背离了高职院校办学特色建设的应有之意。一是将高职院校办学特色的外延加以泛化，主观上认为办学特色体现在高职院校的方方面面，包括所谓的硬件设施特色、办学机制特色和育人特色等，因此在办学过程中无视"有所为有所不为"的原则，没有抓住办学特色的内在本质。二是搞短期的特色发展项目，企图以几个特色项目来带动学校的整体发展；还有些高职院校一味为了学校升格，不在提高教学质量上下工夫，不注重学校制度的长期建设与完善。三是高职院校办学特色的建设缺乏长远的整体战略规划，许多政策和措施经常人为地随意变更。四是为了迎合教育教学评估，提高学校的知名度或者受到学校主管部门的好评，高职院校疲于应付，临时编造一些特色项目，或短时间里设计几个特色项目加以突击建设。

(二)办学模式趋同化

高职院校的办学模式与普通高校趋同化现象明显，对高职院校和普通高校本质的区别与内涵含混不清，缺乏真正的高职教育特色；办学模式呆板，与经济社会发展之间缺乏必要的有机联系，导致学校培养人才与社会需求脱节；高等职业教育发展定位不准确，致使"教育为社会主义现代化建设服务"的教育目的明显失落，社会对高等职业教育缺乏信心；某些林业类高职院校办学模式盲目模仿国外或国内相关院校的办学模式，没有根据所在区域的林业发展状况和学校自身实际进行具体的研究和探讨。

(三)办学特色实践僵化

林业类高职院校在实践中忽视了林业精神的凝练和传承；某些林业类高职院校过度重视外在设施的建设，讲究门面工程，而忽视了林业人才的培养和引进；部分领导刻意制造政绩工程却忽视了尊师爱生的重要性；某些林业类高职院校在专业设置方面不认真分析自身的办学条件、优势和行业特点，一味追求热门专业和齐全的学科门类，甚至盲目鼓吹与国外大学的合作交流关系；某些高职院校在工作过程中特色泛滥，认为增加硬件设施、采取某种

育人措施、与企业搞合作都是创新办学机制特色，甚至为迎合评估临时编造
一些特色项目，违背了办学机制特色的形成规律。

（四）培养模式传统化

我国部分高职院校在培养模式上还没有打破传统高等教育模式的瓶颈，
培养模式传统化问题比较明显。在服务宗旨和就业导向统领下的专业建设、
实践教学建设、工学结合建设、校企合作建设、项目课程建设等，应如何深
化产教融合、校企合作，结合产业需求形成各自的特色培养模式，以促进人
才培养质量提升，是高职院校人才培养亟待解决的问题。

（五）管理体制行政化

高职教育管理体制有着自身的内在规律性，但某些高职院校仍然沿袭着传
统学科教学的管理体制，而且行政化趋势增强，很不适应高职教育以实践教学
为主、灵活多样、开放办学的特征。要尊重高职教育的发展规律，从管理体制
上创新，变金字塔式的科层管理为扁平式的项目管理，编制新的管理制度，落
实严格的管理规范，让创新的管理体制给高职教育特色发展注入新的活力。

（六）林业行业特色淡化

近年来，一些林业高职院校出现了行业特色淡化的倾向，例如，学院办
学的整体特征趋同倾向明显，部分林业类职业院校更名为综合性的职业院校，
林业职业教育特征淡化；在专业建设方面，以综合类专业为主题来代替林业
类专业，导致现代林业紧缺人才培养的专业对口率降低；人才培养面向的岗
位群宽泛化，缺乏林业类技术技能人才的岗位适应性。

七、林业类高职院校特色发展模式的实践探索及其主要成果——以辽宁林业职业技术学院为例

辽宁林业职业技术学院 1951 年建校，2003 年 1 月独立升格，是辽宁省唯
一的一所林业高职院校，设有林业技术、园林技术、木材加工技术、森林生
态旅游等 36 个专业、9 个二级院（部），在校生 6795 人，专兼职教师 285 人。
学院包括校本部、鞍山两个主体教学区和清原、林盛两大主要实训基地，总
占地面积 62 000 余亩，固定资产 8 亿余元。自 2003 年升格至今 14 年，实现
了"三级跳"跨越式发展，为辽宁培养了近 5 万名林业类专门人才，在省内及
全国林业职业教育教学改革发展中作用重要、地位突出，学院是：

- 全国毕业生就业典型经验 50 强高校
- 全国首批百所现代学徒制试点学校
- 辽宁省职业教育改革发展示范校
- 辽宁省高等职业教育示范校
- 辽宁省高校创业教育示范校
- 全国林业职业教育教学指导委员会副主任单位
- 全国森林资源类专业教学指导分委员会主任单位
- 全国林业行业类紧缺人才培养基地
- 全国林业科普基地

自升格至今短短十余年，学院始终坚持内涵发展、特色发展，探索出了一条内涵式特色发展之路。下面谨以辽宁林业职业技术学院特色发展的具体实践为例，以典型案例的形式具体阐释和剖析林业类高职院校特色发展模式的构建与实施路径，期待对其他同类院校的特色发展有所裨益。

（一）坚持"抢抓机遇、发展为要"，紧跟时代步伐，实现"三级跳"跨越式特色发展

自 2003 年至今，短短十几年时间，辽宁林业职业技术学院党政领导创新思维、大胆实践，全院师生发挥"敢于争先、勇于实践、善于创优"的"三于"精神，坚持跟紧时代、行业办学、特色立足、内涵发展，实现了办学的"三级跳"跨越式发展。

1. 第一跳：2003 年，独立升格为高职院——学院办学层次实现新跨越

2003 年，在高等职业院校规模扩张机遇期的尾声阶段，学院抢抓机遇，克服重重困难，积极独立申办高职并获成功，实现了办学层次的一级跳，也是学院历史上具有里程碑意义的一次新跨越。

2. 第二跳：2006 年，人才培养工作水平评估取得良好成绩——学院办学理念实现新跨越

升格之初，学院是高等职业院校中的"小老弟"。面对升格时间短、毫无高职办学经验等先天不足，学院一方面适应高职办学第一阶段"把学校做稳"的客观需求，紧跟市场变化和高职办学节奏，全速加快发展步伐；另一方面始终坚持紧紧依托行业，立足辽宁生态建设主战场，突出办学特色。2006 年，学院主动申请提前接受人才培养工作水平评估，获得了"良好"的成绩，使学院提前进入了以"把学校做强"为基本特征的高职教育发展的第二阶段，实现了办学水平的"二级跳"。

3. 第三跳：2008 年至今，通过前后两轮省级示范院建设，学院真正走上内涵式特色化发展道路——学院办学水平实现新跨越

评估后，学院进一步调整办学思路，创新进取，励学促教，内涵建设水平逐渐跃居全省前列。特别是 2008 年 12 月，通过上下齐心、奋力拼搏，学院以全省排名第一的身份，跻身辽宁省首批示范性高等职业院校首批立项建设单位行列；2014 年 4 月，学院又以排名第一的身份被辽宁省教育厅、辽宁省财政厅确立为辽宁省职业教育改革发展示范校首批建设立项单位，标志着学院正式跨入以"把学校做精做特"为主要特点的高职教育发展的第三阶段，这同时也成为学院办学的第三级连跳。

"三级跳"的历史性跨越，是学院特色发展的独有节奏，也是学院进一步加强特色发展与内涵建设的重要平台和机遇保障。

（二）坚持"理念先行、战略为纲"，做好顶层设计，"三步走"战略确立学院特色发展愿景

学院之所以有"三级跳"跨越式发展，先进的理念、领先的战略是第一前提和根本保证。十余年来，学院按照辽宁老工业基地振兴计划和生态立省战略提出的目标要求，紧紧围绕培养面向现代林业产业和区域经济社会发展需要的高素质技术技能人才的目标，积极转变办学观念，调整办学思路，准确定位，科学研判，形成了准确清晰、卓有特色的办学战略思想：以建设"省内示范、行业一流、全国特色"高职院的"三步走"战略为引领（林院梦），坚持"高举生态大旗，弘扬林业精神，培养绿色人才，服务区域发展"的办学宗旨和核心定位，确立了"学生为本、人才强校、质量保障、突出特色、服务社会"的先进办学理念，坚持"林业为根、内涵为核、特色为旗、文化为基、服务为魂"的发展方针，走以服务为宗旨，以就业为导向，产学研结合发展的道路；建立了"有德成人、有技成才、有职成业"的"三有三成"绿色人才培养体系；形成了"前校后场、产学结合、育林树人"的鲜明办学特色。

系统科学、特色鲜明的顶层设计，成为学院特色发展模式构建的总指南，引领学院各项事业的部署安排和具体操作实施，并确保方向正确、举措合理。

（三）坚持"创新共赢、合作为渠"，实施开放办学，"产教融合、四方合作"体制机制引领学院特色发展

1. 全面深化产教融合、四方合作，创新政校企行协同育人办学体制机制

（1）四方合作形成长效机制

实施了校院二级管理；成立了由行业、企业和社区成员参与的学校理事

会；7个二级院分别成立了7个二级院理事会（联盟）；全面健全完善了政校企行四方合作长效机制。

（2）校企、校行合作无缝对接

与北京万富春森林资源发展有限公司等203家规模企业及30余家行业协会开展紧密合作，实现校企、校行无缝对接。

（3）创新"场中校""校中场"办学模式

学院依托清原实验林场和林盛实训教学基地两大"后场"，创新了"场中校"和"校中场"办学模式。

一是场校融合、产学一体，创新"场中校"办学模式。占地6万亩的学院实验林场是具有独立法人资格的林业企业，位于辽宁东部的清原县境内，是全国林业"森林资源调查与监测"示范性实训基地，是全国林业职业院校中规模最大、与教学结合最紧密的一座企业化、生产性实验林场，也是学院最大、最有特色的一座"后场"，融"生产、教学、科研、服务"4项功能于一体，具有生产性、开放式、共享型、多功能的特征，在同类院校中绝无仅有，成为学院校企合作办学的一大亮点。特别是近3年，实验林场"场中校"特色模式取得了可喜的新成果：2016年5月，学院明确将林业技术专业建在实验林场，成立林学院和实验林场负责人共同任具体负责人的"场中校"实践育人理事会；林业技术专业大部分专业课程由主校区转移到实验林场进行，按照"一体化"教学模式实施项目教学，把课堂搬到企业，校企双主体育人不断深化；场校深度融合，场校共同合作开展各类教学、生产、经营及科研活动，全面深化了教育教学改革，提升了科研和社会服务能力。

二是校域合作、区校共建——建设"校中场"。学院租赁沈阳市苏家屯区林盛镇政府苗圃地20hm²，租用期限30年，作为实训基地，即辽宁林业职业技术学院林盛教学基地。林盛实践教学基地，是园林植物繁育实践教学基地，是国家级生物技术（园艺）实训基地，经营面积300亩，基础设施齐备，由学院独立运作，成为学院重要的实习实训基地和校域共建"后场"的典型代表。特别是生物技术（园艺）实训基地除满足教学、实习需要外，参与实习实训的师生和生产技术人员还共同承担生产项目，项目面向市场所生产的蝴蝶兰、仙客来等盆花及百合切花等商品花卉，远销上海、杭州等国内市场以及部分周边国际市场。

需要指出的是，学院"前校后场、产学结合、育林树人"的办学特色在上述两大主体实训基地体现的最为卓有特色和成效。

（4）校政合作亮点突出

学院与鞍山市政府合作成立了木材工程学院，服务鞍山市域经济和社会发展。由鞍山市政府无偿提供土地，并投资约3640万元，为木材学院建设了18 196.90m²教学行政用房、实训车间和学生公寓。投资设备款415.0482万元，建设了板式家具生产实训车间、实木家具生产实训车间、木材干燥生产实训车间。以鞍山市政府为主导，组建了鞍山校区管理委员会，形成了"政校企协四方合作办学"模式。通过"校政"合作，做新做强木材加工技术专业群，培养了1000多名木材加工技术和家具生产与设计领域人才，为鞍山市域经济发展做出了贡献。

（5）国际合作成果明显

学院先后与加拿大、柬埔寨、泰国、韩国等国家高校开展国际交流和合作，与柬埔寨知名的大企业——联合国际贸易发展有限公司联手合作"2＋1"订单培养留学生；与加拿大亚冈昆学院签订了合作办学协议，并已合作培养了酒店管理专业学生25人，开启了国际间校校合作的新篇章。

学校与政府共商、与行业联手、与企业合作，创新了开放办学、产教融合、四方合作的特色办学体制机制，逐步完善了人才共育、过程共管、成果共享、责任共担的合作管理运行机制，凸显了"前校后场、产学结合、育林树人"的鲜明办学特色，实现了校企合作办学、合作育人、合作就业、合作发展，为培养高素质的技术技能人才创造出更加自主的育人环境。

2. 牵头组建全国和全省两大林业（生态环保）类职教集团，为现代林业职教体系构建搭建了广阔的集团化办学新平台

2014年6月，经国家林业局同意，辽宁林业职业技术学院率先牵头组建了中国（北方）现代林业职业教育集团（以下简称集团）。集团是全国首个具有鲜明林业行业特色和北方区域特征的大型林业职业教育联合体，现有包括辽宁、北京、天津、河北等北方15个省（自治区、直辖市）在内的政校企行理事单位153家。

在中国（北方）现代林业职业教育集团的支持指导下，辽宁林职院又于2016年11月牵头组建了辽宁生态建设与环境保护职业教育集团，吸纳理事单位89家，该集团被列入辽宁省示范性职业教育集团建设行列。中国（北方）现代林业职教集团与辽宁生态环保职教集团互为支撑、协同发展，形成了林业（生态环保）类职教集团连锁化发展的新局面。

两集团成立以来，以服务生态文明建设、现代林业产业和北方（辽宁）经

济社会发展为宗旨，对内规范管理，对外深化合作，探索形成了"内方外圆 合作共赢 绿色发展"的特色发展模式：

一是合作加强专业共建，资源共享和人才培养实现突破。依托辽宁林职院牵头的专业建设与人才培养工作委员会，与 1200 余家企业紧密合作，带领 30 余家校企成员单位共建林业技术等全国性专业教学资源库 3 个、专业标准 6 项、教学做一体化精品资源共享课 21 门，成功开展 3 届集团微课创作大赛，引领全国林业职业院校专业及教学改革。

二是合作加强人才支撑，校企一体化育人机制全面形成。集团为北方区域社会培养了 7 万余名高素质技术技能人才，其中，成员院校输送 5000 余名毕业生到成员企业就业，集团内成员高职院校培养中职学生 2500 人，集团成为行业企业人才的"蓄水池"。

三是合作加强培训服务，服务行业产业能力显著增强。依托黑龙江林职院牵头的企业培训与终身教育工作委员会，成员院校面向成员企业开展职工教育培训 3 万余人次；培养高端、紧缺人才 4200 余人；开展校校交流，10 余所院校近 200 名师生受益；集团成为行业企业员工培训的"加油站"。

四是合作加强协同创新，行业智库作用日益凸显。开展北方 15 省（自治区、直辖市）林业企事业单位人力资源现状及需求调研；参与全国林业教育培训"十三五"规划制定；牵头组织 6 项全国林业软科学项目研究，集团成为重要的行业和区域发展智库。

集团办学成绩得到各方高度认可。国家林业局彭有冬副局长多次高度肯定集团成绩并曾亲自视察指导集团工作；全国第十三期职业教育集团化办学调研团 60 余位专家于 2017 年 5 月调研考察集团工作并给予高度评价；集团案例荣获辽宁省职业教育领域改革发展优秀案例，同时入选《中国职业教育集团化办学发展报告》(2017)（全国仅 50 家集团入选）；此外，集团案例还被遴选编入《2016 年全国职业教育集团化办学典型案例汇编》；集团办学经验先后两次在全国职业教育集团化办学研讨会上交流；中国教育新闻网、光明日报、中国绿色时报等多家主流媒体报道集团业绩，集团示范影响全面彰显，在行业和全国集团化办学中的突出地位日益增强。

3. 牵头组建辽宁省生态环保产业校企联盟，逐步满足辽宁生态环保产业对人才和科技文化的供给需求

为推进辽宁省生态环保产业事业绿色发展，促进新一轮辽宁老工业基地振兴，落实辽宁省委、省政府关于推进中高等学校供给侧结构性改革的重要

部署，学院审时度势、抢抓机遇、反复争取、积极备战，仅用了 50 余天的时间，便在时间紧、头绪多、责任大、担子重的情况下，于 2017 年 5 月 19 日成功牵头组建了辽宁省生态环保产业校企联盟，成为省内由高职院校牵头组建的第二个校企联盟。

联盟成立以来，以校企协同开展人才培养、科技创新、生态文明建设 3 条主线为主要任务积极谋划发展思路；以辽宁省林业厅、水利厅、气象局、国土资源厅、环保厅 5 个行业面向为组织保障并顺利完成了前期合作对接；以本溪市和阜新市为两个示范试点并进行了实质性对接，签署了战略合作协议；建立了联盟人才培养、生态文明教育、科技创新 3 个工作委员会；形成了"123456"的联盟整体发展战略，制定了联盟章程、三年发展规划；开展了五大厅局及企业成员单位需求侧调研和联盟各高校供给侧调研；设立了本溪市和阜新市两个示范试点；先后组织成立了"阜新生态研究院""本溪枫叶研究院"，并设立了 7 项生态工程方面的重点研究项目，致力于解决辽宁区域生态环境治理和生态建设中存在的突出问题。

学院以联盟理事长单位的引领地位，带领 217 家联盟成员单位合作共赢、优势互补，搭建了政校企行研协同创新平台，为辽宁生态环保产业提供强大的人才、科技、文化支撑，促进辽宁生态环保产业转型升级，实现辽宁的"天更蓝、水更清、山更绿、土更沃"做出了积极贡献。联盟秘书长在 2017 年全省联盟工作大会上交流了联盟工作经验，受到与会一致认可和好评。

(四)坚持"专业为柱、林业为根"，紧密对接产业，构建完善了服务区域和行业产业发展需求的"林"字号特色专业体系

1. 构建了紧密对接区域和行业产业发展的专业格局

专业是高职院校办学之根，特色专业建设是特色院建设之魂。学院本着"立足林业、面向市场、对接产业、突出特色、打造品牌、协调发展"的专业特色发展理念，进一步调整和优化专业结构，建设形成了"市场定位准确、产学结合紧密、林业特色鲜明、品牌效益突出"的重点专业(群)：以守住辽宁生态底线为立足点，做精林业技术核心专业；以服务辽宁城乡一体化大园林绿化工程为指针，做强园林技术主体专业；以支撑辽宁林业产业大省建设为根本，做新木材加工技术强势专业；以打造辽宁旅游强省为依托，做优森林生态旅游特色专业。并以重点专业为龙头，强力推进相关专业及专业群协调发展，全面提升了专业整体建设水平和服务社会、服务地区、服务"三林"的能力。

2. 专业内涵建设全国行业引领

学院是全国林业职业教育教学指导委员会副主任单位和森林资源类专业教学指导分委员会主任单位，牵头全国林业类专业标准等质量标准制定；牵头主持林业技术专业国家教学资源库建设，全国18所院校和16家行业企业参建，2015年获得教育部批准正式立项，成果显著；联合主持全国家具设计与制造专业教学资源库建设，全国22所学校参建，初步完成建设任务。

3. 打造了"教授＋技术技能大师"的优秀专业团队

通过校企人员互聘互用以及引育并重的建设举措，形成了结构基本合理、素质优良、技能过硬、专兼结合的教师队伍，成为学院教育教学改革的有力保障。重点强化专业带头人队伍建设，形成了以"教授＋技术技能大师"为引领的专业教学团队。例如，林业技术专业首席专家为全国林业学术技术带头人和辽宁省优秀专家；园林技术专业带头人为原沈阳花卉公司副总经理；木材加工技术专业带头人为原沈阳木材总厂厂长；森林生态旅游专业带头人为原沈阳凯宾斯基饭店人力资源部总监。

4. 专业实训基地建设带动实训资源共享

校企共同建设了"生产性、开放式、多功能、共享型"校内外实训基地294个；全国林业"森林资源调查与监测"示范性实训基地占地60 000余亩，是全国林业高职院中面积最大、条件最好、示范性最强的生产性实训基地；国家"生物技术"实训基地占地300亩，资产2000万元；国家"家具设计与制造"实训基地，资产3000万元。多个大型实训基地同时也是北京林业大学、东北林业大学、辽宁大学、沈阳师范大学等多所高校的共享实训基地，带动了区域和行业院校优质资源共享。

（五）坚持"内涵为核、项目载体"，走质量立校之路，全面深化"产教一体、产学同步"的教育教学改革，形成了内涵发展的特色品牌

学院以内涵建设为核心，以教育教学改革为动力，以示范院建设为平台，以示范院建设综合项目、全员教师职教能力培训测评等大型教改项目建设为引领，以人才培养模式改革、全国专业教学资源库建设以及"百强课改""职业化考核课程改革"等专题项目建设为切入，以"产教一体、产学同步、项目载体、任务驱动"为主导，全面深化教育教学改革，走出了一条质量立校、内涵强校的发展之路，形成了学院内涵发展的特色品牌。

1. 第一轮省级示范院建设开启了内涵建设新起点

2008年年底，辽宁林职院成为辽宁省首批示范性高等职业院校建设立项

单位。2009—2011 年，学院自筹资金 1900 余万元，举全院之力全面推进第一轮省示范院建设，重点建设了重点专业及专业群建设、实训基地建设、学生综合素质培养体系建设，数字化平台建设、质量保障体系建设、社会服务体系建设 6 个省级示范项目，取得了丰硕成果和突出成效，成为学院内涵发展的标志线，对提升学院综合实力和形成内涵型特色发展模式发挥了重大的决定性作用，实现了办学水平的跨越式发展。

2. 第二轮省级示范建设夯实了内涵发展新成果

2014 年 4 月，经辽宁省教育厅、辽宁省财政厅批准，学院再次以排名第一的身份成为"辽宁省职业教育改革发展示范学校"首批建设立项单位。学院共计投入资金 2000 余万元，通过 3 年的建设，完成了林业技术、园林技术、木材加工技术、森林生态旅游、环境艺术设计 5 个重点专业（群）建设以及和谐共赢的现代林业职教集团建设、科学引领的文化育人与生态文明建设等"5 + 2"个项目，教育教学改革全面深化，内涵发展水平大幅提高，学院真正成为现代林业人才培养的示范、体制机制改革创新的示范、社会服务和文化传承的示范。

3. 创新工学结合的人才培养模式

学院借助两轮省级示范院建设平台，积极探索形成了"校场共育、产学结合、岗位育人""两主两强"等工学结合的人才培养模式，该成果荣获国家级教学成果二等奖。通过成果实施，逐步实现了"教学内容与企业任务的融合，教学过程与任务流程的融合，教学身份与企业身份的融合，教学成果与企业产品的融合，教学产品与企业需要的融合"；学院入选全国首批百所现代学徒制试点学校，家具设计与制造专业与北京博洛尼家居有限公司等联合创建学徒制班，创新了学生"入校即入厂，入校即入职"的现代学徒制特色人才培养模式；订单培养全省开展最早、体系最成熟，森林生态旅游专业与港中旅集团等国际旅游集团合作，在全国旅游类订单培养中成为引领。

4. 全员职教能力培训测评掀起教学改革新高潮

为突破教师"三力"（动力、能力、精力）不足这一制约学院内涵发展的主要瓶颈，学院以项目化课程改造为主题，于 2009 年 5 月起，历时 4 年，先后分三期开展了以全院 337 名专兼职教师及教学管理骨干为培训对象，以 154 门课程项目化改造为主题的"教师职业教育教学能力培训与测评"。本次培训测评是我院历史上参与教师人数最多、历时时间最长、影响最为深广的一次教学整体改革行动，在广大教师中带来了一场思想的革命，掀起了一轮课改的浪潮；为学院教学改革，特别是课程改革开辟了一片新天地，极大地激发了广大教师参与教学改革的积极性、主动性和创造性，全体教师的职业教育教学能力显著提高，在辽宁省各高职院校中走在前沿。

5. 深化课程和教学内容改革

以教师职教能力培训测评为契机，以省级示范院建设为平台，学院投入100万元作为奖励资金，全面开展"百强课改"和"职业化考试课程改革"，教学做一体化实施课程达到130门，职业化考试改革课程近50门，课改课程覆盖30余个专业(方向)近200个教学班，完成课改教学时数25 000余学时，参与教师近200人次，8000余名学生直接受益。教师完成教学设计、课程标准等课程实施相关文件约146万字，完成了课程教学资源建设，建立课程网站56个，编写并出版了教学做一体化教材近40部。

6. 构建特色实践教学体系，突出学生实践动手能力培养

以清原实验林场和林盛教学基地为重点，场校融合、产教一体、产学同步，着力构建了91个生产性、开放式、共享型、多功能的校内实训基地和203家校外实训基地，不断改善实训条件和教学环境；成立了实训科，贯彻双证书制度，加强"实验、实习、实训"三环节和实践教学过程管理；创新学生专业技能大赛制度，2013年5月及2017年5月，学院在总结每年一度的学生专业技能大赛校赛经验基础上，先后两次成功承办了由国家林业局主办的首届全国职业院校林业职业技能大赛和第二届全国职业院校林业职业技能大赛，形成了考、评、学、训、赛五位一体，具有林业职业教育特色的实践教学体系，促进了实践教学质量提升。

7. 加强教学信息化改革，优质教学资源建设成效凸显

牵头主持全国林业技术专业教学资源库建设和全国家具设计与制造专业教学资源库建设，组织开发林业类优质资源共享课40余门，开展"百佳微课"评选，带动专业和课程教学资源数字化、多元化、共享化建设。

8. 创新特色化质量保障体系

学院将教育教学质量视为人才培养全过程、学院办学全维度的产品，积极引进ISO 9000理念，构建了"质量内涵保证体系""质量活动管理机制保障体系""质量特色强化保障体系"三大版块有机对接的特色质量保障体系闭合环，重点创新了以实践教学质量管理为核心的"质量特色强化保障体系"，形成了评教、评学、评建、评改"四位一体、多元统合"的质量监控和评价系统，有力保障了教学质量提升。

（六）坚持"育人为本、德育为先"，构建实施了特色鲜明的"三有三成"绿色人才培养体系，促进人才培养质量显著提升

辽宁林业职业技术学院作为辽宁唯一的一所林业高职院校，积极贯彻十九大精神，坚持高举生态大旗，落实立德树人根本任务，确立了以才培养（学生）为中心的办学定位，深化教育教学改革，全面建设并实施"有德成人、有技成才、有职成业"的绿色人才培养体系，取得显著成效。

1. 坚持育人为本、"有德"为先，将打造特色"成人"体系放在首位，使学生"有德成人"

学院党委高度重视德育教育，实施"德育一把手"工程，将立德树人贯穿人才培养全过程；积极发挥思想政治教育课主渠道作用，从培养"爱国 敬业 诚信 友善"的社会主义合格公民入手，深入推进社会主义核心价值观进教材、进课堂、进头脑；强化大学生综合素质和工匠精神培养，推行专业能力和德育、素质双线并行的培养考核模式，学生须修满全部专业能力学分和素质考核学分方可毕业；实施大学生综合素质教育课程化，制定了《大学生综合素质教育培养方案》，设立"理想信念教育、爱国爱校教育、诚实守信教育、吃苦耐劳教育、感恩行动教育"等共计 10 门综合素质教育课程，学生在校 3 年须修完 1500 学时共计 150 学分的素质教育课程方可获取德育毕业资格，保障了德育教育系统化、立体化和长效化。

以全员、全过程、全方位的"三全"育人理念为指导，创新开展了"1368 工程"，新建、新修 150 项管理制度，狠抓"学风党风校风"，着力提高领导班子、中层干部、教师、党员、学管人员及学生干部"六支队伍"建设水平，全面实施教书、管理、服务、环境、实践、文化、党建以及雷锋精神育人"八育人"；特别是深入开展全员育人工程，深化党建和雷锋精神育人，规范化实施领导班子值周值宿、领导班子联系二级院部、党员联系班级、党员教师谈心等党建育人活动，并与雷锋生前所在旅（团）军校共建 24 年，"党校军协同育人"特色鲜明、成效凸显，有效引导了大学生成长成才。

开展"绿色德育"，率先提出并全面实施了生态文明"三进"（进教材、进课堂、进头脑）：组织编制了《生态文明教育读本》；倡导开设生态文明教育必修课，并在清原实验林场试点开设生态文明教育实践体验课 5000 余学时，两年共有近 5000 名大一学生受益；牵头成立了辽宁省生态环保社团联盟，带动 40 余个绿色社团广泛开展生态公益活动；首次凝练并大力弘扬"吃苦耐劳、无私奉献、团结协作、有为担当"的 16 字林业精神，着力培养学生的林业品

格和林业精神，真正实现了"有德成人"。

2. 坚持能力为重、"有技"为主，将打造特色"成才"体系放在突出位置，使学生"有技成才"

学院成立了校院两级理事会，健全了产学合作长效机制；充分利用占地6万亩的清原实验林场和294家校内外实训基地，全面深化产教融合、校企合作，积极构建以林为根的林业类特色专业体系，深化校企一体化育人，突出学生专业核心技能和实践动手能力培养：将林业技术专业（群）建在实验林场，创新"场中校"办学模式，做精"林业技术"核心专业；与林盛镇政府校域共建，创新"校中场"办学模式，做强"园林技术"主体专业；与鞍山市政府校政共建木材工程学院，组建鞍山校区管委会，形成了"政校企协四方合作办学"模式，有效服务鞍山经济发展，做新"木材加工技术"强势专业；与港中旅等著名企业集团深度合作，建立了企业制"森旅英才培养学院"，做优"森林生态旅游"特色专业。

学院依托牵头组建的中国（北方）现代林业职业教育集团、辽宁省生态环保产业校企联盟、辽宁省生态建设与环境保护职业教育集团三大平台，积极创新"场校共育、产教一体、岗位育人"、订单培养、现代学徒制等工学结合的人才培养模式，成为全国首批现代学徒制试点单位，订单培养全省最早、体系最成熟。

学院以林业技术、家具设计与制造两个全国专业教学资源库建设为引领，全面深化数字化教学资源建设和线上线下相结合的学习模式改革；以项目导向、教学做一体为主线，在全省率先开展了"全员教师职业教育教学能力培训与测评""百强课改""职业化考试课程改革""百家微课创作大赛"等多项大型教学改革和课程改革活动，8000余名学生直接受益，真正实现了"有技成才"。

3. 坚持就业导向、"有职"为宗，将打造特色"成业"体系放在重要位置，使学生"有职成业"

学院狠抓毕业生就业率、专业对口率、就业稳定率和薪资水平，并建立制度对各二级院"三率一薪"水平严格考核、兑现奖惩；加强大学生"双创"工作，创新"五服务"就业创业服务体系；建立了"绿牌活招，黄牌缓招，红牌停招"的专业建设与招生工作良性互动机制；创新并推广现代学徒制和订单培养，形成了就业环节前置、入学即就业的出入口零距离对接机制，毕业生就业质量和创新创业能力明显提升，毕业生平均就业率连年达到95%以上，木材加工技术等重点专业就业率100%，真正实现了"有职成业"。

（七）坚持"人才强校、管理治校"，实施"1368"工程，打造以领导力建设和全员育人为核心的特色管理体系

1. 坚持"人才强校"

重点加强领导班子、中层干部、教师、党员、学生管理人员、学生干部等"六支队伍"建设，全面提升领导力。开展领导力培训；出台了新的中层干部管理考核办法；加强"双师"、骨干教师和青年教师培养力度，优化专任教师的学历、学位和职称结构，造就了一支以"教授＋大师"为引领，结构合理、素质优良、技能过硬、师德高尚、专兼结合的优秀教学团队，在人才培养质量提升中发挥了核心支撑作用。

2. 坚持"管理治校"

院党委高瞻远瞩，超前谋划，于2013年年初率先提出了"1368"工程并全面实施。"1"即加强以章程为引领的大学制度建设，以制度建设作为管理体系构建的一条中心主线，建立健全了150余项管理制度，以科学的管理制度统领全校管理；"3"即抓学风、校风、党风"三风"建设，以解决人的思想、态度、作风等问题，营造好气候，创造好生态，促进人才质量，带动内涵深化；"6"即抓班子、中层、教师、党员、学管、学生干部"六支队伍"建设，以提升全校主要队伍的整体素质；"8"即抓教书育人、管理育人、服务育人、环境育人、实践育人、文化育人、党建育人、雷锋精神育人"八育人"工作，以切实保障育人为本的办学宗旨，确保"以学生为本，以人才培养为中心，以立德树人为根本任务"的全员育人工作真正落到实处、取得成效。通过几年的实践，"1368"工程的实施取得显著成效，为培养"三有三成"绿色人才提供了坚实的制度保障、队伍保障、管理保障、育人机制保障和文化保障。

（八）坚持"绿色招生、就业导向"，畅通入口和出口，创新"四双＋四为"就业创业特色工作体系

1. 坚持"绿色招生"

积极创新绿色招生、阳光招生新机制，在全省设立了"育林树人励志奖学金"，组织了"育林树人杯"全省高中生征文大赛活动，建设生态文明，以公益活动为载体，吸引更多优秀学生投身林业事业，连年考生第一志愿上线人数居全省前列。

2. 坚持"就业导向"

学院高度重视就业创业工作，确立了"人才培养与就业工作双融合、就业

服务与就业指导双贯通、就业工作与创业工作双举措、毕业生与用人单位双满意"的"四双"就业创业特色工作理念;实施了"保障为重、德育为先、成才为要、立业为根"的"四为"就业创业工作模式;狠抓"三率一薪",创新构建了组织保障、经费配给、政策支持、教育指导、就业指导、就业网络平台搭建、就业创业竞争能力培养到位的"七到位"就业创业工作保障体系;并通过对各系(部)就业工作进行"三率一薪"考核,开展五届"兴林杯"创新创业大赛,不断提高毕业生就业创业质量。学院毕业生就业率95%以上,省内就业率85%以上,用人单位和社会满意率90%以上,学院先后被评为辽宁省高校就业创业示范校、辽宁省普通高校毕业生就业工作先进集体、全国林业职业院校就业创业工作先进集体、全国就业工作50强高校等荣誉称号。

(九)坚持"协同创新、服务为魂",搭建"一轴七翼"大培训体系,形成特色服务模式

1. 构建了教科研双线并行、战略优先的特色科研体系,协同创新与科技服务水平不断增强

学院高度重视教科研工作,密切产学研结合。成立了科研处和高职教育研究所,分别负责管理学院自然科学和社会科学研究工作;并切实加强战略研究,启动了6个战略创新项目,推动了学院战略发展。

2003年以来,学院在省级以上教科研课题立项近300项,在省级以上学术期刊上公开发表论文近1500篇,公开出版专著、教材200余部;获得省市级教科研成果奖励150余项,多项成果被鉴定为国际、国内先进水平,为企业创造效益近亿元,其中,《森林资源三类调查数据管理信息系统》填补了我国林业调查信息管理网络化的空白,每年创造产值达9000万元;《彩色观赏树木新品种繁育及推广技术的研究》为阜新城市转型和东北地区的城市绿化提供了重要理论依据和专业技术支持等。学院先后获得辽宁省优秀科研集体、第三批全国林业科普基地、辽宁省教育科学规划重点研究基地优秀建设单位等荣誉称号。

2. 立足区域及行业开展社会培训,服务"三林"效果显著

学院承担全省林业培训职能,是全国林业行业关键岗位培训基地、(国家)林业行业特有工种鉴定站、(国家)园林行业特有工种鉴定站、辽宁省林业行业培训基地、沈阳市2010—2012年度中小企业示范服务机构等。多年来,学院根据社会、林业企业及农村劳动力转移等需要,构建了以继续教育学院为中轴,以7个二级院(系)为辅翼的"一轴七翼"大培训格局,举办了"辽宁

省集体林改革工作培训班"等各类省级培训班数百期,并积极开展送林业科技下乡等技术服务和技术培训工作,累计培训(服务)人员 50 000 余人次,形成了"服务作用明显、社会影响广泛"的社会培训辐射圈。特别是在全省开展"百千万科技富民工程",使万名林农受益,荣获沈阳高校十大社会服务贡献奖,在服务"三林"中发挥了引领作用。

(十)坚持"生态为旗、文化为基",传承生态文化,打造"三姓合一"的特色校园文化

1. 找准"三姓合一"的特色校园文化定位,凸显办学特色

学院找准自身姓"职"、姓"高"又姓"林"这一"三姓合一"的特色定位,60 余年的文化孕育,14 年的高职办学积累,形成了"木气十足、林气旺盛、职味浓郁、三姓合一"的精神文化特质,积淀了"前校后场、产学结合、育林树人"的办学特色;学院 VI 视觉系统、校园网建设等,集中反映了学院"厚德树人"的绿色育人理念和"育林树人"的校园文化特色。

2. 坚持举生态旗,率先搭建了全国生态文明建设与文化育人的新平台

为传承生态文化,促进生态文明,2013 年 11 月 27 日,学院依托全国高等职业技术教育研究会,牵头成立了文化育人与生态文明建设工作委员会(以下简称文化育人专委会),是全国职业院校中第一个以"文化育人与生态文明建设"为主题设立的全国性内设研究机构和群众性学术团体,全国 81 所职业院校和企业参与其中,在全国职业院校中首次搭建了生态文化育人的新平台。文化育人与生态文明建设工作委员会成立以来,分别在辽宁沈阳、新疆乌鲁木齐及河南洛阳成功主办了三届"全国绿色高职教育与生态文明建设论坛",并于 2014 年组织了全国生态文明建设主题摄影特训营等活动,共有来自全国的 100 余所职业院校 300 余人次参与上述活动,有力促进了全国职业院校文化育人和职校师生生态文化素质提升。

3. 全面深化文化育人,多项创新活动形成绿色文化引领

学院在全国高职院校中率先倡导并全面实施生态文明"三进"(进课堂、进头脑、进教材);凝练并积极传承 16 字林业精神;通过在全省设立"育林树人励志奖学金"及多次组织开展"育林树人杯"征文大赛等活动,培养高中生生态素质;组织开展了"迎全运 爱家乡 低碳环保我先行"大型公益活动,15 000 名大中小学生受益,项目成果获全国梁希科普活动奖,是全国林业高职院中的唯一;组织成立了辽宁普通高中生态环保社团联盟,带领联盟内 40 余个生态环保社团开展丰富多彩的生态环保行动;学院先后荣获辽宁省大学生志愿者

服务先进集体、沈阳市大中专学生志愿者暑期"三下乡"活动先进单位、沈阳市优秀大学生社团等各种集体荣誉150余项。

4.以人为本,为师生提供安全和谐的绿色育人环境

学院自筹资金近千万元为职工解决住房等重大福利待遇问题多项,解决了广大教职员工的后顾之忧;各项奖励机制日益完善,职工福利待遇不断提高,学院连续多年获得辽宁省优秀职工之家荣誉称号;建设"主干万兆、百兆接入"的校园信息化运行平台,信息化管理水平不断提升;净化、美化、绿化育人环境,学院连年被评为辽宁省环境友好型学校、沈阳高校平安校园、沈阳市绿化先进单位、沈阳市花园式单位等。

(十一)坚持"场校融合、特色兴校",全面凸显"前校后场、产学结合、育林树人"办学特色

学院着力完善了具有"前校后场、产学结合、育林树人"特色的实训平台和实践育人体系。一方面,从载体和平台建设入手,以清原实验林场为中心平台,打造了全国林业高职中面积最大,功能最全,生产性、企业化程度最高,示范辐射作用最强的"四最"型核心"后场",形成了林业职业教育行业、职业、产业、专业、就业"五业衔接"的实训基地特色建构模式,成为学院人才培养和示范辐射的一大特色和亮点;另一方面,学院以"后场"为"育林树人"的实践载体,积极推行产教融合、学做一体、岗位育人的教学模式改革,在教学和生产实践中,教师是经理也是教师,学生是员工也是学生,基地是现场也是课堂,形成了具有林业职业教育特色的"场校融合、产教一体、学训同步、道艺兼修"的实践教学体系,突出了高素质技术技能人才的实践能力、职业素质和发展能力培养,特别是强化了林业人吃苦耐劳、热爱林业、低碳环保的行业精神和职业情操,凸显了辽宁林职院培养高素质的林业技术技能人才的育人特色。"前校后场、产学结合、育林树人实践教学体系研究与实践"获得辽宁省优秀教学成果一等奖,并出版了同名专著。

八、林业类高职院校特色发展实践取得的主要成效及辐射亮点——以辽宁林业职业技术学院为例

通过多年的特色发展,辽宁林业职业技术学院以建设"省内示范、行业一流、全国特色"高职院的"三步走"战略为引领,全面加强内涵建设,教育教学改革走在前沿,人才培养机制不断优化,办学水平逐年提高,真正形成了"人

口多、出口旺"的良性循环,"肯吃苦、能顶用、技能强、素质高、后劲足"的林业类高职人才培养目标得到了充分实现,人才培养质量与毕业生就业质量居于全省高职院校和全国行业同类院校前列,学院特色发展成效全面彰显。

(一)学院内涵建设水平不断提升,内涵式发展成为辽宁林职院特色发展的"旗舰模式"

学院坚持走内涵发展道路,努力将学院做精做优做特,特别是高质量完成前后两轮省级示范院建设十几个重点项目建设,并开展了历时4年多的全员教师职业教育教学能力培训与测评,全面深化了办学内涵;并通过构建"三有三成"绿色人才培养体系,实施"1368"工程,深化"百强课改",建设林业技术、家具设计与制造两个全国性专业教学资源库建设等多项特色项目,有力提升了办学水平和综合实力,真正走出了一条质量立校、内涵强校的特色发展之路,打造了学院内涵发展的特色品牌。其中,人才培养模式改革、全员参与的大型教改项目实施以及教育教学质量保障体系建设尤为特色鲜明。

例1:学院以5个林业类重点专业(群)为试点,依据现代林业和区域经济社会发展需求,结合林业行业特色和各专业特色,校企共育、林(工)学结合,创新形成了"校场共育、产学结合、岗位育人""两主两强""随工随学、版块移动""现代学徒制""学生职业技能及综合素质一体化""拔尖人才培养"等"林学结合"的重点专业特色人才培养模式,全面提升了人才培养质量,凸显了林业高职院校人才培养模式的先进性、典范性和突出特色;学院人才培养模式改革成果荣获国家级教学成果二等奖,辐射带动全国数十个涉林类职业院校人才培养模式改革。

例2:学院课程改革硕果累累,形成了辽宁林业职业技术学院独有的全员大型教改特色。"教师职业教育教学能力培训与测评"历时4年多,成为较早大规模开展整体教学改革的高职院校之一,在全省各高职院校中走在前沿。以教师职教能力培训与测评为契机,学院先后开展了"百强课改""职业化考试课程改革""百家微课创作大赛"等全员参与的大型职业教育教学改革活动,对推动林业类高职教育教学改革,深化高职内涵建设和特色发展,大幅提高教师职教能力和学院整体教学质量作用显著、引领地位凸显,全国和全省先后有40余所职业院校到校学习或参考复制我院"教师职教能力培训与测评"等大型教学改革项目的经验和模式,越来越多的涉林职业院校从中受益。

再如,学院树立了高职教育教学质量保障体系的特色品牌。以ISO 9000理念为引领,构建了学生、教师、企业、社会多元一体,内外结合的教育教学质量监控和评价体系，有力保障了学院人才培养质量提升。该项成果入围国家级教学成果遴选，并获得辽宁省教育教学成果一等奖及辽宁省"十二五"规划中期优秀研究成果一等奖。

（二）"产教融合、四方合作"的办学体制机制有力凸显了职业教育的产教融合特色和学院自身的四方合作共赢发展模式特色

产教融合、校企合作是实现教育链、人才链与产业链、创新链有机衔接的核心路径。辽宁林业职业技术学院以提高人才培养质量，实现校企双赢、互惠发展为目标，探索构建的学校与政府共商、与行业联手、与企业合作的产教深度融合办学体制机制，形成了"前校后场、产学结合、育林树人"的鲜明办学特色，实现了校企合作办学、合作育人、合作就业、合作发展。特别是清原实验林场"场中校"合作模式、学院与鞍山市政府合作共建木材工程学院的校政合作模式、"内方外圆、合作共赢、绿色发展"的集团化办学模式，以及通过牵头组建辽宁省生态环保产业校企联盟所构建的"政产学研创用"深度融合模式，都是具有鲜明的辽宁林职院特色的合作共赢办学模式和发展模式，可以为同类院校提供有益的借鉴参考。

（三）质量工程建设水平不断提高，专业、课程、师资、基地等各项成果形成了辽宁林职院自身的"林"字号质量品牌特色

质量立校是任何学校办学与发展的根本遵循，特色发展模式无论如何打造自己的独有优势和自身特点，也同样必须遵循质量立校的核心原则。目前学院已拥有教育部、财政部支持专业提升服务产业能力重点专业2个，全国行业重点专业2个，省级示范专业4个，省级品牌专业6个，辽宁省对接产业集群专业5个，辽宁省高水平特色专业2个；拥有全国专业教学资源库2个，国家级精品资源共享课1门，国家林业局精品课1门，全国行业精品课3门，省级精品课11门；国务院特贴专家2人，省级优秀专家1人，省级教学名师5人，省级专业带头人6人，省优秀青年骨干教师7人，省级优秀教学团队4个；拥有国家级实训基地3个，全国行业重点实训基地1个，省级实训基地5个，省级创新型实训基地4个。质量工程建设水平居于全省和全国林业高职院校前列。

特别是"以林为根"的重点专业建设特色突出、综合水平高。林业核心专业建设水平高，林业技术专业综合水平全国最强，园林技术全国最早，木材加工技术和森林生态旅游专业全国排名领先。尤其是近几年来，通过引领全国林业技术专业教学资源库建设、全国家具设计与制造专业教学资源库建设

以及依托中国(北方)现代林业职业教育集团深入推进的集团化办学,使学院林业技术、园林技术、木材加工技术和森林生态旅游等特色重点专业在全国和全行业的辐射引领作用得到全面凸显。

(四)毕业生的社会认可度、满意度、美誉度和人才培养质量日益提高,凸显了辽宁林职院"三有三成"绿色人才培养体系的突出特色

学院提出和构建的"有德成人、有技成才、有职成业"的"三有三成"绿色人才培养体系完全符合新时代关于"培养又红又专、德才兼备、全面发展的中国特色社会主义合格建设者和可靠接班人"的目标要求,更突出了高素质技术技能人才培养的类型和规格特色,成为全国首创,独具特色。通过"三有三成"绿色人才培养体系实施,学院毕业生初次就业率每年达到90%以上;毕业生就业率连年超过95%;毕业生在辽宁省林业行业中享有良好声誉,用人单位评价毕业生工作称职率和满意率达到90%以上;学院被誉为"培养林业技术技能型人才和林业基层干部的摇篮"。2014年,学院被评为全国高校毕业生就业典型经验50强。"三有三成"绿色人才培养体系的成功实践,为实现建设"省级示范、行业一流、全国特色"高职院的学院"三步走"战略发挥了重要引领作用,同时也为同类高职院校人才培养工作创新提供了十分有益的参考案例。

(五)服务社会与区域行业的水平明显提升,学院对行业企业的贡献值诠释了"服务三林"的特色

十余年的内涵建设和特色发展,使学院在校企合作体制机制创新、重点专业与专业群建设、人才培养模式创新与项目化课程改革、"两双"团队与实训基地建设、育人体系与校园文化建设、质量保障体系建设、教科研与社会服务能力建设等方面走在全国同类行业院校以及省内同类高职院校的前列,学院为林业行业、社会企业提供的人才支持、项目咨询和技术服务进一步扩大,服务"三林"能力明显增强;行业企业对学院的依存度逐步提高,办学的社会效益和经济效益更加显著。特别是学院对位"三林"、精准服务的思路和举措,对林业类高职院校创新社会服务工作具有一定启示。

(六)高举生态大旗,传承绿色发展理念,营造和孕育了"三姓合一"的优秀校本文化,成为辽宁林职院一张绿色的特色文化名片

辽宁林业职业技术学院坚持高举生态大旗,走绿色发展道路。由于长期受林业行业文化、生态文化、绿色文化的熏陶,加之企业文化、职业文化、高等教育文化的浸染,多种文化交汇融合,使其汲取林业行业文化精髓,塑造了底蕴丰富的绿色精神文化;坚持突出文化育人,打造了优秀的大学校园

文化；融合企业文化，营造了浓郁的职业文化，从而形成了兼有林业文化、职业文化、高等教育文化特征，姓"林"、姓"职"又姓"高"的"三姓合一"特色高职文化，形成了以文化人、以文育人的隐性教育体系，全面深化了文化育人和"全人"培养。学院"三姓合一"的特色文化名片，同时也投射着林业类高职院校的共同文化特征和属性，值得借鉴和思考。

（七）"前校后场、产学结合、育林树人"办学特色更加凸显，学院辐射全面增强，形成了学院自身的"形象特色"和"颜值特色"

学院始终致力于营造"前校后场"的办学环境，实施"产学结合"的办学模式，秉承"育林树人"的根本宗旨，14 年的高职办学和特色发展，使学院在校企合作体制机制创新、重点专业与专业群建设、人才培养模式创新与绿色育人体系建设、内涵发展与教育教学改革、社会服务能力建设与生态文化创新等方面走在了全国同类行业院校以及省内同类高职院校的前列；学院"前校后场、产学结合、育林树人"的办学特色更加鲜明，服务"三林"（林业、林区、林农）能力明显增强；为林业行业企业和区域社会提供的人才支持、科研创新、技术服务和文化供给进一步扩大；学院被评为辽宁省高等职业教育示范校、辽宁省首批职业教育改革发展示范校，被教育部评为全国高校毕业生就业 50 强、国家首批百所现代学徒制试点学校、全国林业行业类紧缺人才培养基地等；学院成为全国林业职业教育教学指导委员会副主任单位、全国森林资源分委员会主任单位、中国（北方）现代林业职教集团理事长单位、全国文化育人与生态文明建设工作委员会主任单位、辽宁省生态环保产业校企联盟理事长单位、辽宁生态建设与环境保护职业教育集团理事长单位等，服务区域、行业及生态文明建设的作用不可替代，行业企业对学院的依存度逐年提高，学院在全省、行业乃至全国同类高职院校中的示范引领和辐射带动作用全面彰显。

特别是学院"前校后场、产学结合、育林树人"的鲜明办学特色，既融汇了林业教育、职业教育和高等教育的特定办学规律要求和办学特征，更凸显了学院充分依托得天独厚的清原实验林场和林盛教学基地这两大"后场"及294 处校内外实训基地，全面深化产学结合，走育林树人之路的自身办学特色，是学院特色发展的核心模式和亮点所在。其中，"前校后场"是学院实现人才培养、科研创新、社会服务、文化传承四大功能的载体和环境；"产学结合"是学院实施校企合作办学模式、工学结合人才培养模式、教学做一体教学模式的总体路径；"育林树人"是学院办学的根本出发点和最终落脚点。学院

"前校后场、产学结合、育林树人"这一鲜明的办学特色，虽唯我独有、不可复制，但相信对各林业类高职院校如何科学构建自身的特色发展之路必定大有裨益。

九、林业类高职院校特色发展模式构建的启示及对策思考

（一）辽宁林业职业技术学院特色发展的模式特征及路径分析

根据本报告第七部分对辽宁林业职业技术学院特色发展实践的案例陈述和第八部分的成效亮点分析，我们可以从 11 个不同的角度简要分析出辽宁林业职业技术学院特色发展模式的基本特征和主要路径举措，详见表 1-2。

表 1-2　辽宁林职院特色发展模式特征、路径、举措分析观测一览表

序号	观测的"特色"项目内容和观测角度	特色模式特征	特色发展的主要路径举措	该特色的鲜明程度预判
1	发展节奏与进程、速度	抢抓机遇发展为要	紧跟时代步伐，实现"三级跳"跨越式特色发展	三级：一般特色
2	办学定位与理念、规划	理念先行战略为纲	做好顶层设计，"三步走"战略确立学院特色发展愿景	二级：重要特色
3	办学模式与办学体制机制	创新共赢合作为渠	实施开放办学，"产教融合、四方合作"体制机制引领学院特色发展	二级：重要特色
4	专业定位、专业建设与基地、师资等	专业为柱林业为根	紧密对接产业，构建完善了服务区域和行业产业发展需求的"林"字号特色专业体系	一级：突出特色
5	教育教学改革、培养模式和教学模式改革、质量建设等	内涵为核项目依托	走质量立校之路，全面深化"产教一体、产学同步"的教育教学改革，形成内涵发展的特色品牌	一级：突出特色
6	人才培养体系建设与育人模式	育人为本德育为先	构建实施特色鲜明的"三有三成"绿色人才培养体系，促进人才培养质量显著提升	一级：突出特色
7	大学制度建设与管理创新	人才强校管理治校	实施"1368"工程，打造以领导力建设和全员育人为核心的特色管理体系	二级：重要特色
8	招生就业体系与机制建设	绿色招生就业导向	畅通入口和出口，创新"四双＋四为"就业创业特色工作体系	二级：重要特色
9	社会服务与教科研工作	协同创新服务为魂	搭建"一轴七翼"大培训体系，形成特色服务模式	二级：重要特色
10	生态文化传承与校园文化建设	生态为旗文化为基	传承生态文化，打造"三姓合一"的特色校园文化	一级：突出特色
11	学院根本办学特色与核心竞争力	场校融合特色兴校	全面凸显"前校后场、产学结合、育林树人"办学特色	特级：核心特色

小结：从以上分析可以看出，辽宁林业职业技术学院走的是一条依托行业办学的内涵型、开放式、特色化的科学发展之路，这也是我们对辽宁林职院特色办学模式的总体分析结论。

（二）林业类高职院校特色发展模式构建的启示

从辽宁林业职业技术学院特色发展的案例来分析，我们认为，对于林业类高职院校如何实现特色发展可以有以下启示：

1. 创新理念，准确定位、前瞻思考、科学谋划，是林业类高职院校特色发展的顶层设计原则和战略前提

谋定而后动。科学的定位、先进的理念、超前的思考、高端的谋划，都是学院特色发展的战略前提。辽宁林业职业技术学院按照辽宁新一轮老工业基地振兴的总体要求，准确定位现代林业产业和区域经济社会发展对学院办学的基本需求，提出了建设"省内示范、行业一流、全国特色"高职院的"三步走"战略目标（林院梦），明确了"高举生态大旗，弘扬林业精神，培养绿色人才，服务区域发展"的办学宗旨和核心定位，确立了"学生为本、人才强校、质量保障、突出特色、服务社会"的办学理念，成为学院一切事业发展的总指南和定盘星，构成了学院特色发展的战略蓝图和逻辑起点，发挥了顶层设计的高端引领作用。

需要说明的是，一所林业高职院校的战略架构，不是越宏伟远大越好，而是要量体裁衣、对机对位、恰如其分，既要有战略高度，也要有前瞻思考，更要做到统筹兼顾，并能充分体现学校自身的特色，能切实引领学校科学发展和特色发展。

2. 以不断满足行业产业和区域经济社会对学校办学的根本需求为出发点和落脚点，举生态旗、固林业根、打绿色牌，是林业类高职院校必须紧紧依托行业产业办学的本质特征和生存命脉，是学院特色发展、举旗定向的基本原则和根本大法

生态文明建设是人类文明新的里程碑，党的十七大提出了建设生态文明的战略任务，党的十八大明确了生态文明建设在五大建设中的突出地位，党的十八届五中全会又明确提出坚持五大发展理念特别是绿色发展理念。党的十九大报告中贯穿了社会主义生态文明观，报告首次提出了社会主义现代化强国的目标，在党的十八大提出的"富强民主文明和谐"的基础上加上了"美丽"二字。把美丽中国与中国梦紧密结合起来，明确提出"加快生态文明体制改革，建设美丽中国""走向生态文明新时代，建设美丽中国，是实现中华民

族伟大复兴的中国梦的重要内容"。"美丽中国"成为全党、全国人民的共同追求。生态文明建设，林业是主体，人才是关键，教育是基础。因此，林业类高职院校要始终要高举生态大旗，筑牢林业根基，打好绿色发展这块品牌。

应该说，辽宁林业职业技术学院十几年的特色发展，得益于始终坚持"高举生态大旗，弘扬林业精神，培养绿色人才，服务区域发展"的办学宗旨和核心定位。得益于始终以林业为根。在履行人才培养、科学研究、文化传承与社会服务四大办学职能过程中，无论是整体发展布局、重点专业（群）建设，还是资源整合与社会服务平台搭建，如牵头组建（中国）北方现代林业职业教育集团、辽宁省生态环保产业校企联盟、全国文化育人与生态文明建设专委会等，学院都始终紧紧围绕现代林业产业的发展和转型升级，不盲目扩充专业、扩大规模、扩展外延，而是始终以行业产业和区域经济社会对学校"林"字定位的使命为使命，以行业产业和区域经济社会对学校的"绿色"基调要求为要求，不求大、不求广、不求眼前利益，只求精准对位行业产业和区域经济社会对学校的"生态、林业、绿色"定位来谋求发展，努力在做精、做优、做特上动脑筋、想办法、谋出路，真正走出了自己的特色发展之路，从而在服务林业产业、服务区域社会、服务生态文明建设中找到了自己的根本立足点和归宿追求。

3. 育人为本、德育为先，一切围绕落实以人才培养为中心的核心办学功能，着力培养素质高、技能强、后劲足的绿色高技能人才，是林业类高职院校特色发展所必须牢牢把握、深入践行的核心宗旨和永恒主题

一所林业高职院校归根到底其办学宗旨是为林业行业培养适应行业产业需求的具有较高生态素养的高素质技术技能人才，使学生能够"有德成人、有技成才、有职成业"。辽宁林业职业技术学院探索构建的"三有三成"绿色人才培养体系，对其他同类院校思考举什么旗，走什么路，为谁培养人，培养什么人，怎样培养人等根本性问题给出了值得借鉴的可参考性答案。即一所林业高职院校，必须紧紧面向、依托和服务生态建设主战场及林业行业产业，弘扬林业精神，培养和输送职业技能与职业精神、职业素养三者高度和谐统一，且具有良好生态文化素养和林业精神的绿色高技能人才，这是生态文明建设和绿色发展的必然要求。

"三有三成"绿色人才培养体系具有鲜明的林业行业特色、高职教育特色和辽宁林业职业技术学院自身特色。通过"三有三成"绿色人才培养体系建设实施，辽宁林业职业技术学院培养和输送了更好更多的"又红又专、德才兼

备、全面发展的中国特色社会主义合格建设者和可靠接班人",履行了大学以人才培养为中心的功能,实现了林业高职院校服务区域经济社会、服务林业产业发展和服务生态文明建设的使命宗旨。

4. 坚持"林业为根、内涵为核、特色为旗、文化为基、服务为魂",努力实现"质量立校、内涵强校、特色兴校、文化名校、服务旺校",是学院特色发展的总方针和总技术路线,而其中的核心要义则是质量立校和内涵强校

一所林业高职院校要想做优做精做特做强,应根据林业行业的特点、职业教育的特点以及高等教育的特点,结合学院自身的发展历史、区域地位、发展战略和行业产业的实际需求,以服务现代林业产业、生态文明建设和区域经济社会发展为宗旨,以内涵建设为核心,以特色办学为旗帜,以具有林业行业、职业教育和高等教育特征的特色校园文化为基础,以服务社会、服务地区、服务"三林"、服务生态文明建设为使命,努力实现以质量立校、以内涵强校、以特色兴校、以文化名校、以服务旺校,这也是通过辽宁林业职业技术学院 14 年的特色发展模式探索,归纳和分析得出的林业高职院校特色发展的总技术路线。

在此,我们还要特殊强调的是"质量立校"和"内涵强校"。回顾学院 14 年的特色发展之路,我们不难发现,辽宁林业职业技术学院走的是一条自强不息、以内涵为核心的内涵型特色发展之路,这是学院特色发展最主要的类型特征。质量立校是学院办学的根本遵循,是学院生存发展的根本大法,因为质量就是一切、质量本身就是特色最好的诠释,学院"三有三成"绿色人才培养体系的构建和实施就是学院以人才培养为核心,以质量立校的最好见证和核心特色成果。同时,对于辽宁林业职业技术学院而言,其快速发展、科学发展的根本实力和原因在于学院的内涵建设始终深入扎实、卓有成效、形成引领,无论是两轮省级示范院建设均以排名第一的身份被批准立项,率先开展全员教师职业教育教学能力培训测评,还是以"百强课改"为引领的教育教学改革,都是学院深抓内涵、狠抓内涵、长抓内涵的重要载体和途径,是学院真正走内涵型特色发展之路和实现科学发展的根本保证和有力证明。

5. 以服务为宗旨,以就业为导向,走产学研结合发展道路,突出"前校后场、产学结合、育林树人"的鲜明办学特色,是学院特色发展的中心道路;特别是"前校后场、产学结合、育林树人"是学院特色本身的核心基点,也是学院特色发展的根本出发点和落脚点

"以服务为宗旨,以就业为导向,走产学研结合发展道路",是国家对职

业教育办学的总体要求；而每个林业类高职院校如何走好以服务为宗旨，以就业为导向、产学研结合发展的道路，则是其发展模式的特色所在。辽宁林业职业技术学院坚持走特色兴院之路，通过"'前校后场、产学结合、育林树人'特色高职院建设研究与实践"等战略项目的助力和催化，以及14年的特色发展之路的实践探索，学院"前校后场、产学结合、育林树人"办学特色日益凸显。"前校后场"是学院实现人才培养、科研创新、社会服务、文化传承四大功能的载体和环境，特别是学院依托占地6万亩的清原实验林场、占地300亩的林盛实训基地以及294处校内外实训基地，前校后场、场校融合、产教一体、产学同步，全面深化实践育人，使"产学结合"成为学院实施校企合作办学模式、工学结合人才培养模式和教学做一体教学模式的总体路径，真正实现了"育林树人"的办学出发点和落脚点，值得同类林业高职院校借鉴和思考。

6. 坚持营造"三姓合一"的特色文化，是林业类高职院校特色发展的金钥匙

鉴于林业高职院校的职业教育类型属性、高等教育层次定位和依托林业行业办学的基本特征，林业类高职院校既要姓"职"，也要姓"高"，更要姓"林"，否则，便无真正可依存的特色可言。辽宁林业职业技术学院坚持以文化育人为引领，打造了"姓职、姓高更姓林"的特色文化，是学院特色发展的无形资本和深层积淀。文化底蕴是学院可持续发展的无形动力。14年来，正是学院的用心经营和特色文化，熏陶着广大教职员工围绕正确的办学使命不断前进，并取得了累累硕果。

7. 与时俱进、抢抓机遇、敢于争先、改革创新、真抓实干，是学院特色发展的思想基础和精神先导，也是学院特色发展、科学发展的动力机制和创新源泉

抢占先机是成功的一半。学院的每一次重大跨越和内涵提升，都离不开与时俱进的发展眼光、抢抓机遇的办学能力、敢于争先的实践勇气、改革创新的坚定魄力和真抓实干的辛勤努力。

8. 卓越领导、全员参与、科学管理、用心经营，是学院特色发展的重要条件保障

学院通过实施"1368"工程，打造和拥有了一支理念先进、决策能力强、创新务实、团结奋进的党政班子队伍；拥有一支素质过硬、业务精干的中层干部队伍，特别是拥有一支敢于在关键时刻冲锋陷阵的核心团队和骨干教师队伍，尤其在省级示范院建设、教师职业教育教学能力培训与测评等核心环节，全员参与、众志成城，这都是各项事业攻坚克难、不断取得胜利的关键。

9. 整合资源、搭建平台、创造舞台，是林业类高职院校特色发展的重要途径和有效载体

21世纪是资源整合的世纪。辽宁林业职业技术学院省级示范院建设、职业教育集团化办学、校企联盟建设、文化育人与生态文明建设等，无一不是资源整合的硕果，是学院特色发展的重要载体和有利平台。

十、结语

加快发展现代职业教育，是党中央、国务院做出的重大战略部署。党的十九大报告对新时期职业教育提出了"完善职业教育和培训体系，深化产教融合、校企合作"的总体要求。新时代职业教育是职业教育助推经济、产教深度融合发展的时代，是多元主体合作办学、共享发展的时代，是职业教育高质量、特色化、高水平发展的时代。林业高职教育面临着适应以"五化"（工业化、信息化、城镇化、市场化、国际化）和"五种文明"（政治文明、物质文明、精神文明、社会文明、生态文明）为主要内涵的现代化建设，构建现代职教体系，服务生态文明建设和现代林业产业发展等新使命新任务，需要特色发展、科学发展、可持续发展，以更好地服务产业升级及区域经济发展的需要，服务学生就业创业及全面、可持续发展的需要，服务构建学习型社会和现代职教体系的需要，服务"三林"和美丽中国建设的需要，服务中小微企业及区域均衡发展的需要。

林业类高职院校特色发展，不能无章法可寻，但也绝不能生搬硬套。上述关于辽宁林业职业技术学院特色发展模式的实践案例，仅供同类高职院校参考，因为既然成为或分析凝练为"特色"，必然是辽宁林业职业技术学院自身独有，集合了辽宁林业职业技术学院自身的办学类型、办学层次、办学机遇、行业现状、区域现状、发展条件、位理条件、文化基础、战略规划、领导能力、生源特点、就业需求等各种复杂的综合因素演化而成，只可借鉴，不可复制。

林业类高职院校要想走好特色发展之路，应注重突出林业行业产业特色、职业教育特色、高等教育特色，要结合学校所在区域及区域战略、区域产业以及区域所处发展阶段等具体条件；同时，更要紧密结合学校自身独特的发展历史、文化底蕴、区域位理、办学定位、战略规划、办学条件、团队基础、生源特点、就业市场等各方面的具体因素和实际特点，在广泛借鉴和灵活参

考其他高职院，特别是林业类高职院校特色发展的经验、教训和启示基础上，对自己学校的特色发展模式和思路做科学定位、准确研判、统筹思考，并寻找恰当有效的实践载体和实施路径，以找到一条真正适合自身的科学有效、个性鲜明、绿色、可持续的特色发展之路。

（本文初稿拟于 2015 年 4 月，主要由徐岩执笔，第三至六部分丛圆圆参与执笔；根据学院近两年发展实际，2017 年 11 月，本书作者徐岩对文章做了全面、系统的重新修订、完善，其中第七、八、九三部分修改、升华较多，并最终成稿）

下　篇

理论与实践专题性研究成果

第二章　"三有三成"绿色人才培养体系建设特色实践与探索

成果一：高举生态大旗　弘扬林业精神　培养绿色人才

——辽宁林职院"三有三成"绿色人才培养体系建设案例

【成果由来及特色解读】

成果由来：本文是辽宁省教育科学规划"林业类高职院校特色发展模式研究"项目后续发展性研究核心成果，是学院一级战略项目"'前校后场、产学结合、育林树人'特色高职院建设研究与实践"中关于林业类高职院校特色人才培养体系建设专题研究的核心成果，是辽宁省职业教育改革发展示范校典型案例成果。

成果主旨凝练：邹学忠、徐岩；本文执笔人：徐岩。

成果特色及应用推广：本成果荣获 2017 年辽宁省高等教育领域改革发展优秀案例，并作为辽宁省职业教育改革发展示范校建设典型案例在全省示范推广。2016 年，辽宁林业职业技术学院党委书记邹学忠在江西南昌召开的全国高职高专校长联席会上针对本成果核心内涵做报告，受到与会好评。2015 年，辽宁林业职业技术学院党委书记邹学忠在贵州铜仁召开的全国农林院校联盟大会上作报告，受到与会好评。"高举生态大旗"是生态文明新时代的召唤，是林业类高职院校正确的旗帜选择；本文首次凝练并提出了"吃苦耐劳、无私奉献、团结协作、有为担当"的 16 字林业精神，凸显了林业类高职院校的历史使命和责任担当；2014 年提出构建"有德成人、有技成才、有职成业"的"三有三成"绿色人才培养体系并不断完善，本理念为全国首创、独具特色，完全符合新时代关于"培养又红又专、德才兼备、全面发展的中国特色社会主义合格建设者和可靠接班人"的目标要求，更突出了高素质技术技能人才培养的类型和规格特色，为实现建设"省内示范、行业一流、全国特色"高职院的学院"三步走"战略发挥了重要引领作用。因此，本成果在全国高职院校人才培养体系构建中具有重要典型特征和突出特色。

一、项目实施背景

当今世界，全球环境安全和生态恶化问题日趋严重。生态文明建设是人类文明新的里程碑，党的十七大提出了建设生态文明的战略任务，党的十八大明确了生态文明建设在五大建设中的突出地位，党的十八届五中全会又明确提出坚持五大发展理念特别是绿色发展理念。

生态文明建设，林业是主体，人才是关键，教育是基础。实现新一轮辽宁老工业基地振兴和生态强省战略，生态建设和林业发展仍然面临诸多困难和考验，其中最为突出的瓶颈就是林业人才和技术的缺乏。突出林业主体地位，培养适应生态文明建设和现代林业发展需要的绿色人才，是破解辽宁生态建设和林业发展瓶颈的关键。

辽宁林业职业技术学院作为辽宁唯一的一所林业高职院校，必须高举生态大旗，弘扬林业精神，培养绿色人才，并将之作为基本办学方向和核心主线贯穿全校各项工作。基于此，学院在 2014 年争创全国高校就业 50 强时就提出了"三有三成"绿色人才培养理念；经过两年多的探索实践，现已建成具有辽宁林职院特色和示范性的"三有三成"绿色人才培养体系，即指以"有德成人"为根本（第一子体系），以"有技成才"为重点（第二子体系），以"有职成业"为导向（第三子体系）所系统构建的一整套科学的人才培养体系。三个子体系之间具有逐层递进关系；同时，第一、二子体系是第三子体系的必要前提，第三子体系又是第一、二子体系的必然结果，三者相辅相成、互相依存、一脉相承。

二、主要目标

坚持高举生态大旗，建设生态文明的方向和使命；大力弘扬"吃苦耐劳、无私奉献、团结协作、有为担当"的林业精神；突出以才培养（学生）为中心的办学定位，建设并实施"有德成人、有技成才、有职成业"的绿色人才培养体系，培养职业技能与职业精神、职业素养高度和谐统一，素质高、技能强、上手快、后劲足，具有良好生态文化素养和林业精神的绿色人才，为辽宁区域经济社会、生态主战场和现代林业产业发展输送更好更多的"又红又专、德才兼备、全面发展的中国特色社会主义合格建设者和可靠接班人"。

三、工作过程

(一)将打造特色"成人"体系放在首位，使学生"有德成人"

1. 社会主义核心价值观"三进"

从培养"爱国 敬业 诚信 友善"的社会主义合格公民入手，积极发挥思想政治教育课主渠道作用，深化党建育人，建立诚信档案，开展大学生德育考核，深入推进社会主义核心价值观进教材、进课堂、进头脑。

2. 全面实施生态文明"三进"

率先提出和全面实施生态文明进教材、进课堂、进头脑；组织编制《生态文明教育读本》；党委书记带头给学生开设并讲授生态文明教育课累计 1000 余学时；倡导在全国林业类职业院校和全省院校中开设生态文明教育必修课；以辽宁林职院为试点在全校大一学生中全面开设生态文明教育实践体验式课程近 5000 学时。

3. 弘扬 16 字林业精神

凝练并提出了"吃苦耐劳、无私奉献、团结协作、有为担当"的 16 字林业精神，着力培养学生的林业品格、林业精神和生态文化素养；强化实践教学和顶岗实习；对全体学生系统开设劳动教育课；深化雷锋精神育人，与雷锋生前所在团共建 20 余年，育人成效明显。

4. 全面深化文化育人

牵头组建了全国文化育人与生态文明建设工作委员会，在全国 1300 余所职业院校中首次搭建了生态文化育人的新平台，并成功开展了两届全国绿色高职教育论坛和全国生态文明建设主题摄影特训营等活动；组织开展了"迎全运 爱家乡 低碳环保我先行"大型公益活动，喜获全国梁希科普活动奖，是全国林业高职院中的唯一；组织成立了辽宁普通高中生态环保社团联盟，带领40 个生态环保社团开展生态环保行动。

(二)重点构建坚实的"成才"体系，使学生"有技成才"

1. 开展全员职教能力培训测评

历时 4 年，先后分 3 批对全院 299 名专兼职教师开展了"全员教师职业教育教学能力培训与测评"，全面优化了课程设计，真正实现了"能力为重"，极大地促进了教师职教能力和教学质量的提高。

2. 创新人才培养模式

探索实践了"校场共育、产学结合、岗位育人""两主两强"等林业类重点专业（群）人才培养模式，荣获国家级教学成果二等奖；订单培养在全省开展最早、体系最成熟、成绩最显著；全国首批百所现代学徒制试点建设阶段成果明显。

3. 深化教学改革

针对全院130余门重点专业优质核心课程，系统实施了项目教学和教学做一体，开展了"百强课改""职业化考试课程改革""百佳微课创作大赛"等多项大型教学改革，有力促进了人才培养质量提高。

4. 优化教学资源

牵头建设了全国林业技术专业教学资源库立项项目以及全国家具设计与制造专业教学资源库备选项目，带动建设全国性优质资源共享课20余门，推动了学习模式创新和教学资源共享。

5. 双证融通，以赛促学

将职业岗位技能标准纳入教学标准，将学生职业技能证书考核培训纳入培养方案和毕业标准；连续7年系统开展全院性学生职业技能大赛，先后两次承办全国职业院校林业职业技能大赛，以考促教、以赛促学效果显著。

（三）筑牢扎实的"成业"体系，使学生"有职成业"

1. 狠抓"三率一薪"就业工作机制建设

率先提出并坚持狠抓毕业生就业率、专业对口率、就业稳定率和薪资水平，制定制度，严格考核，兑现奖惩。

2. 创新"五服务"就业创业服务体系

培育开发就业市场，拥有省内外稳定就业企业300余家，服务到"面"；全方位提供就业供需信息，建立就业信息高速公路，服务到"线"；强化就业指导，加强就业指导课程建设，服务到"点"；帮扶就业弱势群体，服务到"人"；加强创业项目扶持力度，服务到"项"。

3. 就业环节前置

建立"绿牌活招，黄牌缓招，红牌停招"的专业建设与招生工作联动机制，形成招生就业与专业建设良性互动；创新并推广学生入学即就业的订单培养模式，形成订单培养与就业对接机制。

4. 加强大学生"双创"工作

完善创新创业课程体系，大力支持大学生创业基地孵化，开展"兴林杯"创业大赛，全面提高学生创新创业能力。

四、条件保障

(一)战略及理念保障

构建了"省内示范、行业一流、全国特色"的"三步走"发展战略,形成了"学生为本、人才强校、质量保障、突出特色、服务社会"的先进办学理念,确立了人才培养(学生)为中心的办学地位,实现了走内涵发展道路和"三级跳"跨越式发展,为绿色人才培养营造了良好的改革环境背景。

(二)体制机制保障

成立了学校理事会及各二级院理事会(联盟),与300余家大中型龙头企业签订校企合作协议;牵头组建了辽宁省生态环保校企联盟、辽宁生态环保职教集团和中国(北方)现代林业职教集团;依托校院两级理事会和三大集团(联盟)平台全面深化产教融合、校企合作,保证了校企一体化育人。

(三)管理与文化保障

系统实施了"1368"工程,即围绕和加强以章程为引领的制度建设一条核心主线,建设和谐"三风"(学风、校风、党风),加强"六支队伍"建设(班子、中层、教师、党员、学管、学生干部),实施"八育人"工程(教书育人、管理育人、服务育人、环境育人、实践育人、文化育人、党建育人、雷锋精神育人),为实现"三有三成"提供了坚实的制度保障、队伍保障、管理保障、育人手段保障和文化保障。

(四)软硬件条件保障

自筹经费2600余万元用于两轮示范院建设,并注入大量资金支持奖励教育教学改革和就业工作,设立专业带头人和骨干教师津贴,提高"百强课改"验收合格课程课时津贴等;依托清原实验林场及300余家校内外实训基地,形成了"前校后场、产学结合、育林树人"的鲜明办学特色和实践教学体系,健全完善了教育教学质量保障体系,为实现"三有三成"提供了坚实的软硬件条件保障和就业创业平台。

五、实际成果

(一)学院绿色人才培养质量全面提升,实现"三有三成"

通过"三有三成"绿色人才培养体系建设与实施,学院为生态文明建设、现代林业产业和辽宁区域经济社会培养了大批素质高、技能强、上手快、后劲足，具有良好生态文化素养和林业精神的绿色人才，学生的用人单位满意度逐年提高。魏京龙等9名学生荣获全国林科十佳毕业生，49名学生荣获全国林科优秀毕业生，在全国林业高校中绝无仅有；学生荣获全国和省级以上职业技能竞赛一、二、三等奖1000余人次；毕业生平均就业率连年达到95%以上，林业类重点专业对口率达到70%以上，学院被誉为辽宁林业人才的"摇篮"。

（二）学院办学综合地位显著提高，服务能力和示范辐射不断增强

学院被评为辽宁省首批职业教育改革发展示范校、辽宁省大学生就业创业示范校，被教育部评为全国高校毕业生就业50强、国家首批百所现代学徒制试点学校、全国林业行业类紧缺人才培养基地等；学院成为全国林业职业教育教学指导委员会副主任单位、全国森林资源分委员会主任单位、中国（北方）现代林业职教集团理事长单位、全国文化育人与生态文明建设工作委员会主任单位、辽宁省生态环保产业校企联盟理事长单位、辽宁生态建设与环境保护职业教育集团理事长单位等，学院办学地位显著提升，服务区域、行业及生态文明建设的作用不可替代、能力显著增强；学院高举生态大旗、弘扬林业精神、培养绿色人才的创新实践成效显著，2016年曾在全国林业教育工作会议和全国高职高专校长联席会年会上两次做典型经验交流，示范辐射作用全面彰显。

六、体会与思考

（一）体会与评价

1. 宏观层面：为职业院校乃至高校提供了正确回答办学核心问题的参考答案

本案例对其他同类院校思考举什么旗，走什么路，为谁培养人，培养什么人，怎样培养人等根本性问题上给出了值得借鉴的答案，即一所职业院校，必须紧紧面向、依托和服务行业企业，弘扬行业精神，培养和输送职业技能与职业精神、职业素养三者高度和谐统一，且具有良好生态文化素养的绿色人才。其中，培养绿色人才，已不仅仅是生态和林业类院校的人才培养标准，更应成为全体职业院校甚至是高校共同的人才培养标准，这是生态文明建设和绿色发展的必然要求。

2. 中观层面："三有三成"绿色人才培养体系具有先进性、特色性和示范性

辽宁林职院始终坚持育人为本，德育为先，着力传承16字林业精神，强

化学生职业素质、行业精神、绿色理念和生态智慧，教学生学会做人，使学生"有德"继而"成人"，为"有职成业"打下深厚的德育基础。

学院坚持走内涵发展道路，全面深化教育教学改革，创新人才培养模式、教学模式、评价模式，全面提高人才培养质量，教学生学会做事，提高实践动手能力和职业综合能力，使学生"有技"继而"成才"，为"有职成业"打下扎实的专业基础。

学院坚持将就业创业工作作为生存发展的生命线，构建科学的就业创业服务体系，全面加强"双创"工作，使学生在"有德成人""有技成才"基础上顺利并可持续就业（创业），实现"有职成业"。

通过"三有三成"绿色人才培养体系建设实施，学院培养和输送了更好更多的"又红又专、德才兼备、全面发展的中国特色社会主义合格建设者和可靠接班人"，履行了大学以人才培养为中心的核心办学功能，实现了服务区域经济社会、行业发展及生态文明建设的使命宗旨。

"三有三成"绿色人才培养体系体现了先进的教育教学思想，"三有"是特色的育人举措，"三成"则是育人目标和成果，既与党和国家的教育方针完全吻合、与时俱进甚至形成引领，又具有鲜明的林业行业特色、高职教育特色和学院自身特色，是学院成功办学、特色办学的典型例证。

3. *微观层面*

一是工作举措中，"生态文明三进""全员教师职教能力测评"、狠抓"三率一薪"等多项创新举措实施效果好，值得示范推广；二是保障条件中，"三步走"发展战略、"1368"工程、以三大集团（联盟）为载体的战略平台建设等保障措施效果明显、特色突出，值得参考借鉴。

（二）思考与展望

学院将始终坚持举生态文明大旗，弘扬林业精神，以人才培养为中心，在"三步走"战略引领下，坚持以就业为导向，以服务为宗旨的办学方针，全面深化产教融合、校企合作，扎实推进内涵建设和教育教学改革，创新并深入实践"有德成人、有技成才、有职成业"的绿色人才培养体系，不断提高人才培养质量和社会服务能力，为全面实现"省内示范、行业一流、全国特色"的"三步走"战略和美丽林院梦而努力奋斗。

（本文成稿于 2017 年 4 月）

成果二：林业类高职院校"三全八育人" 特色育人体系研究与实践

【成果由来及特色解读】

成果由来：本文为辽宁省教育科学规划项目"林业类高职院校特色发展模式研究"及学院一级战略项目"'前校后场、产学结合、育林树人'特色高职院建设研究与实践"子项目"林业类高职院校'三全八育人'特色育人体系研究与实践"研究报告，也是项目关于林业类高职院校全员育人特色体系建设专题研究的核心成果。

成果主旨凝练：邹学忠、徐岩；该子项目负责人及本文执笔人：徐岩。

成果特色及应用推广：本成果荣获 2015 年辽宁省高等教育学会"十二五"高等教育研究优秀学术成果一等奖；2012 年，辽宁林业职业技术学院高职教育研究所徐岩所长代表学院在辽宁省职业技术教育学会学术年会上就本成果做大会交流报告；2013 年，辽宁林业职业技术学院党委书记邹学忠教授在沈阳召开的全国文化育人与生态文明建设工作委员会成立大会上做主旨报告；2015 年，邹学忠教授又在哈尔滨召开的全国林业职业院校联会上做大会交流报告，均受到与会人员一致好评。我院"三全八育人"体系早在 2012 年提出并逐步实践发展，与 2016 年召开的全国高校思想政治工作会议提出的"坚持全员全过程全方位育人，把思想价值引领贯穿教育教学全过程和各环节，形成教书育人、科研育人、实践育人、管理育人、服务育人、文化育人、组织育人长效机制"，即"三全七育人"殊途同归，在全国高校育人工作实践中走在前列，具有典型性和鲜明特色。

辽宁林业职业技术学院 1951 年建校，2003 年 1 月独立升格，是一所公办全日制普通高等学校，是辽宁省唯一的一所林业高职院校，是辽宁省首批示范性高等职业院校建设立项单位和辽宁省高校大学生就业创业示范校。在 60 余年的职业教育实践和高职办学实践中，辽宁林职院充分利用自身特有的生态位，找准了姓"职"、姓"高"，更姓"林"这一"三姓合一"的特色定位；秉承"学生为本、人才强校、质量保障、突出特色、服务社会"的办学理念，坚持"林业为根、内涵为核、特色为旗、文化为基、服务为魂"的"五为"发展方针；立足辽宁区域经济发展的"土壤"，把握生态建设及现代林业的"根基"，着力打造职业教育的"魂魄"，不断凝聚高等教育的"神韵"，形成了"木气十足、林气旺盛、职味浓郁、三姓合一"的精神文化特质。

基于"三姓合一"的特色高职办学定位和"五为"发展方针，在全员育人、全过程育人、全方位育人的"三全"育人这一绿色教育理念指导下，以文化育人为引领，构建了教书育人、管理育人、服务育人、环境育人、实践育人、文化育人、党建育人、雷锋精神育人的"三全八育人"绿色人才培养体系。

一、以教学改革为切入，重点践行教书育人

1. 创新工学结合的人才培养模式，通过"五融合"实践教书育人

林业技术探索了"全程项目化"人才培养模式；园林技术形成了"N21"人才培养模式；森林生态旅游创新了"订单式411全程职业化"人才培养模式；木材加工技术建立了"工学一体、项目教学、订单培养"人才培养模式。通过工学结合的人才培养创新，实现了"教学内容与企业任务的融合，教学过程与任务流程的融合，教学身份与企业身份的融合，教学成果与企业产品的融合，教学产品与企业需要的融合"。

2. 改革教学模式，通过"边训边评边改"深化教书育人

学院于2009年5月起，历时4年，先后分3期，在全省高职中率先开展了以全院337名专兼职教师为培训对象，以154门课程项目化改造为主题的"教师职业教育教学能力培训与测评"工作，边训边评，极大地提升了教师的职教理念和课程建设能力，激发了广大教师参与教学改革的积极性、主动性和创造性。以教师职教能力培训测评为契机，开展"百强课改"，即遴选重点专业优质核心课程共计72门分3批系统实施了工学结合、教学做一体的项目教学课程改造，59门教学做一体化课程验收合格，覆盖21个专业（方向），51个教学班，参与教师62名，近3000名学生直接受益。

3. 改革评价模式，通过项目式管理保障教书育人

2012年3月，将"评价模式与考试制度改革"设立为学院一级战略创新项目，由教学主管副院长牵头主抓，历时两年，按照知识、能力、素质全面考核，专业技术技能、综合能力素质和可持续发展能力全维度评价的原则，系统完成了36门课程的新评价体系构建，促进了学生职业能力素质的提升。

4. 加强重点专业优质核心课程建设，通过课程内涵水平提升实现教书育人

重点建设了1门国家级精品课程、1门国家级精品资源共享课、3门国家林业局精品课程、11门省级精品课程和28门院级精品课程。

"三模式"改革、"教师职教能力培训测评""百强课改"、精品课程建设等整体教育教学改革活动的深入推进，使以课堂为核心的教书育人取得显著成果，大幅提高了教学质量和学生的综合能力素质，人才培养水平在省内高职院校和全国同行业院校中走在前沿。

二、以教风学风为抓手，不断深化管理育人

1. 以科学的制度建设加强管理育人

先后在 2003 年、2007 年、2013 年分 3 轮组织编制、修订了学院一整套教育教学管理制度。2003 年开始的第一轮制度建设，为中职升格为高职后学院高职管理体系转型奠定了坚实基础；人才培养水平评估后于 2007 年启动第二轮制度改革，解决了评估后存在的人才培养体系不科学等诸多问题；2013—2017 年开展的第三轮管理制度改革重点推行现代大学制度建设和二级院管理，强化激励机制，成为学院管理育人的新亮点。

2. 以严谨的教风学风建设实施管理育人

2007 年 9 月起学院开展了学风建设专项强化工作，经过两年的学风建设，班风学风不断改善，此后 5 年，学院学生评教满意率连续稳定增长。2012 年学院又出台了师德师风管理规范，组织了全院教师师德师风考试，开展了师德标兵评选，通过提高学风建设能力和师德水平强化管理育人。

3. 以加强实践教学体系建设强化管理育人

2008 年学院成立了实训科，开展了为期一年的实践教学体系专项调研，全面梳理和完善了实践教学各环节，重点规范了综合实习、顶岗实习、毕业设计等主要实践环节的制度、标准和流程，促进了实践教学质量提升。

4. 以加强质量保障体系建设深入推进管理育人

学院设立了教育教学督导室，完善了以 ISO 9000 理念为引领，"院系两级、四位一体""内外双层、四元统合"的教育教学质量保障和评价体系，保障了课堂教学和人才培养质量提升。

三、以平安校园建设为基点，全程渗透服务育人

学院各部门积极贯彻服务学生、服务教师、服务一线的"三服务"理念，全程推进服务育人。后勤管理部门"小修不过日、大修不过周"；餐饮服务部门在食材不断涨价的市场环境中努力提高服务质量，师生满意率高。学院多次被评为沈阳高校平安校园，为师生提供了安全温馨的服务环境和学习环境。

四、以绿色校园建设为载体，日益凸显环境育人

学院重视绿色校园建设，结合以绿色专业为主的专业环境特色和林业行业特色建设绿色校园，重点建设教学做一体化实训室和场校融合式实训基地，形成了浓郁的专业文化环境和职业文化环境；开设了"国学探微""百家讲坛"等人文素质教育大课堂，营造了良好的人文环境；整体设计了学院 VI 视觉识别系统，集中反映学院"厚德树人"的绿色育人理念和"育林树人"的环境文化特色。被评为沈阳市绿化先进单位、沈阳市花园式单位、辽宁省环境友好学校。

五、以"前校后场"为平台，始终突出实践育人

1. 凸显"场校融合、产教一体、学训同步、道艺兼修"的实践教学育人特色

学院以占地 6 万亩的清原实验林场为中心平台，打造了全国林业高职中面积最大，功能最全，生产性、企业化程度最高，示范辐射作用最强的"四最"型核心"后场"，成为学院实践育人、示范辐射的一大亮点。以"后场"为"育林树人"的实践载体，教师也是经理，学生也是员工，基地是现场也是课堂，理论与实践一体、生产与教学一体、技能训练与素质养成一体，形成了具有林业职业教育特色的"场校融合、产教一体、学训同步、道艺兼修"的实践教学新体系，突出了高技能人才的实践能力和职业素质培养，特别是强化了林业人吃苦耐劳、热爱林业、低碳环保的行业精神和职业情操，凸显了学院绿色人才培养的实践特色。

2. 通过与社区合作开展社会实践育人

建立了雷锋生前所在团、辽宁固沙造林研究所、彰武县马尾小学等稳定的课外实践育人基地，开展丰富的实践育人活动。积极组织学生参加社会调查、公益活动、勤工助学、志愿服务、文化和科技下乡等社会实践活动，几年来，我院荣获辽宁省大学生志愿者服务先进集体、沈阳市大中专学生志愿者暑期"三下乡"活动先进单位、沈阳市优秀大学生社团等各种集体荣誉84项。

3. 以校园文化活动为抓手践行实践育人

充分利用雷锋纪念日、环境日、植树节等文化节日，深入开展形式新颖、品味高雅、参与性强的校园文化活动。定期开展星级宿舍评比、大学生文明修身等系列活动，形成了具有自身特色的品牌实践文化，如兴林杯创业大赛、感动林院人物评选、"永远的雷锋"主题活动等，其中，部分比赛项目已经成

为具有区域性影响的示范性社会实践活动。

六、以学校、行业、企业、产业文化为情境，大力推进文化育人

1. 卓有特色的学院"三于"精神文化育人

自 2003 年升格高职以来，学院不断转变观念，创新顶层设计，深化教育教学改革，实现了独立升格、人才培养工作水平评估、省级示范院创建的"三级跳"跨越式发展，形成了"敢于争先、乐于实践、善于创优"的"三于"精神，激励着全体员工和大学生成长成才。

2. 绿色的行业生态文化育人

在长期的行业文化孕育中，学院不断融入以绿色、和谐、共生、环保为特征的生态文化，形成了林职院特有的绿色价值文化。例如，学院在全省开展两届"育林树人杯"征文大赛，广泛宣传环保意识；在省内百所普通高中设立"育林树人励志奖学金"，义务资助优秀贫困生，目前已有 20 余所普通高中的 100 余名贫困学生受益；开展"迎全运 爱家乡 低碳环保我先行"大型生态公益活动，使区域内大中小学 15 000 余名学子受益，喜获 2013 年梁希科普活动奖；学院党委书记邹学忠教授带领包括学院教师、学生、行业专家等 150 余人在内的林业科考队伍，历经 6 年，行程 3.5 万余千米，完成了辽宁省全部古树名木的调查研究，编纂了《辽宁古树名木》，填补了我省古树修史纂志的空白，并将《古树名木赏析》引进课堂，为生态文化传承和绿色校园建设做出了贡献；学院要求，学院每一堂室外课的最后一项任务都是师生共同清理和带走身边的生活垃圾，从细节做起，树立环保意识和生态意识。

3. 绿色产业和专业文化育人

基于林业行业的绿色产业背景，学院与北京万富春森林资源发展有限公司等 97 家大型龙头企业或规模企业深度合作，全面加强以"林"字为核心的重点专业及专业群建设，凸显林业特色和绿色产业文化育人。学院绿色专业文化体系的基本架构如下：

以守住辽宁生态底线为立足点，做精林业技术核心专业（群）；

以服务辽宁城乡一体化大园林绿化工程为指针，做强园林技术主体专业（群）；

以支撑辽宁林业产业大省建设为根本，做实木材加工技术强势专业（群）；

以打造辽宁旅游强省为依托，做优森林生态旅游特色专业（群）；

以助力"幸福辽宁"为平台，做新环境艺术设计朝阳专业（群）。

以上述五大涉林类重点专业(群)建设为龙头，全面提升专业整体建设水平和社会服务能力，探索了绿色专业文化和产业文化育人新模式。

4. 优秀企业管理文化育人

学院按照"产业文化进教育、工业文化进校园、企业文化进课堂"的要求，将企业文化渗透到育人、管理、服务的每一个环节，做到了企业文化"四进"：企业文化进专业、企业文化进课程、企业文化进课堂、企业文化进生活。例如，订单专业全程实行企业模式的教育和管理，接受企业文化熏陶；教学做一体化课改课程引进大量真实的企业项目训练，通过学做一体和课堂植入企业要素培养学生的合作精神、成本意识等职业素质；学院将劳动教育课设为必修课，几十年来一直坚持开设，劳动教育课成为一门培养学生吃苦精神和爱岗意识的特色课程；学院不定期举办企业名人讲座、优秀校友互动沙龙等活动，学生在生活中接受企业文化熏陶。

5. 创业文化育人

构建了组织保障到位、经费配给到位、政策支持到位、就业教育到位、就业指导到位、就业网络平台搭建到位、就业创业竞争能力培养到位的"七到位"就业创业工作体系；先后开展了 5 届"兴林杯"创业大赛，大赛获奖选手园林专业学生王大伟自主创办企业"沈阳林苑园艺有限责任公司"，多家媒体对他的事迹进行了报道，成为学院创业文化育人的典型。

七、以党员先锋模范带头作用为引领，创新党建育人

学院将党建育人工作融入思想政治教育。连续 5 年开展创新党日活动和党员联系班级活动，党员深入到学生中去，做到"上好一节课，联系一批人，带好一个班"，努力使自己成为大学生健康成长的指导者和引路人；党员带头捐资成立了"爱心超市""亮点洗衣房"，面向贫困学生免费开放；常年开展基层党组织捐资助学、党员教师与贫困生谈心活动，温暖了贫困学生心灵。

八、以奉献精神为指引，践行雷锋精神育人

学院与雷锋生前所在团共建 19 年，结出了累累硕果。1994 年以来，通过雷锋事迹报告会、演讲会、雷锋精神主题班会、青春走进军营、雷锋官兵为入校学生军训等多种形式，对大学生进行潜移默化的思想教育，引导大学生成长成才；学院免费承包了雷锋生前所在团驻地的园区绿化、美化工作；双方单位领导 19 年如一日保持密切联系，深化了军校情谊，在雷锋生前所在团

和辽宁林职院传为美谈。

我院园林系学生秦博杰拾金不昧，捡到两万元钱主动交还施主；青年教师程春雨冬季里自己连棉袄也舍不得买，却将自己微薄的工资用来义务资助多名贫困学生，无不是军校共建、雷锋精神引领结出文明硕果的证明。

总之，高职办学十余年来，"三全八育人"绿色人才培养体系逐步完善，形成了"内强素质、外塑形象，服务生态、服务社会，育人为本、绿色发展"的辽宁林职院"三高"文化成果。

1. "三全八育人"绿色人才培养体系推进了质量工程建设水平日益提高

目前学院拥有教育部、财政部支持专业提升服务产业能力重点专业 2 个，行业重点专业 2 个，省级示范专业 4 个，省级品牌专业 6 个，辽宁省对接产业集群示范专业 3 个，院级示范专业 12 个；拥有国家级精品课程 1 门，国家级精品资源共享课 1 门，国家林业局精品课 3 门，省级精品课 11 门，院级精品课程 28 门；拥有国务院政府特殊津贴专家 1 人，省级优秀专家 1 人，省级教学名师 2 人，省级专业带头人 5 人，省级优秀青年骨干教师 7 人；省级优秀教学团队 4 个，院级优秀教学团队 8 个；拥有国家重点建设实训基地 3 个，行业重点建设实训基地 1 个，省级实训基地 8 个，质量工程建设总体水平居于全省高职院校和全国行业同类院校前列。

2. "三全八育人"绿色人才培养体系促进了人才培养质量稳步提高

魏京龙、于晶晶、王亚楠、李作权 4 名同学分别荣获全国林科 2011 届、2012 届、2013 届"十佳"毕业生，17 名学生荣获全国林科优秀毕业生，是全国林业类高校中的唯一。2010 年以来，学院共有 27 个项目、117 人次获得国家级、省级专业技能大赛一、二、三等奖。其中，在首届全国高等职业院校林业职业技能大赛中，我院学生获得了"林木种子质量检测""园林景观设计""花卉设计与制作"和"板式家具设计与组装"四个比赛项目中的三个一等奖和两个二等奖。学院招生的第一志愿报考上线率三年平均超过 100%；毕业生初次就业率三年平均达到 90%，年终就业率连续三年超过 95%，是辽宁省就业创业示范校；学院毕业生在辽宁省林业行业中享有良好的声誉，用人单位评价毕业生工作称职率和满意率均达到 90% 以上；学院被誉为"培养林业技术人才和林业基层干部的摇篮"。

3. "三全八育人"绿色人才培养体系推动了学院社会服务水平和示范辐射能力大幅提高

60 年余职业教育办学积淀和 10 余年绿色高职建设，使学院内涵建设水平日益提升，辐射作用明显；学院"前校后场、产学结合、育林树人"办学特色更加鲜明，服务"三林"能力明显增强；行业企业对学院的依存度逐步提高，办学的社会效益和经济效益更加显著。学院被确立为国家林业、园林行业特有工种鉴定站、全国林业行业关键岗位培训基地、林业行业林业类紧缺人才培养基地、教育部第一批教育信息化试点单位、辽宁省林业行业培训基地、第三批全国林业科普基地、辽宁省教育科学规划高职课程模式及教学内容改革研究基地等，是教育部高职高专林业类教育教学指导委员会副主任单位、高职高专林业类教育教学指导委员森林资源类专业教学指导分委员会主任单位、中国林业教育学会职业教育分会就业协作会主任单位等，办学实力提升明显、内涵发展稳健、办学特色鲜明、辐射作用增强。

（本文成稿于 2015 年 4 月）

第三章 "林业为根"的重点专业
建设特色实践与探索

成果三：林业技术特色专业建设研究与实践

【成果由来及特色解读】

成果由来：本文为辽宁省教育科学规划项目"林业类高职院校特色发展模式研究"及学院一级战略项目""'前校后场、产学结合、育林树人'特色高职院建设研究与实践"的子项目"林业技术特色专业建设研究与实践"研究报告，是项目关于林业类高职院校特色专业建设的专题研究成果之一。

主旨凝练：邹学忠、雷庆锋等；该子项目负责人：雷庆锋。

成果特色及应用推广：林业技术专业被评为国家财政部、教育部重点支持专业、辽宁省示范专业、辽宁省品牌专业、辽宁省高水平特色专业等，在全国林业职业院校和全省同类专业中居于引领地位。本文提出和实践的"教学项目与真实生产任务相融合、教学环境与企业环境相融合、校企之间人员的渗透与岗位的融合、校企之间理念和文化的相互渗透与融合"的"四融合"合作办学机制，"校场共建、产学同步、岗位育人"的人才培养模式以及"产教融合、树木树人"的专业特色，都以林业技术专业为缩影，凸显了学院"前校后场、产学结合、育林树人"的鲜明办学特色，在全国林业类高职院校特色办学和同类专业建设中具有很强的典型性和可推广性。

一、林业技术特色专业建设概况

林业技术专业是学院开办时间最长的专业，拥有60多年的办学历史，高职林业技术专业在辽宁省是唯一的，承担着全省林业高级技术人才的培养任务，同林业行业一样，林业技术专业是辽宁省的特色专业。林业技术专业于2004年被确定为辽宁省首批试点专业，2006年被确定为辽宁省首批示范专业，2008年被确定为辽宁省首批品牌专业，同时也是辽宁省产业对接示范专业和国家林业局重点专业；与林业技术专业相近的数字林业科技工程专业，是我院 2007 年开设的新专业，尽管开办时间不长，但却已经是国家重点专业。

自我院 2003 年升入高职后，林业技术专业的建设和发展开始步入快车道。首先，师资队伍不断发展壮大，教学水平大幅提高，教师人数逐年增加，学历层次不断提升，双视素质得到加强，教科研和社会服务能力也有较大提升，目前已经初步成为"教授 + 大师"的双师素质、专兼结构的教学团队。其次是内涵建设得到加强，林业技术专业通过开展教师职教能力测评、百强课改、考试制度改革和精品工程建设等活动，使得专业内涵建设上了一个台阶又一个台阶。再者，专业建设的投入逐年增加，过去专业建设的投入几乎为零，自 2003 年以后，投入开始加大，这些投入主要用于教学实训条件的加强、师资的培养、课程建设、教学改革创新以及教师办公条件的改善等，目前林业技术专业实训室仪器设备总值已经达到 500 多万元。林业技术专业在校生人数也在逐年增加，在校生人数由 2003 年的 312 人，增加到 2015 年的 536 人，并且，在生源不断减少的情况下，林业技术专业的录取分数线却在逐年提高，被录取的学生的素质也越来越好。

二、林业技术特色专业建设研究与实践

（一）体制机制创新特色研究与实践

林业技术专业群建设以林业技术专业为龙头，以数字林业科技专业和工程测量技术专业为支撑，依托辽宁林业职业技术学院实验林场的优势条件，把林业技术专业建在实验林场中，在实验林场完成教学计划，参与生产作业，提升实践能力，形成"场中校"的校企合作模式。林业技术专业"场中校"校企合作模式的建立，是对"校场共建、产学同步、岗位育人"的人才培养模式的必要补充，是全面实现教学环境职业化、教学过程实践化、课程体系项目化、教学目标能力化以及教学手段多元化的重要保障。

1. 建立"场中校"校企合作体制

把林业技术专业建在实验林场，形成"场中校"的校企合作模式，在学院设立林苑森科管理委员会，委员会主任由学院党委书记担任，委员会成员由林学院和实验林场有关人员组成，林苑森科管理委员会由学院党委直接领导，负责协调林学院与实验林场"场中校"校企合作有关事宜。委员会组成如下：

主　任：邹学忠　辽宁林业职业技术学院党委书记

副主任：雷庆锋　辽宁林业职业技术学院林学院院长

　　　　刘　军　辽宁林业职业技术学院实验林场场长

秘　书：徐　毅　辽宁林业职业技术学院林学院林业技术专业教研室主任

成　员：孙佩刚　辽宁林业职业技术学院实验林场党总支书记

　　　　管　键　辽宁林业职业技术学院林学院党总支书记

　　　　王承禄　辽宁林业职业技术学院实验林场副场长

　　　　李艳杰　辽宁林业职业技术学院林学院副院长

2. 建立"场中校"校企合作运行机制

把林业技术专业设在实验林场，林业技术专业教师在完成教学与实训任务的同时，积极参与林场的生产活动，负责编制实验林场森林经营方案和年度生产技术方案，指导实验林场的森林经营活动，承担实验林场的营林技术研发与推广工作，承担实验林场的森林培育与经营管理技术革新项目，定期对林场职工进行技术培训；实验林场与林学院共同管理与组织实施教学活动，积极参与专业建设、课程改革、教材编写工作，承担教学任务，负责教师与学生的业绩考核，并根据生产的季节性要求，提出合理的教学计划修订意见，使教学与生产紧密衔接。

林业技术专业与实验林场资源共享，深度融合，形成了合作办学、合作育人、合作就业、合作发展的校企合作机制。林学院聘任多名林场高级技术人员为客座教授，参与教学工作；实验林场聘任林业技术专业带头人为总工程师，聘任专业课程主讲教师为实验林场生产部门负责人，积极参与和指导林场的生产实践，双方实现互利共赢。

3. 形成"前校后场、产学结合、育林树人"办学特色

依托规模较大、功能齐全、设施完备、经营水平一流的实验林场，以及校内林业技术模拟实训室、林业技术实训中心等多个设备先进、功能齐全的实训室，并得到辽宁省林业规划设计院、辽宁省森林经营研究所、辽宁省实验林场、辽宁双台河口国家级自然保护区、国营新民机械化林场、沈阳市林业局等多家林业主管部门和企事业单位的大力支持，林学院初步建立了"四融合"的校企联合办学机制。

一融合：教学项目与真实生产任务相融合。

课程的教学项目就是真实的企业生产任务，学生全程参与市场调研、生产计划、生产准备、生产作业、产品销售等生产环节，实现了教学与生产的有机结合。

再融合：教学环境与企业环境相融合。

建立了校企深度融合的校内外实训基地，把课堂搬到企业。专业课程的授课内容全部或大部分在实训基地完成，为学生提供了良好的企业氛围和学习情境，使学生尽早进入企业角色，适应企业环境，有助于学生职业能力的培养和职业素质的养成。

三融合：校企之间人员的渗透与岗位的融合。

专任教师是企业的兼职技术人员，全程参与企业的生产计划、技术改进、员工培训等工作，为企业提供强有力的技术支撑；企业技术人员被聘为课程兼职教师，全程参与专业建设、课程建设、教学实施、教材建设等工作，对学生职业能力的培养和提高起到很好的促进作用。

四融合：校企之间理念和文化的相互渗透与融合。

校企深度融合，实现了校企之间理念和文化的相互渗透与融合，彼此相互借鉴、相互影响。课程教学内容充分地融入企业要素，按照企业运作方式实施教学过程，根据企业标准和最终产品考核教学效果和学习效果，并把产品应用于企业生产，为企业创造经济效益。

通过校企深度合作，推动实践教学改革，实现真正意义上的教学结合、产教结合和产学结合，强化了教学过程的实践性、开放性和职业性。

（二）人才培养模式与课程体系特色研究与实践

1. 深入开展行业和企业调研

近3年林业技术专业毕业生就业的就业现状表明，林业技术专业学生的就业前景比较乐观，就业率和专业对口率比较高，毕业生对目前的工作现状都非常满意，凸显了该专业毕业生的就业优势。

用人单位对林业技术专业毕业生的表现总体上是满意的、认可的，尤其是对林业技术专业毕业生在敬业精神、团队协作意识、专业技能方面特别满意，但对毕业生在计算机水平和外语水平方面的满意度稍差。这说明林业技术专业过去在对学生专业能力培养方面的做法是值得肯定的，应继续加强，而在计算机和外语应用等方面还存在一定欠缺，应加以改进。

林业技术专业毕业生主要面向的就业岗位也发生了变化，如公益林监管员和营造林工程监理员这些新的岗位的出现，对学生能力和素质也提出了新的要求。

2. 修订林业技术专业人才培养目标

在充分开展行业、企业调查与研究的基础上，根据林业行业的发展态势和林业企事业单位的实际需要，对林业技术专业人才培养目标进行了重新定位：林业技术专业主要面向辽宁地区，为林业企事业单位和个体林主，培养热爱林业事业，适应现代林业发展需要，具备林业生产和生态建设的理论、知识、技能，能够胜任种苗生产、森林营造、森林经营、林地经济开发、森林资源管理、森林保护以及林业生态工程建设岗位工作的高素质技术技能人才。

3. 确定林业技术专业的知识、能力和素质结构

根据林业技术专业所面向的岗位工作的需要，确定林业技术专业的知识、能力和素质结构，详见表3-1。

表3-1　林业技术专业的知识、能力和素质结构

一级知识名称		二级知识名称
知识结构	基础知识	政治理论知识
		身心健康知识
		应用写作知识
		英语知识
		计算机应用知识
	基本理论	遗传学理论
		生态学理论
		生物学理论
		可持续发展理论
	专业知识	森林植物：包括植物生理知识、植物解剖知识、植物分类知识、植物形态知识
		森林环境：包括森林气象知识、林业土壤知识、森林生态知识
		森林调查：包括地形图应用知识、测量仪器使用与维护知识、测树知识
		森林培育：包括种子生产技术、苗木培育技术、森林营造技术、森林经营技术的知识与技术标准
		森林保护：包括森林病虫害防治技术知识、森林防火知识
		森林资源管理：包括森林区划知识、森林资源调查知识，森林资源实物管理知识、森林资源信息管理知识、森林经营方案编制知识、森林资源评估知识、相关技术标准
		林业生态工程：包括荒漠化治理知识、水土保持知识、防护林营造知识、退耕还林政策、天然林保护政策、湿地保护条例、碳汇保护知识、自然保护区管理知识
		林地经济植物栽培技术：包括山野菜栽培、中草药栽培、食用菌栽培等知识
		经济林栽培：包括榛子、核桃、板栗、大枣、山杏、大扁杏和沙棘栽培知识
		林业政策法规：包括林业法律、林业法规、林业规章制度、林业政策等知识

（续）

一级能力名称			二级能力名称
能力结构	基本能力		体育单项技能、林业工作要求的体能
			语言文字应用能力
			计算机应用能力
	专业能力	单项能力	树木分类与识别能力
			森林环境调查能力
			测绘仪器使用与维护能力
			林业机械使用与维护能力
			林业政策法规应用能力
			林地经济植物栽培能力
		核心能力	林木种子生产能力
			林木育苗能力
			森林营造能力
			森林经营能力
			森林资源调查、评估与监测能力
			森林病虫害调查与防治能力
			营造林工程施工与管理能力
			林业规划设计能力
	综合能力		运用所学知识解决生产实际问题的能力
			改进林业生产技术、方法和工艺的能力
			沟通、协调与协作能力
			可持续发展能力
素质结构			热爱林业事业，具有吃苦耐劳的林业人精神
			科学发展，运用生态理论和市场经济规律指导林业工作的专业素质
			遵纪守法，具有良好的职业道德，能坚决贯彻执行林业政策及法律法规
			身心健康，具有适应林业行业艰苦工作环境所需要的身心素质
			团队协作，具有良好的完成林业技术专业工作需要的团队意识
			严格执行林业行业技术标准，合理使用设备和工具，文明施工、安全生产
			开拓创新，具有适应现代林业发展需要的不断学习、锐意进取的创新精神

4. 构建适合专业特点的人才培养模式

遵循高等职业教育规律，结合专业特点，建立"校场共建、产学同步、岗位育人"的人才培养模式，构建基于工作过程的项目课程体系，引入先进教学理念，实施项目教学，做到教学内容与岗位职能对接，教学项目与生产任务对接，教学环节与工作过程对接，教学效果与就业质量对接，实现教学目标能力化、实践教学全程化、课程体系项目化、教学环境职业化、教学手段多元化。

5. 构建基于生产过程的项目课程体系

根据林业技术岗位要求确定典型工作任务，根据林业技术专业对应岗位群的典型工作任务，确定职业能力，再根据能力的复杂程度和工作任务的难易程度，整合提炼出专业核心能力，根据专业核心能力确定专业核心课程，最后根据核心能力培养和核心课程学习的要求，确定基本能力课程、专项能力课程、综合能力课程以及其他起支撑作用的课程。

根据林业主要岗位要求，确定8项专业核心能力：种子生产能力、林木育苗能力、森林营造能力、森林经营能力、森林病虫害防预能力、森林资源调查与监测能力、林业生态工程管理能力、林业规划设计能力。

根据专业核心能力要求，确定5门专业核心课程："林木种苗生产技术""森林营造技术""森林经营技术""森林资源管理""森林病害防治技术"，以此为框架，构建林业技术专业课程体系。

（三）课程改革与教学模式特色研究与实践

1. 建立以能力培养为核心的新型教学模式

构建"项目引领、任务驱动、教学做一体化"的教学模式，同校内外林业生产企业确立合作关系，建立完备的体制机制，进行深度合作，实现真正意义上的产学结合、产教结合、教学结合，以确保课程教学的顺利实施。

学生扮演双重角色：学生作为教学过程的主体，其主要任务是学习知识、培养技能、提高素质，同时也是企业的员工，承担着一定的生产任务或管理任务，并接受企业监督和检查。"岗位、工作、生产、学习、教学"五位一体，有机结合，边学边做，达到岗位育人的目的。

教师扮演双重角色：既是教师，又是工程师，在指导学生完成教学任务的同时，还指导和协助学生完成生产任务和工作任务。同企业技术人员一起按照林业生产技术标准，检查验收学生完成生产任务的情况，并根据履行岗位职责的情况、平时表现、道德品质、敬业精神等对学生进行综合评价。

企业扮演双重角色：企业既作为生产经营的主体，为每个学生提供一个真实的职业岗位，同时也是实施课程教学的主体，企业同课程组专任教师一起，设计学习情境，组织教学、指导学生，评价学生表现。

2. 稳步推进职教能力测评和课程改革

全面开展教师职教能力测评工作，教师全部参与，课程建设与改革工作全面展开。在课程改革中，打破传统的教育教学观念，引入先进的教育理念；舍弃落后的方式方法，引入"项目教学"和"教学做一体化"的教学模式；根据专业和学生的特点，因课而异、因人而异、因材施教。通过反复的研究、论证、修改和完善，经过几年的时间，完成25门专业课程和9门基础课程的设计工作，教师全部通过测评，课程改革和教学设计的成果得到了专家的充分肯定。通过职教能力测评工作的开展，全面提升了教师的职业教育理念、教学水平和职教能力，构建了全新的教学模式。在课程设计中融入了"项目教学"和"教学做一体化"的教学理念与方法，符合职业教育"以能力培养为核心"，以及"培养创新型、复合型人才"的需要。

3. 积极试点，逐步实施全新的教学模式

从2009年开始推行课程改革方案实施的试点工作，经过了6年的时间，从试点到逐步实施，至今已经有15门课程进行了实施，涉及10个班级，取得了良好的教学效果。

经过课程改革的试点和全面实施，引入了先进的教学理念，建立了新型的教学模式，改变了常规的教学方式，改善了过去一味强调以教师为中心、以教材为中心和以课堂为中心的做法，进一步突出了学生的主体地位，明确了教师的主导地位，理论和实践有机融合，教学与生产全面对接，为学生提供了真实的生产环境和生产岗位，赋予学生相应的工作职责，使学生在工作中学习，在工作中成长，学生参与学习实践的积极性、主动性明显提高，极大地提高了教与学的成效。

(四)师资队伍建设特色研究与实践

为了确保课程改革和新型教学模式的顺利实施，必须加强教学团队建设，全面提高教师的素质，以适应专业建设与改革的需要。

首先是加强队专业带头人的培养。林业技术专业有首席专家1人，专业带头人2人，骨干教师3人，这些人是专业建设与改革的领头羊、骨干力量，他们将在专业改革中发挥关键作用。在过去两年时间里，林业技术专业带头人层面的教师被选派到国外进行培训学习达到5人次，参加国内培训达20余人次，通过这些举措，使这些教师在职教理念上有了很大的提升，在专业建设与改革过程中发挥了重要作用。

其次是加强青年教师的培养。林业技术专业青年教师所占比例较大，近

30%，他们从事教学工作不足 5 年，专业基础、实践技能和教学水平有待于进一步提高，还不能适应专业建设与改革的要求。针对这样的现状，在专业范围内大力推行导师制，实施以老带新；选派青年教师到高等院校进修，提高学历，提高专业水平；选派青年教师到林场进行实践锻炼，以提高实践技能，参加校内外课程建设培训班，以提升教学理念。有计划地采取各种培养措施，使青年教师的整体素质有了很大提高，目前他们已经成为专业建设与改革的生力军。

目前林业技术及相关专业现有专兼职教师 33 人，其中具有正教授职称的教师 12 人，副教授 7 人，高级职称比例达到 57.6%；博士研究生 2 人，硕士研究生 24 人，硕士研究生以上学历所占比例达到 78.8%；具有 2 年以上实践经历的教师 7 人，具有双师素质的教师 27 人，占 81.8%；有博士生导师 1 人，二级教授 2 人，省级教学名师 3 人，省级优秀青年骨干教师 3 人。由此可见，林业技术专业教学团队是名副其实的双师素质、专兼结合的教学团队。

（五）实训基地建设特色研究与实践

"项目引领、任务驱动、教学做一体化"教学模式的实施，需要与之相适应的教学环境与实训条件，林业技术专业初步建立了全新的校企合作体制机制，建成了课程实训室、专业实训基地、顶岗实训企业和大师工作室 4 个层面的实训基地主体，在课程教学、教学实训、顶岗实训和社会服务中发挥了重要作用。

1. 课程实训室建设

建设校内课程实训室 9 个，包括林业技术实训中心、种子品质检验室、森林昆虫实训室、森林病理实训室、生态环境实训室、3S 技术实训室、森林调查实训室、工程测量实训室和食用菌栽培实训室，设施设备先进，数量较多，目前设备总值已达到 500 万元，能够满足课程教学与技术研究的需要。

2. 专业实训基地建设

（1）辽宁林业职业技术学院实验林场

辽宁林业职业技术学院实验林场，位于辽宁省抚顺市清原县南口前镇，林场总面积 4171hm²，现有职工 118 人，下设大东沟实验区、敖石哈实验区和海阳实验区 3 个工区。实验林场森林资源丰富，总蓄积量 55 万 m³；生物多样性水平较高，拥有草本植物 800 余种，木本植物 300 余种，野生动物和昆虫资源也十分丰富，教学资源良好；实验林场拥有用材林、水土保持林、水源涵养林等林种；有阔叶林、针叶林、针阔混交林、天然林、人工林等林型；

有荒山荒地、采伐迹地、疏林地等各种地类；设有各类标准地 40 余块，日本落叶松种子园一处，树木园一处，林业苗圃一处。

林场内教学基础设施完备，建筑设施总面积 8000m²，包括行政管理区 1000m²，教学功能区 3000m²，学生宿舍区 3000m²，餐饮服务区 1000m²。专业实验室 7 个，体育活动场地 10 000m²。实训基地设施、设备先进，能同时接纳 500 人实训，是全国林业高等职业技术院校中面积最大的实训基地，承担着实习实训、林业行业职业培训、全国师资培训、产学结合、职业技能鉴定等教学、对外培训等任务，是集教学、生产、科研、培训以及示范多功能于一体的综合性实训基地。

（2）林盛教学基地建设

林盛教学基地位于沈阳市苏家屯区林盛镇，面积 20 hm²，拥有现代化的育苗设施与设备，能够满足栽培类课程教学、实训和技术研究的需要。

3. 顶岗实训基地建设

林业技术专业同省内外 20 多家林业企事业单位建立了互利双赢的校企合作关系，可为学生的实习实训提供必要的实训场所和实训条件，吸纳学生到企业就业，解决了岗位育人的实际需要。对培养学生的专业技能、职业素质和敬业精神至关重要，同时也为学生就业创造了条件。

4. 大师工作室建设

建设营造林工作室、3S 技术工作室和工程测量工作室 3 个大师工作室。大师工作室由首席专家和专业带头人负责，引入企业高端技术人员加入，成员主要是教师和学生。大师工作室具有相关资质，对内定期开展教学活动、学术活动和技术研究活动，对外承接研究课题、生产任务和服务项目，是培养品牌教师和品牌学生的平台，是技术研发与推广应用的平台，是产学结合与技术服务的平台，是凸显专业核心竞争力和社会影响力的平台。

（六）大学生素质教育培养特色研究与实践

结合专业特点，突出大学生素质养成教育，充分发挥课堂教学主渠道作用，积极开辟多种教育途径，按照"三全八育人"的要求，强化学生的思想素质和职业素质教育，培养学生遵纪守法、吃苦耐劳、感恩回报、自信自强、开拓创新、诚信敬业的优良品质，促进学生的全面发展。

1. 加强思想教育，提高思想觉悟

加强学生管理队伍建设，提升学生管理队伍的整体素质，改进学生管理的方法，只有方法对头，效果才会显著。根据学生的特点，有针对性地开展思想政治教育工作，组织相关的教育实践活动，使学生树立正确的世界观、人生观和价值观，切实提高学生的思想素质和政治觉悟。

2. 搭建教育平台，开展各种形式的教育活动

开展"军校共建""校园名师名家大讲堂"，办好"校园文化艺术节"和"公寓文化节"，营造良好的育人氛围，发挥教育作用。多次举办以"呼唤雷锋精神，相约绿色林院"等为主题的爱国主义教育宣传活动，进行感恩教育和爱国教育，取得了较好的效果。

3. 立足行业和专业，开展思想教育活动

有针对性地开展具有专业特点的劳动育人教育工程，执行学生"专业劳动"制度，建立班级卫生责任区，组建"大学生志愿者协会"，引导大学生主动参加公益服务活动，培养大学生劳动意识和吃苦耐劳精神。

4. 寓教于学、寓教于行、寓教于乐

提倡寓教于学、寓教于行、寓教于乐，推行全员育人、全过程育人和全方位育人的素质教育模式，轻于说教，勤于引导，重在行动，在潜移默化中进行素质养成、兴趣培养和精神历练，取得事半功倍的效果。

(七)质量保障体系特色研究与实践

1. 健全人才培养质量考核评价机构

设有教务处、督导室、林学院二级督导组、学生信息员队伍四位一体的质量监控体系，负责对专业人才培养质量实施督教、督学、督管、督建四结合的考核与评价。

2. 建立和完善质量保障制度

完善人才培养质量考核评价办法、督导员管理办法、学生信息员管理办法等相关制度，使考核评价工作有章可循。

3. 面向社会，建立开放式评价方式

开辟社会评价办学的渠道，通过观摩课、研讨会、社会调查、函评、电话询问、电子信箱等多种途径，获取社会和企业对专业人才培养质量的评价信息，探索社会评教新途径。

4. 多元评价、注重反馈

建立多元化的评建、评教、评学、评课、评就业和评专业服务产业的评价体系，行业和企业管理者积极参与专业建设与质量评价。引进 ISO 9000 管理理念，更新质量管理观念，提高质量管理意识，强化质量管理的全面性、全员性和全程性。建立专业调研、家长沟通和毕业生跟踪调查制度，形成畅

通的反馈机制，确保考核评价的真实性和有效性。

三、林业技术特色专业建设成果

(一)建立了符合专业特点的人才培养模式

遵循高等职业教育规律，结合专业特点，建立"校场共建、产学同步、岗位育人"的人才培养模式，构建基于工作过程的项目课程体系，引入先进教学理念，实施项目教学，做到教学内容与岗位职能对接，教学项目与生产任务对接，教学环节与工作过程对接，教学效果与就业质量对接，实现教学目标能力化、实践教学全程化、课程体系项目化、教学环境职业化、教学手段多元化。

(二)建立了符合职业教育特点、理念先进的教学模式

建立"以学生为主体、教学做一体化"的教学模式，同校内外实训基地等林业生产企业进行深度合作，通过建立有效的校企合作运行机制，保障课程教学的正常进行，实现真正意义上的产学结合、产教结合、教学结合。课程设计尽可能地融入企业要素，把林业生产的典型工作任务作为教学项目，按照林业技术规程进行操作，按照企业方式对学生进行考核，取得了很好的效果。

(三)课程内涵建设水平明显提高

不断深化课程改革，推进课程建设，通过课程建设，调整教学内容，改进教学方法，强化产学结合，提升教师执教能力，提高人才培养质量。建成院内精品课7门，省级精品课4门，国家林业局精品课2门，国家精品课1门，国家精品资源共享课1门。编写并公开出版校内特色教材8部，编辑并公开出版国家"十二五"规划教材6部。

(四)教学团队建设成效显著

教学团队中，高级职称比例达到57.6%，硕士研究生以上学历所占比例达到78.8%，具有双师素质的教师占81.8%；有博士生导师1人，二级教授2人，省级教学名师3人，省级优秀青年骨干教师3人。教学团队实践经验丰富，教学能力强，教科研成果多，社会服务能力强。鉴于近些年所取得的优异成绩，林业技术专业教学团队被辽宁省教育厅评为省级优秀教学团队。

(五)实训基地建设再上新的台阶

完善了校内9个课程实训室和2个专业实训基地，扩大了校外顶岗实训

企业的规模，建成 3 个大师工作室。目前校内实训室设备总值达到 500 多万元，实训基地条件得到了很大改善，实训基地功能得到了加强。

（六）精品工程建设取得优秀成果

数字林业科技专业建成国家重点专业，林业技术专业建成国家林业局重点专业和辽宁省产业对接示范专业；林业技术实训基地建成国家重点实训基地、国家林业局重点专业和辽宁省创新型实训基地。

四、林业技术特色专业建设成效

围绕就业市场和社会需求，强化能力建设，创出了"就业质量高、创业能力强、社会评价好"的良好声誉，培养出了大批受企业欢迎的毕业生。

（一）学生录取率和毕业生就业率高

学院加大招生和就业工作力度，就业质量高。招生的第一志愿报考上线率 3 年平均超过 100%，录取新生报到率 3 年平均超过 85%，毕业生年平均首次就业率达到 90% 以上，就业率连续 3 年超过 95%。

（二）毕业生社会评价好

林业技术专业毕业生在辽宁省林业行业中享有良好的声誉，被誉为"培养林业技术人才和林业基层干部的摇篮"。一大批毕业生自主创业，形成了自主创业群体。林业技术专业毕业生在省级以上技能大赛中，多次获得殊荣；林业技术专业 08 级毕业生魏京龙同学荣获 2011 年全国林科"十佳"毕业生，是当年唯一一位来自高职院校的全国林科"十佳"毕业生；在辽宁省高校毕业生就业指导中心公布的 44 个首批入驻辽宁省大学生创业孵化基地孵化项目公示名单中，我院占有 4 项，位居全省高职院校首位。

林业技术专业对毕业生就业称职率和满意率进行了抽样跟踪调查，用人单位评价毕业生工作称职率和满意率达到 90% 以上。认为我院林业技术专业毕业生实践能力强、吃苦耐劳、综合素质较高。

五、林业技术专业建设特色凝练

（一）特色教学团队

林业技术专业建成了名师引领，"专兼结合"的优秀专业教学团队，拥有 1 名博士生导师、2 名二级教授、3 名省级教学名师、12 名正教授、硕士研究生占 78.8%、双师素质教师占 81.8%。

（二）特色合作办学机制

林业技术专业构建形成了"教学项目与真实生产任务相融合、教学环境与企业环境相融合、校企之间人员渗透与岗位融合、校企之间理念和文化相互渗透与融合"的"四融合"合作办学机制。

（三）特色人才培养模式

林业技术专业构建了"校场共建、产学同步、岗位育人"的人才培养模式，切实有效地提升了专业人才培养质量。

（四）专业特色

依托教学团队、实训基地、校企合作办学机制的强大优势，形成了"产教融合、树木树人"的专业特色。

六、林业技术专业特色实践对策及建议

1. 林业技术专业实施教学改革已经有 6 年的时间，教学改革工作已经进入瓶颈期，越往前走困难就会越大，因此建议从学校层面出台相关的政策，采取必要的措施，使教学改革能够持之以恒，更加深入。

2. 林业技术专业的校企合作体制机制已经初步形成，但还不够完善，建议应从学校层面进行研究探讨，构建切实可行的、有利于专业人才培养的校企合作体制机制，并予以深化和实施。

（本文初稿完成于 2015 年 4 月，执笔人：雷庆锋等；收录时徐岩对全文有系统修订）

成果四：园林技术特色专业建设研究与实践

【成果由来及特色解读】

成果由来：本文为辽宁省教育科学规划项目"林业类高职院校特色发展模式研究"及学院一级战略项目"'前校后场、产学结合、育林树人'特色高职院建设研究与实践"的子项目"园林技术特色专业建设研究与实践"研究报告，是项目关于林业类高职院校特色专业建设的专题研究成果之一。

该子项目负责人：魏岩。

成果特色及应用推广：园林技术专业被评为辽宁省示范专业、辽宁省品牌专业、辽宁省高水平特色专业等，在全国林业职业院校和全省同类专业中居于领先地位。特别是本文提出和实践的"社会需求与教学载体匹配，教学实施与岗位工作流程无缝对接，学生长远发展与岗位需求的无缝对接"专业建设模式，以及"五个协调一致"（教学内容与岗位任务协调一致，教学过程与生产任务流程协调一致，教学环境与企业环境协调一致，教学季节与生产季节协调一致，教师、学生身份与企业员工身份协调一致）的专业教学实践模式，具有园林技术专业特色，值得借鉴推广。

一、园林技术特色专业建设概况

通过两年的建设，建设了与园林产业发展需求密切结合、"双主体"办学、"双证书"标准、"双师"教学团队、"双线并行"的园林技术特色重点专业。建立与之适应的"校中厂"合作办学机制；完善了适合本专业的工学结合的人才培养模式；构建了与职业岗位相对接的课程体系；开发了工学结合的立体化专业核心课程教材；打造出具有双师素质的专兼职结合的高水平教学团队；建成了与课程相配套的生产教学一体化、校内外结合的实训基地；使专业建设总体水平达到全国同类专业示范，同时辐射、带动园林工程技术、景观设计等相关专业群的建设与发展。培养出热爱园林事业、素质高、技能强，具有较强专业适应性和岗位针对性的园林技术高技能人才。

不断完善校企合作模式。与省内 12 家大型园林企业合作，企业参与学校的教学计划制订，聘请企业优秀管理者或技术人员授课。同时专业教师为企业员工培训，提高员工的专业综合素质。通过校企合作使企业得到人才，学生得到技能，学院得到发展；从而实现学院与企业"优势互补、资源共享、互惠互利、共同发展"的双赢结果。

推行项目导向、任务驱动的教学做一体教学模式。根据行业实际岗位确定课程并依据岗位的典型工作任务设计课程的项目和任务。任务实施按真实企业的生产流程，对应生产季节。教师、学生扮演企业相应的角色，项目有成本的预算、控制、决算，并着力通过项目实施培养学生的自学能力、与人合作、表达能力等。

创新了立体式"实践育人"途径。在教学做一体化教室和校内实训中心完成实践育人的基础性环节，再通过校内开展的各类实践活动，如学生社团、职业技能竞赛、模拟公司、各类培训及考证、考级等，完成实践育人延伸；最后通过走出校门所进行的各类社会实践、教学实践、生产实践等活动，完成实践育人拓展。落实实践育人的各项目标，促进学生全面发展。

初步形成"教授＋园林技术大师"的队伍特色。校企共同参与，加强"专兼结合、双师素质、双师结构"的教学团队建设，引进园林行业企业专家3人建立专家工作站；聘请行业技术骨干10人。建设后的教学团队中，专任教师总数达到25人，生师比稳定在16：1以下。其中教授6人，副教授12人，讲师8人；双师结构、双师素质教师24人，具有博士学位（或在读）3人，硕士学位（或在读）20人。现有教师人数、双师素质、学历层次、职称比例以及师资水平基本达到了项目建设的预期目标，再通过1～2年的努力，可以达到预期目标，为本专业向更高层次的发展奠定坚实基础，同时带动园林工程技术、景观设计等专业的教学团队发展。

中高职系统培养体系即将形成。经过近10年招收初中毕业生直接进行培养（3＋2）的经验积累，目前规模逐步稳定，课程体系逐步成熟，人才培养质量逐步提高。人才培养方案在课程设置、职业资格、职业定位、人文素养教育等方面实现了有效衔接。

初步建成了以行业、企业、学生为主体的第三方评价平台，重点关注各利益相关方对专业办学的满意度，根据其评价的内容，有目的地整改和提高。

二、园林技术特色专业建设研究与实践

（一）体制机制创新特色研究与实践

通过对园林行业、企业的工作岗位调研，依托校内林盛教学基地，建成"校中厂"校企联合体合作办学体制机制。2012年9月，完成了教研室整合，与校外西郊生物园沈阳园林绿化公司对接成立园林工程部；与沈阳市园林科学研究院、辽宁景观园林工程有限公司苗木生产部对接成立植物生产部；与辽宁绿都景观设计公司对接成立景观设计部3个项目部。建立行业专家工作站，指导人才培养方案的制订、教学产品的设计与研发、产品的工艺流程设计、产品的标准制定、基地运行等工作。依托校中厂联合体，对全省园林企业进行项目负责人培训1056人次，达到了社会培训及社会服务功能；开展绿化工、花卉园艺师、施工员、草坪工的职业资格证书培训575人次，组织其他社会服务培训292人次，增强社会服务能力。共计30余名教师参与项目服务，提升了专业教师的技术服务能力。经过运行及完善，初步形成了"合作办

学、合作育人、合作就业、合作发展"的管理模式。

(二)人才培养模式与课程体系特色研究与实践

在广泛开展行业、企业调研基础上，以职业岗位为导向，以职业素质培养为目标，以职业能力培养为主线，构建"两主两强"的人才培养模式。"两主"分别为课程体系以岗位课程为主体，教学模式以教、学、做一体为主体。"两强"分别为强化某一岗位的能力培养，在教学实施过程中强调教学与生产的协调一致。人才培养模式主要以技术应用能力和职业素质培养为主线，使学生具有较强的职业能力、多岗位的就业潜力及长远发展的职业储备。

构建适合园林技术领域并与职业岗位相对接的课程体系。本着职业目标多极培养与专长培养结合，岗位需求的无缝对接与学生长远发展结合的原则，课程体系按岗位要求设计项目，构建项目课程体系。按照园林技术3个岗位群的实际，进行典型的工作任务分析，按工作过程构建3个项目，每个项目再划分为4~5个子项目。使项目内容与岗位任务相对接。全学程划分为3段，第1~4学期为素质培养和通用专业能力培养阶段，完成素质养成、园林苗木生产与经营、园林景观设计、园林工程施工3个典型工作任务的项目课程教学，培养学生的专项技能，增强岗位适应性；第4学期后3周是职业能力强化阶段，学生可根据兴趣和就业岗位自行选择某一岗位，在真实的生产或仿真环境下进行综合实训，强化学生的岗位针对性；第5~6学期是职业能力应用培养阶段，学生到企业顶岗学习，培养学生职业素质和能力，使学生毕业后与就业岗位无缝对接。

(三)课程改革与教学模式特色研究与实践

优化调整课程结构与内容，逐步制定并完善课程标准、授课计划、整体设计与教学单元等教学文件。课程内容依据岗位的典型工作任务设定；课程的实施按典型工作任务的流程进行安排，将所需知识渗透到项目实施的每个环节中。转变培养方式，推行教学做一体教学模式。根据行业实际的岗位确定课程，依据岗位的典型工作任务设计课程的项目和任务；任务实施按企业真实的生产流程，在真实的企业情境中进行教学；对应生产季节开展项目实施；教师、学生扮演企业相应的角色；项目有成本的预算、控制、决算；通过小组形式组织学生进行学习，小组取得的成绩与个体的表现紧密联系，有利于发展学生个体思维能力和动作技能，增强学生之间的沟通能力和包容能力，培养学生的团队精神，提高学生的学业成绩；项目的考评结合国家、行业的技术规范、规程、标准进行。

建设涵盖园林工程施工、园林景观设计和园林苗木生产与经营 3 门优质核心课程的立体、互动型专业教学资源库,为教师提供了一个互相交流、探讨、学习的空间,为学生提供了专业技术知识学习的有效途径,促进了学生自主学习和师生教学互动。开发工学结合的立体化专业核心课程教材,完成了园林工程施工、花卉生产、园林景观设计、园林苗木生产与经营、园林手绘表现技术法和园林植物造型技艺 8 本教材编写并公开出版。

(四)师资队伍建设特色研究与实践

校企共同参与,加强"专兼结合、双师素质、双师结构"的教学团队建设,形成"教授 + 园林技术大师"的队伍特色,提高师资队伍综合水平;大力引进园林行业企业专家和技术骨干,与西郊生物园沈阳园林绿化公司对接成立园林工程部;与沈阳市园林科学研究院、辽宁景观园林工程有限公司苗木生产部对接成立植物生产部;与辽宁绿都景观设计公司对接成立景观设计部。植物生产部负责实训基地的苗木生产、销售任务和技术服务,可进行园林苗木教学产品的生产;景观设计部负责对外园林景观设计业务和技术服务,可进行园林景观设计方案教学产品的生产;园林工程部负责园林工程建设任务和技术服务,可进行林苑景观园的教学产品生产。每个部建立行业大师工作站,选择行业工作经验丰富、知识背景雄厚的行业精英进站工作,指导人才培养方案的制订、教学产品的设计与研发、产品的工艺流程设计、产品的标准制定、基地运行等工作。引进行业企业技术专家、能工巧匠,开展校内骨干教师培训,提高专业教师实践技能,打造职教理念先进、专业技能精湛、专业理论扎实、能引领行业发展的专业教学团队。

通过培养、聘请等方式,由 1 名专业带头人、3 名行业专家、6 名骨干教师、10 名企业行业技术骨干和 25 名专任教师组成,建成了一支专兼结合,在本行业有影响、在本专业教学领域有知名度,综合素质高、实践能力强、爱岗敬业、乐于奉献的专业教学团队。专任教师中,中、高级职称教师比例 ≥ 90%;研究生学历教师比例 ≥ 90%;双师素质双师结构教师比例 ≥ 85%,外聘教师占教师队伍的 40%。

(五)实训基地建设特色研究

建设以教学产品为纽带的校内生产性创新型实训基地。在全面调研分析园林行业中各工作岗位、工作内容、工作流程、成果产品的基础上,依据园林行业的岗位要求及专业群核心教学内容，确定专业核心岗位为园林苗木生产、园林景观设计和园林工程施工。对应 3 个核心岗位，按照企业真实的技术和设备水平，在校内成立对应的产品中心和研发中心，通过引入行业标准及工艺，引进企业管理模式，并依托行业专家、企业工程技术人员、生产管理人员设计教学产品，使学生在校内就能进行企业生产实训，在完全真实的企业环境中组织完成教学活动。通过校企合作，实现教学过程与园林企业生产活动、技术流程相一致，教学管理制度与企业管理模式相对接，集教学、产品生产、技术服务、技能鉴定为一体的校内生产性实训基地。该基地满足本专业群学生的生产实习、顶岗实习需要，并成为"双师型"教师实践技能培训、技术创新基地。基地还可生产园林苗木，承接园林景观设计项目；承担花卉园艺师、草坪工、施工员、绿化工等岗位的资格认证；承担园林景观设计师、园林工程安全员、园林工程材料员、园林病虫害防治员等企业培训并为区域内的同专业开放教学基地，实现资源共享(图 3-1)。

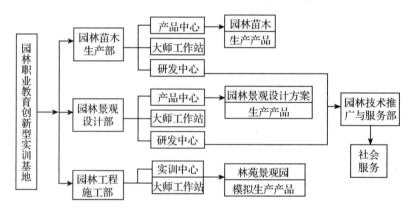

图 3-1　园林专业以教学产品为纽带的创新性实训基地

(六)大学生素质教育与培养

园林技术专业学生素质教育，以德育教育为核心，以培养学生创新精神和实践能力为重点，造就德、智、体、美全面发展了知识、能力、素质协调发展，适应未来社会需要的高技能专门人才。

依托辽宁绿都园林景观设计工作室，成立"砺石工作室"，按照行业、企业标准生产园林景观设计教学产品，完成真实的企业项目，培养学生职业素质。工作室是现代学徒制下高职学生培养的重要基地，运行过程中力争引进校内外项目，学生在承接项目、参与项目建设的过程中得到真实的职业体验和锻炼。2013年和2014年，该工作室培养的学生分别在林业行业和国家级园林景观设计技能大赛中获得一等奖。

依托园林技术专业教学资源，鼓励学生在校期间进行自主创业，成立"卉声卉色"花艺公司，以组合盆栽、干花制作为主要商品，学院提供创业平台和技术支持。通过自主创业实践锻炼，提升学生自主创业能力，培养全面发展、综合素质强的品牌学生，在2013年获得林业行业插花技能大赛一等奖。

（七）质量保障体系特色研究与实践

初步建成由行业和企业、学生及学生家长、毕业生参与的多元评价体系，根据质量评价结果动态调整人才培养目标、培养方案和各个教学环节的质量标准等，确保教育教学质量的稳定提高。

通过毕业生调研的全面追踪建立了良性的就业预警机制。通过发放调查问卷、走访用人单位、电话了解等方式对95%以上的用人单位和毕业生进行追踪。根据毕业生对母校培养情况专项调查显示：98.40%的毕业生对母校校风与学风、教师风范、专业课程设置、实践性教学环节、毕业论文设计指导以及就业指导等内容感到十分满意。根据在用人单位中开展的毕业生质量跟踪专项调查显示：有90%以上用人单位反映我院毕业生就业观念较为成熟，职业目标定位明确，工作稳定性强，工作中表现出爱岗敬业、勤学好问、动手能力强、适应性快、富有创造力的特点。

三、园林技术特色专业建设成果

（一）构建了"两主两强"的特色人才培养模式

人才培养模式主要以技术应用能力和基本素质培养为主线，使园林技术专业的学生具有较强的职业能力、多岗位的就业潜力及长远发展的职业储备。

（二）构建了基于工作过程的课程体系

按照园林技术3个岗位群的实际，按工作过程构建3个项目，每个项目再划分为4~5个子项目构建课程，使项目内容与岗位任务相对接。依据工作情景构建教学情景，以项目为载体实现工与学的结合；教学过程与生产过程和生产季节协调一致；项目的内容紧紧围绕职业能力的培养进行选择，在完成相应的项目中学习知识、培养技能。

（三）形成了"教学做一体"的教学模式

围绕岗位设立课程，根据岗位的要求确定课程目标，根据岗位的典型工作任务选择课程的项目，依据岗位的典型工作流程确定课程的实施过程，岗位典型工作任务的结果作为考评的一项重要的考评依据。教学过程基本贴合企业的典型工作。将原有知识体系融入到项目任务中，按学生的认知规律进行渗透，整个教学过程实现"教、学、做"一体化。

（四）建成一支"专兼结合、双师素质、双师结构"的教学师资队伍

以各项目部为基础，成立大师工作站、双师工作室。通过提高专业带头人、骨干教师水平，引进和聘请行业的大师、能工巧匠，提升学生培养、社会服务的能力，打造职教理念先进、专业技能精湛、专业理论扎实，能引领行业发展的专业教学团队，形成了一支结构优化、梯队合理、师德高尚、教学水平高、实践技能强的专兼结合的教师队伍。

（五）建设了与"教学做一体化"教学模式相适应的实训基地

按人才培养模式的 3 个培养方向，建设完成了校内苗木生产中心、园林工程施工中心、园林景观设计中心，形成能够满足本专业群需要的"园林苗木""园林景观设计"和"林苑景观园"3 个教学产品为纽带的生产性实训基地的需要；并引入行业标准及工艺，引进企业管理模式，使学生在校内就能进行企业生产实训，在完全真实的企业环境中完成教学活动。

（六）取得了丰硕的教学育人成果

2013 年获得林业行业园林景观设计大赛一等奖；

2013 年获得林业行业插花大赛一等奖；

2014 年获得国家园林景观设计大赛一等奖。

四、园林技术特色专业建设成效

（一）招生就业情况

项目建设以来，本专业学生一志愿上线率、报到率有所提升，学生数量逐年增加（表 3-2、表 3-3）。

表 3-2 招生情况

招生情况	招生人数	报到人数	报到率（%）	一志愿人数
2013 年	185	172	93	161
2014 年	260	244	95	260

表 3-3　毕业生就业率及专业对口率　　　　　　　　　　%

毕业生情况	2013 年	2014 年
就业率	93.57	95.17
专业对口率	74.07	86.87

（二）综合素质与专业能力

本专业培养的人才不仅就业率很高，而且综合素质和专业能力也相对较高。据不完全统计，近三年的毕业生，有 10 余名毕业生在本岗位工作年薪达到 10 万元以上。在行业举办的首届全国职业技能大赛中，园林学院的学生参与了园林类比赛全部项目，并且全部获得一等奖。

（三）教师教科研水平

通过建立大师工作站和双师工作室，依托以创新型实训基地教学产品的设计、管理、生产、实训、技术服务与培训等项目载体，专业教师能够有效参与本专业人才培养方案的制订、教学产品的设计与研发、产品的工艺流程设计、产品标准制定、基地运行、科研及应用项目研发等工作，使教师团队的整体教科研水平不断提升。2014 年成功申请省级科研项目 2 项，院级课题 4 项，完成园林行业技术服务 4 项。

（四）社会服务能力

通过两年的建设，师资队伍的专业能力得到提升，社会影响力不断扩大。两年来，为省内 3 家企业提供园林预算、园林植物养护、园林景观设计、园林工程施工组织管理等专项内容的培训；为省内近 30 家企业提供园林花卉园艺师、园林绿化工等职业资格培训；为省内 5 家单位提供园林景观设计、园林苗圃设计、园林植物养护等内容的技术服务。通过社会服务，提升了教师的专业水平，提高了学院的社会知名度，使得教学内容与生产内容密切结合，学生的培养水平有了更进一步的提升，形成了学生、教师、学院、企业的良性循环。

五、园林技术专业建设特色凝练

（一）社会需求与教学载体匹配

按照职业岗位需求确定专业培养目标；调研确定园林行业岗位群有园林苗木生产与经营、园林工程施工与管理、园林景观设计。

根据3个岗位群的典型工作任务确定课程体系；围绕岗位群建设教学团队，成立园林景观设计部、园林工程施工部、园林植物生产部；同时也成立相关岗位的大师工作站，引进相关领域的技术大师进站工作，指导专业建设、课程建设、基地建设、项目建设。

围绕3个岗位群建设生产性实训基地，按照企业真实的技术和设备水平建设苗木中心、景观设计中心、园林工程施工中心。在教学过程中可生产教学产品；并且教师在每个研发中心可进行新产品、新技术的研发，促进技术、技能的积累和创新，提升行业的技术技能水平，同时为企业进行技术培训与技能鉴定（图3-2）。

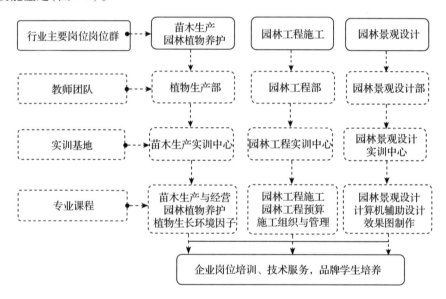

图3-2 教学团队及实训基地

（二）教学实施与岗位工作流程无缝对接

根据行业典型岗位设置课程，依据岗位典型工作任务设置教学项目或任务，依据岗位典型工作流程设置教学实施过程；教学情景与工作情景对接，项目结果或工作任务成果作为课程的教学结果。项目的实施过程融入企业的要素，实现"五个协调一致"，即教学内容与岗位任务协调一致，教学过程与生产任务流程协调一致，教学环境与企业环境协调一致，教学季节与生产季节协调一致，教师、学生身份与企业员工身份协调一致（图3-3）。

根据岗位典型工作任务的流程，设计课程的实施过程（以园林苗木生产课程为例）

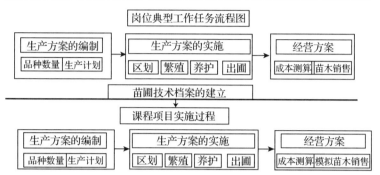

图 3-3　课程教学实施

（三）学生长远发展与岗位需求无缝对接

人才培养模式主要以技术应用能力和基本素质培养为主线，本着职业目标多极培养与专长培养结合，岗位需求无缝对接与学生长远发展结合的原则，使园林技术专业的学生具有较强的职业能力、多岗位的就业潜力及长远发展的职业储备。园林技术专业对应的主要岗位群为 3 个。根据 3 个岗位群的工作任务调研，按工作过程划分 3 个模块，按能力递进原则，结合季节安排课程实施。3 个模块的教学内容既相互独立又相互衔接，使学生具有长远发展的职业储备，同时利用第四学期后 3 周进行职业能力强化培养，学生可根据兴趣及需要选择 5 个岗位中任何一个，按照工作的过程，在真实的工作环境中进行训练，强化培养学生的职业适应能力、综合职业能力和可持续发展的能力，使学生掌握的职业能力素质与企业的岗位需求无缝对接（图 3-4）。

六、园林技术专业特色实践对策及建议

（一）完善校企互利共赢的合作机制

建立平等、互利互惠、优势互补的校企双赢机制，充分发挥校企双方合作的积极性。通过吸收在合作办学中做出积极贡献的企业老总参与学校或专业重大问题决策，保证合作企业优先录用企业需要的优秀毕业生，学校参与合作企业员工的培训工作，选派优秀教师参加企业技术研发和产品开发等有效途径，调动企业参与办学和育人的积极性。

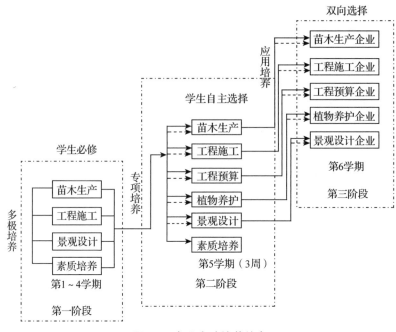

图 3-4　专业人才培养特点

（二）争取政策支持

积极争取政府在校企合作方面的优惠政策，为深化校企合作提供政策保障。

（三）调动教师积极性和创造性

加强内部管理，统一思想，完善教师在"校中厂"的岗位聘任制度，打破现有薪酬结构和体系，推进绩效工资的实施，使岗位相对价值和贡献率基本匹配薪酬等级。

（四）制定科学完善评价体系

制定能体现职教特征，有代表性和针对性的评价指标体系、在教育教学体系评估指标的选取以及评价过程、评价结果的反馈中，要吸纳办学利益相关主体参与其中；在评价过程中要自觉接受来自社会各方面的监督；在评价结果的应用和反馈阶段，要注意收集被评价主体以及来自社会各方的反馈意见，进行整理和综合，提高质量评价的效度和效益。

（本文初稿拟于 2015 年 4 月，执笔人：魏岩等；收录时徐岩对全文有系统修订）

成果五：木材加工技术特色专业建设研究与实践

【成果由来及特色解读】

成果由来：本文为辽宁省教育科学规划项目"林业类高职院校特色发展模式研究"及学院一级战略项目"'前校后场、产学结合、育林树人'特色高职院建设研究与实践"的子项目"木材加工技术特色专业建设研究与实践"研究报告，是项目关于林业类高职院校特色专业建设的专题研究成果之一。

该子项目负责人：尹满新。

成果特色及应用推广：木材加工技术专业被评为辽宁省示范专业、辽宁省品牌专业等，在全国林业职业院校和全省同类专业中居于领先地位。特别是本文提出和实践的完善"政府主导、学校主体、企业合作、行业引领"的四方合作、校企共建体制机制，实现政校企行合作共赢；打造专业社团，培养精品学生，推进现代学徒制实施，提升学生综合能力；由"订单"升级为"定制"等改革举措，职业特点突出、专业特色鲜明，是同类专业创新办学机制、改革培养模式的有益参考。

一、木材加工技术特色专业建设概况

木材加工技术专业从 2005 年 7 月开始招生，经过 10 年的建设与发展，已满足木材加工行业和区域经济建设发展要求，形成"政、校、企、协"合作紧密、特色鲜明的专业群，木材加工技术专业群现设有木材加工技术、家具设计与制造、数控技术(木工机床方向)、家具卖场设计与管理、室内设计 5 个专业。木材加工技术专业群已建成企业精英、能工巧匠为主的素质优良、结构合理、专兼结合的"双师型"专业教学团队。已建成集"教学、生产、职业技能鉴定、培训和技术服务"为一体的区域共享型生产性实训基地。加强优质专业核心课程开发，建成优质教学资源共享平台。

木材加工技术专业群实训基地现有实训中心 4 个、实训室 7 个、一体化教室 3 个。现有在校生 680 人，2012、2013、2014 届毕业生初次就业率在 98% 以上、专业对口率在 85% 以上，目前有圣象集团有限公司、美克美家家具连锁有限公司、博洛尼家居(北京)有限公司、大连佳洋木制品有限公司、辽宁赛斯木业有限公司等校外实训基地 30 多个，专业与校外实训基地常年保

持密切联系，校外基地积极承担学生生产实训、顶岗实习任务的同时，可实现学生实习与就业对接，达到实习即就业。

二、木材加工技术特色专业建设研究与实践

（一）体制机制创新特色研究与实践

1. 体制机制创新特色研究与实践举措

木材加工技术专业采用"政校企协"四方合作体制机制优化专业办学。以合作办学、合作育人、合作就业、合作发展为主旨，互惠共赢为原则，构建"政校企协"合作平台，充分调动社会、行业协会、企业参与专业建设的积极性。成立政校企协合作管理委员会，指导木材加工技术专业群发展。通过管理委员会的力量争取社会各界对学院办学的支持，组织委员参与专业群发展的重大决策并洽谈各类合作项目，委员所在企业在设备提供、技术支持、师资培训、信息分享等方面为学院发展提供强大支撑。

2. 体制机制创新特色研究与实践案例

（1）政校合作

一是政府主导，合作办学。辽宁林业职业技术学院与鞍山市政府合作，依托木材加工技术专业群建设木材工程学院，办学地点落户于鞍山市职教城。鞍山市政府出资，为专业群建设 8000m² 教学楼一栋、9500m² 学生宿舍楼一栋及 3000m² 实训基地厂房一座，并投资 500 余万元建成板式家具实训中心、实木家具实训中心、胶黏剂实训中心、木材干燥实训中心，增容 500kW 动力电满足实训中心用电需求，大大加强了木材加工技术专业群的办学实力。鞍山市政府在整个办学过程中起到主导作用，辽宁林业职业技术学院作为办学主体负责专业群日常教学组织与管理工作，合力打造培养木材加工技术专业人才，提升师生专业实务能力，服务地方经济发展的共享型平台，开拓出一条政校合作、共同育人、服务地方、发展教育的新路。

二是对接区域产业，全面合作。木材工程学院与辽宁省彰武县县委、县政府围绕彰武林产品加工产业园驻园企业开展全方位合作。合作主要从政校企合作、职业教育与产业集群对接、职业教育促进地方经济发展及人才引进等几个方面开展。2013—2014 年，分别派出技术专家为彰武林产品加工产业园及对接企业进行专业技术讲座和技术服务，实现了木材加工技术专业群对辽宁省重点产业园区——彰武林产品产业加工园区的对接服务，并与产业园区最大企业辽宁赛斯木业有限公司签订毕业生顶岗实习协议，为企业提供人

才支持，将木材工程学院建设成为省重点产业集群发展的人才培养基地，持续不断地为园区企业发展壮大提供人才支撑。

（2）校企合作

专业群在建设中实行开门办学，并取得了丰硕成果，目前已经与圣象集团有限公司、美克国际家私（天津）制造有限公司、博洛尼家居（北京）有限公司、大连佳洋木制品有限公司、辽宁郁林木业有限公司等省内外大型集团企业建立了长期战略性合作伙伴关系，双方开展多方面合作。

一是订单培养，工学交替。积极主动调研省内外各大企业单位的用人需求状况，与企业单位沟通协商制定有针对性、前瞻性、实用性的人才培养方案，签订订单培养协议书；明确双方职责，校企双方共同开展招生宣传，根据企业用工需求实际制订学院招生计划；学校负责招生，制订切合培养目标的教学计划和开课计划，并与企业共同组织实施教学，对学生进行定向培养；企业提供实习教学条件并投入一定资金，用于学校教学设施更新、实习实训场地的条件改善；企业选派优秀专业技术人员参与订单班的常规教学工作，并对学生定期开展有针对性的企业培训；企业提供资金在订单班开设企业奖学金，奖励学习优秀的学生，为在校学习的家庭困难学生提供助学金资助；学生毕业并取得相应的职业资格证书后由企业接收学生就业。到目前为止，我院木材加工技术专业群共与圣象集团有限公司、德国威力集团（烟台）有限公司、北京德中飞美家具有限公司、美克国际家私（天津）制造有限公司、博洛尼家居（北京）有限公司、大连佳洋木制品有限公司等20余家企业（集团）签订了29个订单班，订单班人数达到850余人。

二是合作构建人才培养方案、合作开发教材。积极与企业交流，企业为专业群的建设提供支持，实现教学内容与企业生产项目对接。定期召开"政校企协"管理委员会会议，会议就社会对人才的需求转变、课程体系构建及所应解决的核心问题，如何开展校企合作、实训基地建设、工学结合、现代师徒制建设以及如何培养以及提高学生素质教育等方面进行讨论，特别在教学做一体化教学、以学生为主体开展教学改革等方面提出建设性建议。校企合作制订人才培养方案，共同开发课程、专业教学资源库，实现教学与生产同步、实习与就业同步。校企共同制订课程的教学计划、实训标准，与企业共同开发教学做一体化教材等。

三是建设企业教师工作站和大师工作室。专业结合实际教学需要，经企业调研、论证，在校内建立企业教师工作站，形成各类相关规章制度。引入企业优秀专业技术人员进入工作站开展培训工作，培训后的学生目前已经全部走上企业重点工作岗位。德中飞美（北京）家具有限公司、博洛尼家居（北京）有限公司、圣象集团有限公司、辽宁赛斯木业有限公司、辽宁三峰木业有限公司等多家企业投入资金、教学产品等，在校内建设家具设计与制造、木质门窗设计大师工作室 2 个。

（3）校协合作

专业注重与行业协会的联系，通过行业协会的桥梁纽带作用，加强与企业的联系，几年来，学院与中国家具协会、辽宁省家具协会、大连木业协会等行业内具有影响力的协会建立长期密切的合作关系，与辽宁省家具协会合作，派遣专业教师和学生参与"辽宁省家具展销会"服务等工作。

针对行业企业需求，在专业网站设立专家技术服务平台，进行网络技术服务。参加地方政府、行业组织的各种形式的科技服务，通过科技下企业，促进木材加工新技术、新成果转化与推广，推进木材加工行业技术创新整合进程。

（二）人才培养模式与课程体系特色研究与实践

1. 人才培养模式与课程体系特色研究与实践举措

从人才培养模式方面，专业把工学结合作为人才培养模式改革的重要切入点，带动专业调整与建设。专业设置与地区的市场需求、职业岗位要求紧密衔接，专业方向也具有较强的职业定向性和针对性。积极推行订单培养，探索工学交替、任务驱动、项目导向、顶岗实习等有利于增强学生能力的教学做一体化教学模式。将毕业生就业率、就业质量、毕业生在岗表现、企业满意度、创业成效等作为衡量专业人才培养质量的重要指标，逐步形成以学校为核心、教育行政部门为引导、社会参与的教学质量保障体系。

2. 人才培养模式与课程体系特色研究与实践案例

在行业、企业的参与、支持下，通过对专业的行业背景、工作任务、课程结构等开展调研和人才需求市场调查，制订了木材加工技术专业人才培养方案。在制订人才培养方案的过程中认真贯彻以就业为导向，以能力为本位，以社会需求和岗位需要为重点的中心思想，围绕专业人才培养目标，从社会调查和职业岗位能力需求入手，分析从事岗位（群）工作所需的综合能力及相关的专项能力，然后从知识、能力、素质等方面提出具体的标准和要求，科学制订人才培养规格和培养方案，突出应用性与针对性。根据市场对人才需求变化，适时地对培养方案加以调整和优化，科学合理地确定人才培养规格、理论课程和实训项目设置。人才培养方案紧跟市场人才需求变化，坚持一年一修订，培养方案既保持相对稳定性又与时俱进。

定期召开专业建设指导委员会，论证岗位能力、典型工作任务与课程内容的关系，根据课程目标和课程内容的要求，结合国家标准、行业标准、企业标准来制定课程标准，提升学生对未来岗位工作的适应能力。

（三）课程改革与教学模式特色研究与实践

1. 课程改革与教学模式特色研究与实践举措

根据专业特点，在教学模式上突出以学生为主体的教学方法。以工学结合为切入点，通过开展典型产品工艺案例分析、讲解、讨论，对家具、门窗等典型产品的实物进行"拆单"练习等灵活的教学方法，有效调动学生学习的积极性和主动性，促进学生个性和才能的全面发展，突出职业能力训练，培养更适应社会需要的人才。

改革课程设置、课程内容和考核方式。专业课全面实施教学做一体化教学，上课场地尽量安排在实验室、实训室，使理论课程实物化、情景化，增加学生学习兴趣、信心和成就感。一是教学模式的改革在具备条件的情况下要实现理实结合，以实践为主，但同时要有足够、系统的理论知识作为支撑；二是教学内容的改革，将新知识、新技术融入到教学中；三是考核方式改革，理论课着重考核学生应用理论解决实际问题的能力，考核形式可根据课程特点，采用笔试、口试、实操等开卷、闭卷或教考分离的形式；实践课以形成性考核为主，注重过程，突出基本技能和专业核心技能测试，要求学生对技能操作、技术应用的每一步、每一环节都娴熟掌握。

2. 课程改革与教学模式特色研究与实践案例

2009年来，我院开始转变思想，实施教学做一体化教学模式，分别于2010年、2011年与2013年完成了3期教学改革。通过教学改革实施，做到学有所用，变学生原有的"要我学"为"我要学"，极大地调动了学生自主学习的积极性，提高了教学质量，达到了既定的教学效果。目前，木材加工技术专业共有"木质门窗设计与制造""胶合板生产技术"等12门专业课程实施全面的"教学做"一体化教学，并已经通过学院专业指导委员会、督导等部门组成的联合鉴定组的审核与认定，木材加工技术专业及专业群全部专业课程均将采用"教学做"一体化的教学模式完成教学。

围绕项目教学法的开展，打破传统学科体系教材模式，编制特色教材。以项目为主线编排课程内容，由项目引出相关知识点和技能点；根据行业和企业的实际情况，体现市场对从业人员的综合素质要求；反映当前的木制品生产现状和发展趋势，引入新设备、新技术、新工艺、新方法、新材料。2013年起，与德国威力集团、科宝博洛尼、圣象集团、佳洋木业等企业共同编写《木地板生产技术》《家具招投标书制作》《木工机械调试与操作》3部教学做一体化教材，目前已正式出版。积极与企业合作，建设"木质地板生产技术"等精品资源共享课。

(四)师资队伍建设特色研究与实践

1. 师资队伍建设特色研究与实践举措

学院高度重视木材加工技术专业群建设，把着力点放在了专业教学团队的建设上，制定灵活的人才引进和人才使用政策。大力从行业企业引进人才充实"双师型"教学队伍。

第一，突破政策限制，引进专业带头人。根据木材加工技术专业建设和发展的需要，专业为了引进企业人才而突破了事业单位调入受年龄限制的规定，破格调入一名企业高层技术人才担任专业带头人。

第二，提高外聘教师待遇，增强对人才的吸引力。根据专业建设的需要，为了建设一支具有丰富企业工作经验的"双师型"教学团队，专业对受编制限制而不能调入的教师采取长期聘用的办法，对聘用专业教师给予与在编教师同等待遇，合同一签三年。

第三，引进人才不重学历而重企业经历。在引进教师的条件上，突破要高学历的框框限制，把企业经历放在首要条件考虑，从而使专业团队的建设更加务实，这种重能力而不唯学历的人才政策，能够把确实需要而又具备真才实学的人才引进学校。实践证明，具有企业经历的教师在校企一体化育人和项目化课程改革中更容易进入角色。

第四，对企业工作经历尚浅的青年教师，利用寒暑假休息时间安排其进入行业企业一线进行挂职锻炼，提高他们的实践动手能力，提升专业执教素质。并通过校内"导师制"培养实现以老带新，加速青年教师的成长步伐。

2. 师资队伍建设特色研究与实践案例

(1)专业带头人培养

根据木材加工技术专业建设和发展的需要，通过国内学术会议交流、行业企业调研、专业建设等一系列行之有效的培养手段加强对专业带头人的培养。2014年，一名院级专业带头人被评为辽宁省家具设计与制造专业省级专业带头人。

（2）骨干教师培养

专业选择责任心强、教学能力突出、有一定课程建设基础的 6 名专业教师作为骨干教师，要求其分别进行"家具设计"等 4 门核心课程建设，参加课程开发培训，到职教理念先进的高职院校调研，进驻教师工作站锻炼。选派 3 名骨干教师利用假期深入博洛尼家居（北京）有限公司开展为期 15 天的企业一线挂职锻炼，通过一系列培养培训举措，这些骨干教师能够承担课程标准的制定、精品资源共享课程建设开发、教材建设和相关实训实习基地建设任务，能协助专业带头人开展专业开发、教学改革，专业能力素质水平及实践动手能力明显提升。

（3）双师教师培养

成立企业教师工作站，通过校企合作，由企业选派优秀的专业技术人员作为企业教师工作站进站教师，承担相应的专业课程教学实训指导，提高学生的实践技能，使学生更好更快地掌握专业核心技能。通过企业教师工作站运行，带动专业青年教师、骨干教师在专业知识与学术水平、教育科研能力等方面有较大幅度的提高，打造一支技术精湛、攻关能力强、创新能力优的技术技能型队伍，为辽宁省木材加工行业的发展做出了贡献。

引入博洛尼家居（北京）有限公司、圣象集团有限公司、维意（沈阳）订制家具 3 家企业的专业技术人员共计 13 人进入工作站开展培训工作，有针对性地开展培训 8 周，总计 200 余课时，培训学生 80 余名。

（4）青年教师培养

主要通过导师制的以老带新加速青年教师成长。将没有企业工作经历的青年教师安排到木材加工企业进行挂职锻炼，提高他们的实践动手能力。组织青年教师参加职业技能培训，取得与教学直接挂钩的职业技能等级证书。支持青年教师参加学历进修、教师培训、学习考察，以此加强青年教师队伍建设，不断提高青年教师教育教学水平，使青年教师成为专业发展的主力军，促进学校教育质量和办学水平的提高。鼓励青年教师提高学历水平，选派 5 名青年教师进入高校深造，提升专业理论水平，使青年教师具备积极参加教学和科研的能力，促进专业建设综合水平提升。

（五）实训基地建设特色研究

1. 实训基地建设特色研究举措

为了培养学生职业技能和职业综合素质，以"校企合作、工学结合"为支撑，体现"实际、实用、实效"原则，建立起木材加工职业教育创新型实训基地，2013 年被确定为省级财政支持的职业教育创新型实训基地。在基地建设中企业提供了大量的工艺标准及技术支撑，实现教学过程与生产过程的无缝对接。

强化教学过程的实践性、开放性和职业性，系统设计、实施生产性实训和顶岗实习，探索建立"校中厂""厂中校"等形式的实践教学基地。鼓励探索校内生产性实训基地建设的校企组合新模式，由学校提供场地和管理，企业提供设备、技术和师资支持，校企联合组织实训，加强学生实习实训管理，提高实践教学效果。

2. 实训基地建设特色研究案例

目前，木材加工技术专业群现有实训中心、各类实训室和一体化教室共14 个，共有各类校内实训设备、仪器 180 余台，现有设备、仪器总价值 750 余万元，基本满足正常的教学实习实训以及相关的社会服务与培训任务。结合国家级实训基地——家具设计与制造专业国家级实训基地的建设完成，目前已成为我省规模最大的开放式共享型木材加工技术实训基地。

同时，由行业骨干、企业的技术责任人和专业骨干教师共同负责，建立起校外实训基地。保证校外基地充分发挥"传技育人"功能，使实训基地的建立、顶岗实习的组织、实习期间的学生管理和劳动报酬、工学结合课程的教学组织和考核、实习总结、鉴定和成绩评定等工作有章可循。

(六)大学生素质教育特色研究与实践

1. 大学生素质教育特色研究与实践举措

本专业以全面素质教育为核心，从入学军训到顶岗实践和就业指导，素质培养贯穿整个教学过程。素质教育体系包括职业道德、心理素质、文化艺术修养和沟通交往能力等。具体实施主线有两条，一是将素质教育贯穿整合于理论教学体系中，要求素质培养落实到各个教学环节，达到专业理论知识和能力培养与素质培养相协调。二是在实践教学过程中，培养学生实践能力的同时，注重学生的爱岗敬业、团队精神、吃苦耐劳等职业素质和林业精神的培养，使学生把学做人和学习专业知识、培养专业能力结合起来，全面提高学生的综合素质。

2. 大学生素质教育特色研究与实践案例

(1)思想道德素质培养

专业注重学生思想道德素养和文化素质的培养，职业道德课作为专业的必修课程，在学时方面有保障；学院每年组织新生军训，培养学生团队协作与吃苦耐劳的素质；专业每年举办职业道德讲堂，培养学生职业品德和职业素质；每学期定期组织学生团课活动，邀请全国道德先锋模范举办讲座，培养学生的职业操守；校企合作企业每年定期举办校园拓展训练，培养学生综合素质。

（2）知识素质培养

通过教学改革，专业课程全部实施教学做一体化教学模式，注重实践技能的掌握，目前专业实验课开出率100%，学生掌握良好的专业知识与基本技能；每年定期组织专业内技能培训和技能比赛，培养学生钻研及动手能力。

（3）能力素质培养

专业注重学生英语与计算机能力的培养，将英语能力与计算机能力作为学生毕业的必备条件，毕业生的英语和计算机这两项水平测试平均通过率100%。学生积极参加专业组织的各类社团活动、素质教育及技能竞赛，竞赛获得多项奖励。

学生职业技能考核与社会职业资格证书接轨。实施"双证书"教育，学生在校期间，要参加本专业职业技能资格等级考核，毕业时取得相关职业岗位的职业资格等级证书，学生持学历毕业证和职业技能等级证书上岗就业。将职业技能培训与鉴定工作纳入专业培养方案，"双证毕业"成为对学生的基本要求。

（七）质量保障体系特色研究与实践

1. 质量保障体系特色研究与实践措施

专业严格执行学院制定的有关专业建设、教学改革、师资队伍建设等教学标准和质量规范。设立二级督导，严格实施专业教学质量监控，保障教学质量改进和提升。

2. 质量保障体系特色研究与实践案例

（1）建立健全专业建设指导委员会机制

木材加工技术专业群成立由北京利丰家具副总经理叔伟、南京众志开来橱柜总经理李景厚、大连佳洋木制品有限公司董事长徐辉、沈阳理工大学教授刘仲彦等专家组成的专业建设指导委员会。召开专业建设指导委员会会议，就社会对人才的需求，课程体系的构建及所应解决的核心问题，如何开展校企合作、工学结合，如何提高素质教育质量等方面的问题进行讨论，特别在分析、论证专业人才培养目标和人才培养规格，专业教学内容和课程体系构建，教学做一体化教学等方面提出建设性意见，并据此制订和修改人才培养方案，每年人才培养方案都会根据行业现状、企业动向、发展趋势等因素进行修订完善及相关课程调整。

（2）实施教学质量的过程监控

学校教学督导室通过督导听课、教学检查、学生评教等形式对专业教学活动进行跟踪检查，及时发现教师教学、学生学习、教学管理等过程中出现的问题并加以解决；二级督导组在学校教学督导室指导下开展工作，认真贯彻落实各项教学检查、听课、学生评教等制度，形成以提高教学质量为目标的监控机制，保证教学过程各环节处于可控状态。二级督导负责对教学文件进行管理，保证专业教学文件齐全，应用有效，学院督导组负责对专业教学文件进行检查与评估。

（3）开展人才培养质量评价

落实学校《教师教学质量监控评价办法》和《毕业生跟踪调查暂行规定》，校企双方共同制定和完善木材加工技术专业人才培养质量评价标准，采取问卷调查、行业评估、企业走访、毕业生座谈、网络随机调查等手段开展由行业、企业、学生等多元主体参与的人才培养质量评价。建立教学质量反馈系统，将内部评价、企业评价和第三方评价意见及改进措施反馈给木材加工技术专业建设指导委员会，并在专业建设指导委员会的推动下落实到教学实施过程中，及时修正人才培养过程中出现的问题。

（4）引进优质的教学资源，国际合作办学初见成效

2012 年，木材工程学院专业带头人倪贵林随辽宁林业职业技术学院院长邹学忠赴柬埔寨考察柬埔寨职业教育，学院领导积极酝酿国际合作办学事项，经多方商讨，最后决定与柬埔寨联合国际贸易发展有限公司合作并达成协议，由柬埔寨联合国际贸易发展有限公司出资，25 名柬埔寨学生到辽宁林业职业技术学院木材加工技术专业进行学习。2013 年 4 月，学院领导及专业教师针对柬埔寨的就业形势设计了柬埔寨留学生的人才培养方案，国际合作办学初见成效。

（5）加强项目团队建设，提升项目执行力

一是提升项目团队实力，采取能力培训、承担项目等方法，挖掘内部潜力，提升项目团队实力，增强完成项目建设任务的能力。二是发挥兼职教师作用，将兼职教师纳入项目建设团队，使其承担课程建设、教材开发、校企合作等部分建设任务，为兼职教师提供培训机会，调动兼职教师积极性，共同完成项目建设任务。

三、木材加工技术特色专业建设成果

在 2008—2010 年木材加工技术专业先后被评为"省级职业教育实训基地""省级示范专业""省级优秀教学团队""省级品牌专业"（木材加工技术专业群所属家具设计与制造专业）以及木材加工技术专业"木质门窗设计与制造"课程被评为"省级精品课程"等成果基础上，通过特色重点专业及专业群建设，2012 年，建成"政校合作"的职业教育实训基地——鞍山职业教育实训基地；2012 年，家具设计与制造专业实训基地被评为"国家级职业教育实训基地"；2013 年，家具设计与制造专业实训基地被评为"省级生产性创新型实训基地"；2014 年，家具设计与制造专业被确立为"辽宁省重点支持建设专业"。

专业教师积极参与，认真研究教育理论，钻研业务，共撰写论文 10 篇（其中教育教学改革研究论文 6 篇，专业技术论文 4 篇）（表3-4）；申报教育教学研究课题 5 项（表3-5）。这些论文的发表、课题的研究有效提高了教师的教育理论水平、教学实践水平和专业技术水平，促进了教学质量提高。

表3-4 2013—2015 年度木材加工技术专业教师发表的课题相关学术论文

序号	论文名称	发表的刊物	作者	发表时间
1	谈《木质地板生产技术》课程教学内容与方法的改革实践	黑龙江生态工程职业学院学报	尹满新	2013. 1
2	试论在政校企协合作模式下有效开展职业指导	中国校外教育	田特	2014. 12
3	浅析高职家具设计专业《AutoCAD》课程考试改革	电子世界	杨煜	2014. 1
4	高职院校木材加工专业教学模式探讨	林区教学	胡显宁	2014. 7
5	基于"理实一体化"的课程考核方案探讨——以高职"人造板检验技术"课程为例	辽宁高职学报	胡显宁	2015. 3
6	基于"理实一体化"的课程考核方案探讨——以高职"人造板检验技术"课程为例	辽宁高职学报	胡显宁	2015. 1
7	实木家具开裂变形原因和改进措施	辽宁林业科技	尹满新	2013. 3
8	试论节能门窗设计和施工中存在的问题和解决对策	门窗	杨煜	2015. 1
9	聚醋酸乙烯酯乳液改性研究	中国人造板	胡显宁	2014. 10
10	人造板产品发展趋势分析	中国人造板	胡显宁	2014. 11

表 3-5   2013—2015 年度木材加工技术专业教师申报的相关教育教学研究课题

序号	课题名称	主持人	立项时间	完成时间	批准单位
1	家具设计与制造专业"教学做"一体化课程设计与实践研究	尹满新	2012.5	2013.5	辽宁省职业技术教育学会教研课题
2	高职院校家具设计与制造特色专业建设的研究与实践	尹满新	2013.5	2014.5	辽宁省职业技术教育学会教研课题
3	低密度、超厚型 LVS 的研究	倪贵林	2011.7	2013.11	辽宁省教育厅科研课题
4	家具设计与制造专业创新性实训基地建设研究	朱志民	2013.7	2014.3	省职教协会
5	省级示范院重点专业建设项目家具设计与制造专业(群)建设	尹满新	2013.12	2016.12	辽宁省教育厅

2013—2015 年，共建成院级精品资源共享课 1 门；建设院级精品资源共享课 1 门(表 3-6)。主编完成了《木地板生产技术》《家具招投标书制作》《木工机械调试与操作》3 部"十二五"规划教材，并正式出版发行(表 3-7)。

表 3-6   2013—2014 年木材加工技术专业获批立项建设的院级精品课程名单

序号	课程名称	课程负责人	所属专业	申报时间
1	木质地板生产技术	尹满新	木材加工技术	2013 年
2	家具设计	陈峰	木材加工技术	2014 年

表 3-7   2013—2015 年度木材加工技术专业出版的教学做一体化课改教材名单

教材名称	出版社	出版时间	主编
木地板生产技术	中国林业出版社	2014.7	尹满新
家具招投标书制作	中国轻工业出版社	2014.8	倪贵林
木工机械调试与操作	中国轻工业出版社	2014.10	尹满新

四、木材加工技术专业建设成效

(一)毕业生就业率和满意度高

从毕业生的就业率来看，木材加工技术专业群的就业率一直保持良好势头，毕业生初次就业率达到 98% 以上。就业率之所以保持了较高的水平，一方面是因为良好的办学质量得到了社会的认可；另一方面是因为实行了订单人才培养模式，订单培养模式已经成为木材加工技术专业人才培养的一大特色，木材加工技术专业每年招生对象的 60% 以上都是各个企业的订单培养对象。订单式培养对企业吸引力大:本专业进行订单式培养获得了企业的认可,一些企业能够主动找上门来,洽谈订单培养合作。合作企业中,如圣象集团有限公司、博洛尼(北京)家居有限公司、大连佳洋木制品有限公司、沈阳兴锐木业有限公司、阜新飞雪木业有限公司等企业在首次签订订单培养合作后,又与我们连续签订了多个订单培养协议,这是企业对进入工厂实习和就业的学生有了充分认可才做出的决定。通过对上述企业进行毕业生跟踪调查,本专业毕业生的企业满意率在 95% 以上,高于全国高职院校其他相关专业。

(二)社会影响力日益增强

依据辽宁省林产工业协会、辽宁省家具协会等部门培训计划的安排,木材加工技术专业承担了辽宁省各类家具企业、木制品企业、人造板企业等相关行业企业的培训需求,深入企业一线进行现场技术指导及举办企业专项技能培训班,2013—2014 年,专业选派优秀专业教师深入博洛尼家居(北京)有限公司开展在职员工培训,共计安排 4 名教师进行 8 周培训,共培训 160 余课时,培训人数 1128 人次。通过培训,使企业一线技术工人、专业技术人员提高了专业理论基础知识和专业核心技能,带动企业整体技术能力的提升,促进企业快速发展。

专业对接彰武林产品加工产业集群,签署战略合作协议。为彰武林产品加工产业园提供技术咨询 2 次、专题讲座 2 次。与太明装饰公司签订合同,提供家具模块技术支持。完成机械木工、家具设计师、胶合板工等职业技能鉴定工作,共计认证 465 人次。

(三)学生综合素质明显提升

通过教学改革辅助社团建设,提升学生专业核心技能,专业选拔优秀团员参加国家级职业技能大赛,以赛代练提升学生专业技能(表 3-8)。

表 3-8　2012—2014 年度木材加工技术专业学生参与国家级职业技能大赛部分获奖名单

学生姓名	时间	获奖全称	颁奖单位
梁旭、李达	2013.5	板式家具设计与安装大赛一等奖	国家林业局
王柯彬、王金伟	2013.5	板式家具设计与安装大赛二等奖	国家林业局
张秀红、史晓娜、韩永久	2012.11	全国三维数字化创新设计大赛国家三等奖	国家制造业信息化培训中心
藉佳美	2012.8	全国高等院校学生木作技艺竞赛三等奖	国际木文化协会
梁旭	2012.8	全国高等院校学生木作技艺竞赛一等奖	国际木文化协会

（续）

学生姓名	时间	获奖全称	颁奖单位
刘颖	2013.11 2014.3	全国高等院校学生木作技艺竞赛二等奖、三等奖	国际木文化协会
王宁	2013.11	全国高等院校学生木作技艺竞赛二等奖	国际木文化协会

五、木材加工技术专业建设特色凝练

（一）创新体制机制，搭建共赢平台

成立"政校企协"合作管理委员会，完善"政府主导、学院主体、企业合作、行业引领"的四方合作、校企共建体制机制模式，实现政府、学院、企业、协会四方共赢。

（二）打造专业社团，培养精品学生

建设学生专业社团，作为常规教育教学补充和延伸，推进现代学徒制的全面实施，提升学生综合能力，培养品牌学生。

（三）由"订单"推进为"定制"

将招生计划与企业用工计划紧密结合，将课程内容与企业岗位工作技能结合，将常规教学与企业培训结合，将学生顶岗实习与企业就业结合，聘请企业一线技术人员全程参与人才培养和教学改革，推行有针对性、实用性的定制式培养。

六、木材加工技术专业特色实践对策及建议

（一）转变教育观念

木材加工技术专业教学的改革必须首先转变教育思想和教育观念，以培养"厚基础、宽口径、强能力"的高素质、创新型复合人才为指导思想，以学生为主体，逐步实现由单纯的专业对口教育向全面发展的素质教育、由知识传授为主向能力培养为主、由注重共性教育向强调个性教育、由重视理论的系统性向倡导应用的综合性转变。

（二）进一步优化和完善木材加工专业人才培养方案

立足学校实际教学情况制定系统的专业人才培养方案：

第一，要明确人才培养方案的指导思想，即内外结合。明确校内和校外

企业是保证教学效果、提高教学质量的重要基础，是专业教学的重要一环。

第二，确定起点高、定位准、具有前瞻性的校内、外实训基地建设目标，设计一套完整的建设计划，根据计划具体实施。

第三，继续深化课程改革，实施"教学做"一体化教学模式，对设置不合理的课程和找不到实习岗位的课程及对应的教学内容内容进行删减。以创新实践为导向，系统全面地设计实践教学计划、方案、实务教材、实例、模拟教学模式、课程设计、毕业设计、实习和实训教学等。尤其是教材建设方面，应与企业密切合作，以改变现有教材脱离实际、缺乏特色的弊病。

（三）加大实训教学环节的投入，加强实训基地建设

木材加工技术专业是操作性、实践性极强的专业，校内实验室和校外实训基地是保证实训教学效果、提高实训教学质量的重要物质基础，是专业教学的重要环节。因此，要切实加大在实训基地建设方面的投入；与课程内容相结合，开发实训基地建设方案，确定实训基地的功能和装备水平；突出实践性教学，强调实践的构建性、社会性、情境性、复杂性，鼓励创新，培养技术应用型人才。

（本文初稿拟于 2015 年 4 月，执笔人：尹满新等；收录时徐岩对全文有系统修订）

成果六：森林生态旅游特色专业建设研究与实践

【成果由来及特色解读】

成果由来：本文为辽宁省教育科学规划项目"林业类高职院校特色发展模式研究"及学院一级战略项目"'前校后场、产学结合、育林树人'特色高职院建设研究与实践"的子项目"森林生态旅游特色专业建设研究与实践"研究报告，是项目关于林业类高职院校特色专业建设的专题研究成果之一。

该子项目负责人：满姝。

成果特色及应用推广：森林生态旅游专业被评为辽宁省示范专业、辽宁省品牌专业等，在全国林业职业院校和全省同类专业中居于领先地位。特别是本文提出并重点实践的"森旅英才培养学院"校企合作机制，"订单式 411 全程职业化"人才培养模式，以职业需求为导向、以岗位能力为本位的专业课程体系构建模式以及集教学、经营、培训、社会服务等多功能于一体的"校中

社""校中店"示范性实习实训基地建设等，是该专业的突出特色，走在了同类专业建设的前列，十分值得借鉴参考。

一、森林生态旅游特色专业建设概况

辽宁林业职业技术学院森林生态旅游专业始建于 2003 年，是辽宁省唯一的高职森林生态旅游专业。该专业 2006 年被确定为院级示范专业，2007 年被确定为省级示范专业，2013 年被确定为国家林业局重点专业；2007 年本专业的《导游基础知识与实训》课程被评选为省级精品课程；2008 年，森林生态旅游专业及专业群立项为辽宁省"省级示范性高等职业院校项目"重点建设专业；2008 年，森林生态旅游专业教学团队被省教育厅评选为省级优秀教学团队；2009 年，本专业的"情境导游服务"课程被评选为省级精品课程，2013 年被评为国家林业局精品课程，并被评为院级精品资源共享课程；2013 年，森林生态旅游专业立项为辽宁省"省级职业教育改革发展示范校项目"重点建设专业。2009 年，专业群酒店管理专业被确定为省级品牌专业；2010 年，专业群酒店管理专业教学团队被省教育厅评为省级优秀教学团队；2010 年，专业群旅游管理专业被省教育厅遴选为省级品牌专业；2010 年，森林生态旅游专业实训基地被省教育厅评选为省级实训基地。

二、森林生态旅游特色专业建设研究与实践

(一)体制机制创新特色研究与实践

在专业建设中，有计划地选择了有人才需求，并认同和支持"订单培养"模式，有合作意向、业绩优良、美誉度高的希尔顿国际酒店管理集团(世界酒店管理 10 强)、凯宾斯基酒店管理集团(世界酒店 10 强)、瑰丽酒店管理集团、港中旅集团(央企)旗下的世界之窗主题公园和锦绣中华主题公园、沈阳故宫博物馆、沈阳帅府博物馆、辽宁碧水林业发展有限公司、丹东天桥沟森林公园、北国国际旅行社、中国旅行社总辽宁有限公司，辽宁祥景国际旅行社等多家品牌旅游企业进行校企深度合作，组建了"森旅英才培养学院"。

(二)人才培养模式与课程体系特色研究与实践

根据人才培养目标和学生专业学习、技能培养的规律，依据旅游企业岗位要求和职业标准，按照"专项技能—综合技能—岗位适应能力—就业能力"

逐级递进的能力阶次，森林生态旅游专业在多年的教学实践中形成了"订单式411全程职业化"式人才培养模式。

该人才培养模式的内涵是：根据森林生态旅游专业岗位群对从业人员综合素质的要求，在广泛调研的基础上，由企业专家和校内专业教师共同研讨以及专业教学实践，形成"行业认知→校内从业基本技能、基本素质训练→校内项目教学、校内企业实习实现校内职业化→校外企业实习实现校外职业化"的全程职业化人才培养模式。这种校内、校外体现提高学生实践技能，达到完全职业化的培养模式，对于学生职业能力和职业素质的提高起到重要的促进作用，它使专业人才培养过程在校内企业及校外企业中完成，最大限度提高学生的职业岗位能力及后续发展能力。具体如图 3-5 所示。

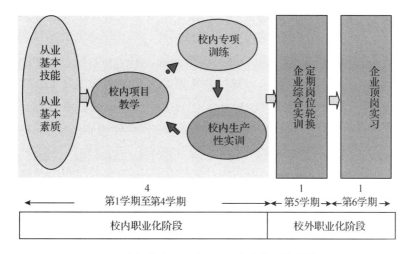

图 3-5 "订单式 411 全程职业化"人才培养模式

森林生态旅游专业依托旅游和酒店企业，重点通过与省内外知名旅游企业和酒店集团紧密合作，探索共同开发"产学研合作—工学结合"的新课程体系，体现旅游企业岗位技能要求，以企业课程形式实现了学校培养与企业需求的无缝对接。探索企业全程参与构筑培养方案中的课程体系，适应市场需要，根据企业需求，探索校企双方共同开发企业课程。

本专业立足于辽宁省内的旅行社、旅游景区和国内知名品牌酒店的经济建设和社会发展，以服务为宗旨，以就业为导向，以工学结合为平台，以校企合作为途径，注重培养学生具备辽宁旅游景区森林生态特色导游的能力、旅行社外联与计调能力、旅游酒店服务与管理能力，能从事辽宁旅游景区森林生态特色导游、旅行社外联与计调、旅游酒店服务与管理工作，符合旅游业需要的实践能力强、具有良好职业道德、可持续发展能力的高素质、高技能人才。

2006年起，专业群酒店管理专业、西餐工艺专业采用了"订单式"人才培养模式，先后为30余家酒店或酒店集团进行订单培养人才，取得了较好的效果。在省内率先与洲际集团实施订单培养合作。在2006年与沈阳金都饭店，2007年与沈阳三隆中天酒店、北京世豪国际酒店分别签订了班型为30人的订单培养班；2008年，与北京临空皇冠假日酒店、龙城丽宫国际酒店、深圳金晖酒店分别签订了班型为30人的订单培养班；2009年，与北京龙城丽宫国际酒店、深圳中油阳光酒店、沈阳黎明国际酒店、沈阳三隆中天国际酒店分别签订了班型为30人的订单培养班；2010年，与上海东方佘山索菲特大酒店、沈阳凯宾斯基酒店、大连日航饭店、宁波宁海豪生酒店、北京稻香湖景酒店分别签订了班型为30人的订单培养班；2011年，与天伦酒店集团、港中旅酒店管理公司分别签订了30人班型的订单培养班；2012年，与希尔顿酒店集团北京和沈阳共计6家，与香格里拉酒店集团旗下的上海浦东嘉里酒店、深圳福田香格里拉大酒店和凯宾斯基酒店集团旗下的沈阳凯宾斯基饭店签署订单人才培养协议。2013年，与洲际酒店集团签订了"洲际酒店英才班"合作培养协议，与瑰丽酒店集团共同组建了英才培养学院；2014年，与希尔顿全球酒店集团签订了战略合作协议，为集团订单培养90人，并与凯宾斯基酒店集团签订了50人的订单班。累计培养订单学生800余人，目前拥有毕业生1318人，足迹遍布辽宁、北京、上海、广东等多家知名五星级酒店，主要从事酒店前厅、餐饮、客房以及管理工作。订单式人才培养模式经过8年的发展，目前已经成为从与单体酒店签单发展成与世界知名酒店集团合作的国际化发展模式。在"订单式"人才培养的实施过程中，校企共同制订教学计划，企业提供部分设备和师资并参与培养过程，专业教学改革大大推进，培养质量显著提高。

（三）课程改革与教学模式特色研究与实践

森林生态旅游专业及专业群针对旅游企业的需要，经过多年的探索与实践，在教学模式创新与课程改革方面紧紧围绕"订单式411全程职业化"人才培养模式，按照订单的数量、规格、期限、生源地等要求，校企联合招生、联合培养，学校主要负责组织理论教学，企业配备相关人员负责技能培训和校外实习，经校企共同考核后，合格的毕业生进入企业工作。

1. 大力发展情景教学和项目教学

森林生态旅游专业及专业群与旅游企业密切合作，选择有合作意向的品牌旅游企业进行"订单式"教学，前4个学期在校进行专业基本技能的培养和岗位技能的培养。在旅游企业服务与管理工作领域中，在职业素质和基本技能训练的基础上，根据旅游企业岗位标准进行能力分析，确定典型工作任务，再对工作任务内容及过程进行分析，找准每个工作任务对应的职业技能；开发以任务为导向的课程，任务的设计以工作过程情境为导向；建立工作过程导向、理论实践一体化为主的教学模式，在教师指导下，学生从实践入手，在校内实训基地进行专业基本技能和岗位技能的培养、训练，后两个学期将学生送到旅游企业环境中进行岗位技能和专业拓展能力的培养及强化，学生毕业后由旅游企业留用，成为旅游企业的正式员工。

2. 以行动导向的教育理念为指引，加强专业建设和高职生的素质培养

近年来，本专业在学生中开展了"准职业人"教育，打造旅游森林生态旅游专业文化，通过举办旅游技能大赛等形式，规范语言、规范行为、规范着装，并开展了一系列教室专业文化营造活动，着力培养学生的职业素养和能力。同时，在教学方面，教师通过学习戴士弘教授的讲座，采取讲座、专业课、公开课等教学形式进行先进教育理念的职业应用讨论，在具体教学过程中，从旅游企业的职业规范开始，导入职业岗位任务。构建了以素质和能力为主线，理论教学和实践教学相互渗透、相互融合的教学体系，将教师课堂讲授的理论知识与学生现场操作演练获得直接经验结合起来，将森林生态旅游专业职业能力培养与旅游企业服务管理实践结合起来，将旅游企业服务管理实践与学生接触社会、了解社会，形成良好的职业素质结合起来，达到专业人才培养目标的要求。

3. 强化技能训练，完善课程内容，学业与就业零距离

依据旅游行业对职业技能的要求设计课程，精化理论课，强化职业技能训练。以酒店职业的工作任务，确定教学内容，采用能力分块、岗位分项、任务驱动的教学模式开展教学，按照旅游企业的服务与管理实际，本着"从低级到高级，从基础到专业，从单项到综合，从模拟到实际工作"的思路，建设、配置、整合实训项目及各专业实训室，体现实践教学体系的系统性、完整性和连续性，营造生产工作过程的实际情境，形成全真的实习实训场所。

4. 校企合作、订单培养，工学结合、共建课程

学校与旅游企业合作共建实习基地，实习实行校企双主体参与的管理模

式，有效地保证了学生在旅游企业的实习效果，并通过实习与就业一条龙来解决学生就业问题。

5. 开展体验式学习，教、学、做相结合，强化学生能力培养

为密切教学做联系，并为学生营造真实的工作环境，学校与企业共同建设课程并组织实施，校内进行课堂教学、模拟实训，在校外企业基地进行现场教学、示范教学、顶岗实习。

(四)师资队伍建设特色研究与实践

依据专业建设的需要，通过多年的培养与锻炼，造就了一批基础理论扎实、教学实践能力突出的专业带头人和教学骨干。通过"走出去、请进来"的办法提高教师的实践能力和教学水平，聘请了9位行业专家为外聘教师，形成了"大师＋教授"型的教学团队。在师德师风调查中，有91%的学生认为学院的师德师风良好；93.6%的学生对学院教师的职业道德素质满意。森林生态旅游专业教学团队2010年获得省级优秀教学团队称号。

森林生态旅游专业任课教师教学改革意识和质量意识强，教学水平普遍较高。2008年以来，森林生态旅游专业被确定为省级示范院重点专业建设项目之一，专业任课教师便进行教学做一体化的项目化教学改革，本专业的"辽宁旅游景区森林生态特色导游词创作与讲解""旅行社外联与计调""情境导游服务""旅游酒店服务与管理"等课程的任课教师在学院第一期教师职教能力测评中获得了"优秀"的成绩。2010年，专业群酒店管理专业教学团队被省教育厅评为省级优秀教学团队。本专业及专业群教师承担教科研项目国家级1项，省级10项，教改成果5项；主编、参编国家高职高专"十二五"规划教材21本，发表论文34篇，获得教科研成果16项；考取全国导游员资格证书的有8人，考取劳动部颁发的调酒师证7人，考取劳动部颁发的茶艺师证6人，考取旅游英语双师资格证2人，考取旅游服务与管理双师资格证7人，考取旅游企业人力资源管理师证1人。本专业教师均有旅游企业生产实践经验，学院每年选派专职教师到旅游企业参与企业实践，丰富教师的实践经验，提高其实践技能。外聘教师均为旅游企业中既有较强实践能力又具有较高管理水平的业务骨干。

(五)实训基地建设特色研究与实践

1. 校内实训基地

本专业(群)建有导游模拟实训中心、旅游综合实训中心、客房一体化教

室、餐饮一体化教室、茶艺实训中心、调酒实训中心、动植物标本室 7 个实训室。此外，学院拥有的 6 万亩的实验林场、300 亩的林盛教学基地、4000平方米的花木繁育中心，可补充专业教学需要。为了强化学生实践技能，又重点建设了林苑旅行社、得意吧、林苑西餐西点厅等教学与经营一体的 3 个企业实体，成为特色鲜明的"校中店""校中社"形式的校内实训基地。学生在校内完成以从业基本技能、从业基本素质训练为主的校内项目教学、校内专项训练以及生态特色导游等生产性实训任务，在校内旅游企业实现职业化。

2. 校外实训基地

本专业与沈阳国家森林公园、棋盘山国际风景旅游开发区、千山旅游风景区、本溪关门山旅游风景区、沈阳故宫风景区等签订实习协议；与辽宁省中国青年旅行社、沈阳故宫旅行社、沈阳好运旅行社、沈阳商务旅行社、沈阳高登旅行社、沈阳北国旅行社、沈阳神舟旅行社、沈阳翔和旅行社、中国旅行社等多家旅行社签订实习协议；与希尔顿酒店集团、洲际酒店集团、新世界酒店集团、沈阳凯宾斯基酒店、沈阳黎明国际酒店、沈阳三隆中天酒店、沈阳华人大酒店、大连日航饭店、北京世豪国际酒店、北京龙城丽宫国际酒店、北京临空皇冠假日酒店、深圳金晖酒店、深圳万豪酒店、上海佘山索菲特大酒店、上海浦东加里酒店、宁波金海豪生大酒店等多家酒店集团或酒店签订实习协议。这些企业已成为本专业及专业群的优秀实训基地，充分满足了学生实习实训的需要。

（六）大学生素质教育与培养特色研究与实践

1. 基础知识传授与综合素质培养

本专业强化学生思想道德素养和文化素质培养。森林生态旅游专业学生参加高等学校英语 A、B 级应用能力考试累积通过率达到 96%。学生获得基础文化素质类的相关奖励多。

专业注重培养学生精益求精的工作态度、奋勇争先的创新精神和强烈事业心、责任感，通过开展"军校共建""校园名师名家大讲堂"等活动，办好"校园文化艺术节"和"公寓文化节"，营造良好的育人氛围，培养学生追求卓越的品质。

依托行业的职业要求，实施学生《三能培养方案》，组建"心理健康协会"，建立《学生心理健康档案》，开展"大学素质拓展训练""大学生阳光体育活动"等，进一步加强学生身心健康教育，着力培养学生良好的身心素质，提高团队合作、沟通协调能力，促进学生全面和谐发展。

"共建搭台 雷锋引领"德育教育新途径，效果突出。本专业把德育教育作为首要任务，不断强化载体建设，与"雷锋团"建立了共建关系，利用军训、参观军营、报告会等形式对学生进行雷锋精神教育，学生的文明素质得到了全面提高。

"社会搭台 实践育人"成绩优异。本专业（群）重视学生的社会实践活动，每年都设定主题，组织学生广泛接触社会，在实践中接受教育。由于成绩突出，学院2010年被沈阳市评为暑期实践活动先进单位；2011年被辽宁省委宣传部、共青团辽宁省委联合授予"辽宁省大中专学生暑期社会实践活动先进团队"荣誉称号，2012年被省教育厅授予"辽宁省大中专暑期社会实践活动优秀组织工作奖"荣誉称号。

"文化搭台、个性展示"，文化育人新途径成效显著。本专业注重文化育人，以校园文化艺术节为着力点，积极开展寓教于乐的技能比赛活动，提高技能，陶冶情操，展示个性。几年来，本专业（群）学生在全省大学生艺术展中有11个参赛节目分别获二、三等奖。在全国大学生首届短剧小品大赛暨第九届沈阳大学生文化节中，有23人分获三等奖及道德风尚奖。

2. 职业技能培养

森林生态旅游专业注重学生实践技能的培养，以提高学生的综合职业能力和职业素养为宗旨，立足"能力本位"，积极推行"双证制"，提高学生参与教科研课题研究积极性，实现学生双证率100%，促进学生学习和实践动手能力不断提高。本专业群以旅游管理学院为单位，每年举办两次专业技能大赛，包括森林生态导游词创作与讲解、导游知识问答、才艺展示、做床、摆台、调酒等技能项目，专业技能大赛的考核项目与社会职业资格证书接轨，使得学生更好地参加全国导游员职业资格考试，学生通过率高，2009年通过率41%，2010年通过率47%，2011年通过率55%，2012年通过率48%，远远超出了辽宁省的平均通过率（辽宁省平均通过率为25%）。学生考取的调酒师职业资格证书以及茶艺师职业资格证书合格率达到96%。

森林生态旅游专业及专业群积极参加全国性质的旅游服务技能大赛，在2011年5月举办的第三届全国旅游院校服务技能（饭店服务）大赛中，我系学生张宝龙、姜雨萌、李文华分别以扎实的理论知识和过硬的调酒技能、中西餐摆台技能在大赛中取得佳绩，荣获高校组调酒二等奖、西餐摆台三等奖、中餐摆台三等奖，情景剧项目在参赛的院校中排名第四。

2012年5月，在第四届全国旅游院校服务技能（导游服务）大赛中，我系学生王亚楠、吕诗雨、田晓博、李翀分别以扎实的理论知识、过硬的导游讲解技能和精湛的才艺展示取得了优异的成绩，荣获高校组普通话讲解三等奖以及高校组英语讲解三等奖。在 2012 年辽宁省教育厅主办的职业院校技能大赛"中餐主题宴会设计大赛"中，我系付羽微同学获得一等奖，并以第一的身份代表辽宁省参加由教育部发起，联合国务院有关部门、行业和地方共同举办的 2012 年全国职业院校技能大赛高职组中餐主题宴会设计大赛，获得三等奖。在辽宁省教育厅主办的 2013 年辽宁省高等职业院校导游服务专业技能大赛(英语导游服务)项目比赛中，来自全省各高职院校的 36 名选手参与角逐，我院旅游管理系张境娜同学在比赛中喜获一等奖，并获得代表辽宁省参加教育部主办的全国大赛的资格。

2013 年 6 月，张境娜同学在由教育部、天津市、浙江省以及国家其他相关部委办局主办，代表全国最高水平的 2013 年全国职业院校技能大赛——高职组导游服务赛项中，荣获高职组导游服务赛项英语导游服务组三等奖。

在辽宁省教育厅主办的 2014 年辽宁省高等职业院校(高职组)专业技能大赛中华茶艺项目比赛中，来自全省各高职院校的 8 个中华茶艺团队参与角逐。我院团队喜获一等奖，并获得代表辽宁省参加教育部主办的全国大赛的资格。2014 年 6 月，我院获得全国职业院校技能大赛(高职组)中华茶艺技能大赛三等奖的好成绩。

参加全国技能大赛，使我院森林生态旅游专业及专业群进一步完善了技术过硬、素质全面、符合时代要求的酒店专业人才的培养机制，提高了学生就业质量和就业竞争力，毕业生就业率达到 98% 以上。

(七)质量保障体系特色研究与实践

1. 成立专业指导委员会

学院组建了专业建设指导委员会，实行院系两级管理，专业指导委员会成员包括学院教学主管领导、行业专家、专业带头人和骨干教师，整体素质高，结构组成优良，发挥着出谋划策的智囊指导作用。

2. 各项管理制度健全

学院高度重视教育教学管理制度和质量标准建设，先后建立、修订了教学、学生和招生就业等多项管理制度并汇编成册，建立了考核、评价、激励管理办法，强化质量监控，加强督导检查，形成了持续改进的质量保障体系。

3. 全程监控保障质量

学院成立的教学督导组实行院系两级管理，同时还吸纳学生参与教学管理和教学监督工作。实行评学、评教制度,通过师生互评了解学生学习情况和教师教学情况,有效督导提高了教学质量。

4. 建立青年教师导师制

为使青年教师尽快适应教学工作、熟悉业务,学院建立青年教师导师制,每名老教师指导 1~2 名青年教师,要求青年教师定期听课,老教师定期指导青年教师工作,每学期期末,指导教师要对青年教师的整体表现进行评价反馈。这种以老带新的办学模式构建了精化到人的教学督导和指导机制,实施效果好。

5. 全面评价,注重反馈

学院建立了全面的评教、评学体系,行业和企业管理者积极参与专业建设与质量评价。建立了专业建设调研、家长沟通和毕业生质量社会跟踪调查制度,形成了畅通的反馈机制。质量管理重心向实践教学转移,有力促进了教学质量提高及学生综合职业能力提升。

三、森林生态旅游特色专业建设成果

(一)创新了"森旅英才培养学院"校企合作机制的办学理念与思路

立足服务辽宁生态文明建设,主动适应辽宁生态旅游产业发展,以旅游企业岗位人才需求为导向,校企双方经过多年合作,本专业选择有人才需求并认同和支持"订单培养"模式、有合作意向、业绩优良、美誉度高的品牌旅游企业 20 家(旅行社 6 家,旅游景区 5 家,酒店 9 家),进行校企深度合作,组建了"森旅英才培养学院",实行理事会管理体制,理事长由旅游学院院长担任,副理事长由 20 家旅游企业共同推选的企业总经理代表担任,每家企业代表为委员。

1. 签订订单校企合作协议,并组建森旅英才培养学院"×× 酒店(旅行社)班"

"森旅英才培养学院"根据订单旅游企业所需人才数量共同确定招生规模,组建"×× 酒店(旅行社)班"。根据订单合作协议,学校在旅游企业设立"辽宁林业职业技术学院森林生态旅游专业实训基地",酒店在学校建立"××酒店(旅行社)人力资源培训基地"。

2. 订单校企双方共同制订人才培养方案,共同开发课程,互用教学资源

"森旅英才培养学院"根据订单企业用工计划,共同制订人才培养方案;确定典型岗位工作任务,明确岗位工作职责,共同开发适应订单企业典型工

作岗位需求并以工作过程为导向的项目课程体系；根据互惠互利原则，保证人才培养质量，互用教育教学设施设备，订单企业要定期开展讲座，核心课程和顶岗实践教师均由订单企业兼职教师担任。

3. 订单校企双方以"订单式411全程职业化"人才培养模式共同培养学生

学生前"4"个学期在校内完成公共基础课、专业基础课、专业课的学习，同时由订单旅游企业部门经理定期到校进行培训，由专业教研室组织学生到订单企业参观，在校内旅行社、餐饮一体化教室、客房一体化教室完成校内实践教学，根据旅游企业临时需要，选派该订单班学生到旅游企业进行短时服务实践。

后一年第一个学期由订单企业对学生集中进行专业技能培养，学生进行岗位实践并定期轮换。根据实训项目、订单企业委派担任主管以上的专业技术人员进行教学指导，对学生的实训成绩进行全面的评价和考核，以保证学生能顺利完成实训内容。

后一年第二学期开始，学生顶岗实习，按照订单企业岗位需求分配岗位，并尽可能地安排轮岗实习。学生在顶岗实习过程中，班主任老师负责联络订单学生、协助订单企业处理顶岗实习期突发性事件等事务，并参与实训指导工作，教育和管理订单学生严格遵守旅游企业的各项管理制度和劳动制度。在专业教师和企业员工的共同指导下，订单学生完成毕业设计和毕业论文。

学生毕业后订单企业留用成为订单企业的正式员工。该人才培养模式则不断循环并完善，形成人才共育、过程共管、成果共享、责任共担的紧密型校企合作办学运行机制。

(二)深化了"订单式411全程职业化"的人才培养模式改革

"订单式"即根据订单企业所需人才数量由学院与订单企业共同确定招生规模，考生经过订单企业面试合格并且通过我院录取分数线后成为该订单企业订单班学生；学院与订单企业共同制订人才培养方案，共同开发适应订单企业典型工作岗位需求且以工作过程为导向的项目课程体系，优质核心课程和顶岗实践教师均由订单企业兼职教师担任。

"4"即第一学期至第四学期，学生校内学习与实践阶段。学生接受从业基本技能、从业基本素质培养，校内项目教学，完成校内专项训练及林苑旅行社森林生态特色导游等生产性实训任务，直接与校内旅游企业接触，在校内旅游企业实现职业化。

前一个"1"即第五学期，学生生产综合实训阶段。根据辽宁旅游景区、旅行社和旅游酒店三大工作领域，确定辽宁旅游景区森林生态特色导游、旅行社外联与计调人员、旅游酒店服务与管理人员等职业岗位，选择与职业岗位相对应的订单旅游企业安排学生进行生产综合实训，并能进行定期岗位轮换。在校外订单旅游企业实现职业化。

后一个"1"即第六学期，学生顶岗实习阶段。学生与订单旅游企业双向选择，与就业结合，实现完全职业化。

（三）构建了职业需求为导向、岗位能力为本位的专业课程体系

本专业课程体系构建经过企业调研与论证—岗位能力分析—关键岗位能力整合—专业核心课程确定—体系构建—论证完善6个依次进行的环节得以完成，专业调研主要针对人才培养面向的工作岗位群，以多种形式对沈阳、大连、北京以及珠三角、长三角地区的旅行社、旅游景区、高星级饭店进行了专业调研，详细了解他们的岗位工作任务、工作过程、工作内容、工作标准以及对员工从业素质的具体要求，经过专业指导委员会成员共同分析、整合，抓住典型岗位服务技能和职业素养培养两个关键点，形成了面对辽宁旅游景区森林生态特色导游岗位及旅行社、旅游酒店两大岗位群，以服务技能与基层管理能力培养为核心的专业课程体系。课程体系的构建基础源于旅游行业发展和企业需求，课程设置体现职业能力要求，能力培养与职业素质养成相融。

（四）建设了一支教学水平高、实践能力强、"双师"结构合理、专兼结合的教学团队

经过几年的建设，专业教学团队能力明显提升，在行业内的影响力增强。专业带头人有能力整合对专业办学有利的社会资源，增强办学活力；主持较高水平的科研（研发）项目，主编教材，在全国中文核心期刊发表学术论文或编写著作，成为在区域行业内有较高影响力的专家；骨干教师主持工学结合的课程建设，主编教材或发表学术论文，具有较强的科研或研发能力；专任教师"双师"素质比例达到81%，教学水平显著提高。

森林生态旅游专业教师中专任教师共有21名，其中教授3人，副教授7人，高级职称比例为47.6%；硕士以上学位13人，专任教师中"双师型"教师17人，专业教师中"双师"教师比例为81%。兼职教师9人，均是来自行业企业一线的专家，专业核心课由高级职称教师主持的占93.5%。依据专业建设需要，通过多年培养培训，造就了一批基础理论扎实、教学实践能力突出的

专业带头人和教学骨干。学院每年选派专职教师到旅游企业参与企业实践，提高校内专业教师的实践经验和实践技能。外聘教师均为旅游企业中既有较强的实践能力又具有较高管理水平的业务骨干。

（五）建成了集教学、经营、培训、社会服务等多功能于一体的"校中社""校中店"示范性实习实训基地

本专业建有林苑旅行社、得意吧、林苑西餐西点厅等融教学、经营、培训、社会服务等多功能于一体的3个企业实体，成为特色鲜明的"校中社""校中店"形式的校内实训基地。建成了以教学产品为纽带，与辽宁生态旅游产业相对接的森林生态旅游专业实训基地，实训基地年接收实习实训学生350人次，每年提供的就业岗位500个以上，提高了社会服务和辐射能力。

（六）形成了完善的教学管理制度和规范

森林生态旅游专业教学管理制度健全，执行严格。我院设置教育教学督导机构，各分院（部）下设二级督导机构，由二级院主管教学的分院副院长任组长，由副高职称以上的教学骨干及教研室主任担任成员，定期开展教育教学督导工作，教学质量保证和监控体系运行良好，注重教学全程控制，教学文件齐全，记录完整；专业指导委员会能实质性、制度性参与人才培养全过程；每年至少开展一次人才需求和毕业生跟踪调研，注重专业课程结构的调整和人才培养方案的优化。

（七）开发了教、学、做一体化特色教材

打破传统的按照学科进行教材编写的模式，与订单旅游企业合作，引入行业标准，开发和推广工作导向型教材。特别是重点针对人才培养目标中对应的专业典型工作岗位所应具备的辽宁旅游景区森林生态导游、旅行社外联与计调、旅游酒店服务与管理能力，按照典型岗位工作任务、工作流程组织设计教材，形成任务驱动、工作过程导向的特色项目教材（表3-9）。

表3-9　2013—2015年森林生态旅游专业特色教材建设成果列表

序号	教材名称	类别	负责人	参加人	完成时间
1	辽宁旅游景区森林生态特色导游	工作导向型特色教材	李妍	舒红、付蔷、崔晓秋（企业兼职）	2013年
2	旅行社外联与计调	工作导向型特色教材	王英霞	刘颖、何欣竹、刘莉（企业兼职）	2013年

（续）

序号	教材名称	类别	负责人	参加人	完成时间
3	旅游酒店服务与管理	工作导向型特色教材	阎文实	侯晓丹、冯雷、杨振宇(企业兼职)	2013 年
4	情境导游服务	工作导向型特色教材	冯蕾	崔巍、魏巍沙秋燕(企业兼职)	2014 年
5	旅游情境英语	工作导向型特色教材	舒红	马芙、王艳丽、李立(企业兼职)	2015 年

（八）举办了特色国际合作办学项目

2010 年，我院与加拿大亚港昆学院就酒店管理专业采用 3 + 2 模式进行合作办学，目的是充分利用双方优秀的教师资源，培养高质量的国际化专业人才，促进职业教育现代化及酒店与饭店服务产业的升级。2013 年，经过辽宁省教育厅审批同意，该合作办学项目同年进行招生，目前，已达到年招生 20 人以上的国际合作办学规模且运行良好。

四、森林生态旅游特色专业建设成效

（一）社会声誉好，辐射范围广，示范性作用强

森林生态旅游专业及专业群毕业生初次平均就业率高，毕业生就业率连续 3 年超过 98%，在全省高职院校中排在前列。毕业生普遍受到用人单位好评，近 3 年用人单位对毕业生综合评价的平均称职率达到 99%，优良率达到 60% 以上。

"教学渗透、双证融合"成效明显。学院推行了职业资格证书制度，强化学生职业能力的培养，有相应职业资格证书专业的毕业生取得"双证书"的人数已达到了 100%。

在职业生涯发展方面，我院森林生态旅游专业的毕业生得到了用人单位的一致好评，认为本专业毕业生综合素质高、职业能力强。森林生态旅游专业有大部分毕业生在基层岗位工作一段时间后，都得到了进一步的提升，在几年的建设和发展中，受到了旅游企业的热烈欢迎，并且供不应求，每年院系提供的就业岗位指数是就业学生的 3 倍有余。目前，在已毕业的 1318 名毕业生中，酒店部门总监 4 人，旅行社部门经理 32 人，酒店部门经理 51 人、主管 84 人，领班 112 人。在辽宁省旅游业中树立了良好的形象，成为辽宁省示范专业。毕业生金玲被评为锦州市十佳导游员等。

在社会服务方面，教学团队先后为辽宁双台河口自然保护区、丹东宽甸天华山风景名胜区、沈阳金都饭店、沈阳三隆中天酒店、沈阳喜来登国际饭店、大连万达国际饭店、大连心悦酒店、沈阳高登旅行社、沈阳神舟旅行社等多家旅游企业提供员工培训服务；先后接待了兄弟学校及相关单位的参观考察200余人次，为中职毕业生提供本专业在岗接受高职学历教育150人，充分发挥了优质教学资源的共享、辐射作用。

（二）教学团队实力雄厚，行业专家引领实践教学，形成行业名师品牌效应

教学团队中有企业经历的教师达到100%，教学团队中长期聘任酒店、旅行社等专家、能工巧匠等外聘教师9人任教。以团队负责人为核心、骨干教师为支撑、行业名师为品牌，通过专业教学团队的建设，整合师资资源，优化队伍结构，形成队伍梯次，为专业建设、教学改革和人才培养提供了强有力的师资保障。

（三）带动了辽宁生态旅游产业的技术进步和职业教育发展

面向旅游行业发展，积极开展专业技术服务，通过鼓励教师到企业兼职，参与企业技术研发，提升教师为企业进行技术服务的能力和水平，提高产品开发、营销策划、技术咨询等服务项目的技术含量，真正发挥职业院校服务于地方经济发展的作用。在3年的专业建设中，充分利用森林生态旅游专业及专业群的教师资源和实训环境，扩大培训规模和范围，增加培训项目，开展导游员、餐厅服务员、客房服务员、茶艺师、调酒师等职业资格培训，面向社会开展技术培训和职业资格鉴定工作，年社会培训和职业资格鉴定人次达到500人次以上。

五、森林生态旅游专业建设特色凝练

（1）创新了"森旅英才培养学院"校企合作机制；

（2）深化了"订单式411全程职业化"的人才培养模式改革；

（3）构建了职业需求为导向，岗位能力为本位的专业课程体系；

（4）建设了一支教学水平高、实践能力强、"双师"结构合理、专兼结合的教学团队；

（5）建成了集教学、经营、培训、社会服务等多功能于一体的"校中社""校中店"示范性实习实训基地。

六、森林生态旅游专业特色实践对策及建议

（一）进一步推进开放式"森旅英才培养学院"校企合作机制建设

森林生态旅游专业依托旅游景区、旅行社、酒店行业，立足辽宁，以开放式"森旅英才培养学院"校企合作机制创新为突破口，实现人才共育、过程共管、成果共享、责任共担的紧密型校企合作办学运行机制，通过3年建设，成为校企合作特色鲜明、人才培养质量与社会服务能力达到国内同类专业一流水平、培养高素质技术技能型森林生态旅游人才的核心基地。同时，通过本重点项目的开展带动专业群覆盖的旅游管理专业和旅游英语专业整体提升，实现资源优化共享及专业群的协同发展。

（二）进一步加强"教师经理化""经理教师化"的双师教学团队建设

本专业通过"订单培养"实现校企深度融合，使专业教师"双师素质"进一步提升。进一步改革专业教师招聘模式，将有5年以上行业企业工作经验作为引进的必备条件；依托校企合作单位，建立"教授＋大师"的"专业双带头人"制度；选派教师挂职，建立企业联系制度，确保专任专业教师在每3～5年中有半年以上的企业锻炼经历；培养一支教师兼职企业顾问（经理）队伍，提高他们的行业研究能力，扩大其行业影响能力，打造一批在行业、企业有话语权的专业教师队伍，实现"教师经理化"。

通过兼职教师队伍建设，实现"双师"结构的进一步优化。依托校企合作机制，促进企业专家柔性流动；定期开展兼职教师教学能力培训，提高兼职教师的教学能力，校企合作外聘兼职教师均由经理以上级别教师担任，并占专业课教师队伍的一半或一半以上，实现"经理教师化"。

（本文初稿拟于2015年4月，执笔人：满姝等；收录时徐岩对全文有系统修订）

第四章 "产教融合、四方合作"办学体制机制建设特色实践与探索

成果七：林业高职全面深化产教融合、校企合作的实践探索与思考

——以辽宁林业职业技术学院为例

【成果由来及特色解读】

成果由来： 本文为辽宁省教育科学规划项目"林业类高职院校特色发展模式研究"后续发展性研究成果，是学院一级战略项目"'前校后场、产学结合、育林树人'特色高职院建设研究与实践"关于林业类高职院校特色办学体制机制专题研究的核心实践成果。

本文主旨凝练及执笔人： 徐岩。

成果特色及应用推广： 本文内容已在中国职业技术教育学会举办的全国职业院校校企合作创新与发展研讨会上做典型交流。产教融合、校企合作是实现教育链、人才链与产业链、创新链有机衔接的核心路径，是职业教育现代化和供给侧结构性改革背景下产学研结合的主体和灵魂。辽宁林业职业技术学院以提高人才培养质量，实现校企双赢、互惠发展为目标，探索构建了学校与政府共商、与行业联手、与企业合作的产教深度融合办学体制机制，形成了"前校后场、产学结合、育林树人"的鲜明办学特色，实现了校企合作办学、合作育人、合作就业、合作发展，为职业院校深化产教融合、校企合作提供了有益借鉴。

一、校企合作的内涵和意义

（一）校企合作的内涵

广义而言，校企合作是指在教育机构和行业企业之间形成的跨界融合、互利双赢的一种合作模式，包括合作办学、合作育人、合作培训、合作研发、

合作就业、合作发展等；狭义而言，单指在教育范畴内的合作办学、合作育人等。

（二）校企合作的意义

1. 产教融合、校企合作是需求导向的职业教育服务产业发展的必然要求

促进教育链、人才链与产业链、创新链有机衔接，是当前推进人力资源供给侧结构性改革的迫切要求。深化产教融合、校企合作，既是完善职业教育和培训体系的重要内容，更是实现教育链、人才链与产业链、创新链有机衔接的必由之路。

2. 产教融合、校企合作是高职教育内涵发展和特色办学的基石

我国的高职教育已从规模发展转向了高质量发展阶段，而校企合作对于专业建设、课程建设、双师型教师队伍建设、学生就业等内涵质量提升的影响是全面的、立体的、实效的。

3. 产教融合、校企合作是实现"五个对接"的重要举措

《教育部关于充分发挥职业教育行业指导作用的意见》（教职成〔2011〕6号）指出，在行业的指导下全面推进教育教学改革，推进产教结合与校企一体办学，实现专业与产业、企业、岗位对接；推进构建专业课程新体系，实现专业课程内容与职业标准对接；推进人才培养模式改革，实现教学过程与生产过程对接；推进建立和完善"双证书"制度，实现学历证书与职业资格证书对接；推进构建人才培养立交桥，实现职业教育与终身学习对接。

4. 产教融合、校企合作是提高人才培养质量，实现校企双赢的必然选择

一方面，有利于企业和职业院校优势的有机结合，优化资源配置，学生可以在真实的企业岗位环境中进行实践，对院校人才培养质量的提高有着不可替代的作用；企业员工可以接受院校教师的在职培训，实现个人的再成长；校企双方可以共同进行技术攻关，解决企业技术难题和实现院校的研究成果转化。另一方面，通过校企合作培养出来的学生具有素质高、技能强，适应企业岗位需求等特征，可以一举解决学生就业问题和企业用工问题。

二、辽宁林业职业技术学院深化产教融合、校企合作的实践探索

辽宁林业职业技术学院（以下简称学院）结合职业教育的跨界特征和林业教育的行业特点，以提高人才培养质量，实现校企双赢、互惠发展为目标，以深化产教融合、校企合作为主线，创新学校与政府共商、与行业联手、与企业合作的办学体制机制，探索校企合作办学、合作育人、合作就业、合作

发展新模式，探索构建了"产教融合、场校一体、学训同步、道艺兼修"的实践育人体系，形成了"前校后场、产学结合、育林树人"的鲜明办学特色。其中，"前校后场"是学院承担人才培养、社会服务核心使命，实现人才培养、科研创新、社会服务、文化传承四大社会功能的载体和环境；"产学结合"诠释了学院校企合作的办学模式、工学结合的人才培养模式、教学做一体的教学模式；"育林树人"是学院办学的根本出发点和最终落脚点。

（一）以理事会、行指委和专指委为纽带，构建合作办学合作育人长效机制

1. 理事会制度形成校、院两级层面的校企合作宏观设计与指导机制

学院成立了校企合作处，出台了《校企合作管理办法》等相关管理制度。2016 年 11 月，首次在学校层面建立了由政府、行业、企业、学校和社区成员多方参与的理事会；各二级院陆续分别成立了 7 个二级院理事会（联盟）。校院两级理事会的成立，密切了学校与政、企、行以及其他社会组织等的联系，扩大了决策民主，如学院第一次理事会就审议了学院"十三五"规划，引入和健全对学校办学的社会监督、评价机制，全面健全完善了政校企行多元合作办学长效机制。

2. 行业指导委员会是校企合作的有效纽带，深度密切了学校、专业与行业、企业、产业的水乳交融关系

学院是全国林业职业教育教学指导委员会副主任单位、全国森林资源分委员会主任单位等；学院各二级院还分别加入了辽宁省林产学会、辽宁省花卉协会等。校院两个层面共与几十家行业学会、协会、研究院所长期合作，密切了学院与行业、企业的关系，确保了人才培养与行业企业需求的吻合度。近年来，学院受全国林业职业教育教学指导委员会委托，连续承办两届全国职业院校林业专业技能大赛，并协助行指委组织校企人员和行业专家共同编制审定多项全国林业专业教学标准、顶岗实习标准、仪器设备规范等，全面深化了校企协一体化合作育人机制。

3. 专业指导委员会在专业群层面重点发挥具体的校企合作指导效能

各专业群还成立了由校企合作组成的专业指导委员会，通过聘请专业领域的行业专家，加大企业人员参与比例，更好地指导和参与专业建设、培养方案制定、课程改革、教材编写、资源开发等。如家具设计与制造专业群成立了由北京意丰家具、南京开来橱柜、大连佳洋木制品有限公司、圣象集团人力资源部、辽宁省家具协会等主要领导和业务骨干组成的专业建设指导委员会，每年召开专业建设指导委员会会议，提出企业需求，根据行业现状、

企业动向和产业发展的新趋势分析论证专业人才培养目标和规格，对专业建设、人才培养方案制订、课程体系改革、项目设计、教学做一体化教学等提出建设性意见，校企共同审订和编制教学计划、课程方案、实训标准、教学做一体化教材等，实现了企业需求与专业教学的有机衔接。

（二）以两大"后场"为引领，创新"场中校""校中场"办学模式

学院与北京万富春森林资源发展有限公司等 203 家规模企业开展紧密合作，实现了校企无缝对接。特别是学院依托清原实验林场和林盛实训教学基地两大"后场"，创新了"场中校"和"校中场"办学模式，全面深化了教学改革，提升了科研和社会服务能力。

1. 场校融合、产学一体——创新"场中校"办学模式

占地 6 万亩的学院实验林场是具有独立法人资格的林业企业，位于辽宁东部的清原县境内，是全国林业"森林资源调查与监测"示范性实训基地，是全国林业职业院校中规模最大、与教学结合最紧密的一座企业化、生产性实验林场，也是学院最大、最有特色的一座"后场"，融"生产、教学、科研、服务"4 项功能于一体，具有生产性、开放式、共享型、多功能的特征，形成了行业、职业、产业、专业、就业"五业衔接"的一体化合作模式，在同类院校中绝无仅有，成为学院校企合作办学一大亮点。

实验林场总经营面积 4023hm^2，林场蓄积量 56 万 m^3；自然资源丰富，植被保存完整，植物种类 900 多种；年采伐量 11 500m^3。除了承担本校林科类专业学生实习外，同时还承担着北京林业大学、东北林业大学、沈阳农业大学、辽宁大学、沈阳师范大学等高校有关专业的实践教学任务，是林业生态工程与林业技术实训基地，可安排森林调查等近 20 个实习项目，年接待实习实训师生 2000 人以上。特别是近 3 年，实验林场"场中校"建设取得了新成果。

一是"场中校"校企合作体制进一步深化。2016 年 5 月，学院在实验林场召开"场中校"实践育人理事会成立暨实践育人工作会议，明确将林业技术专业建在实验林场，成立林学院和实验林场负责人共同任具体负责人的"场中校"实践育人理事会。二是"场中校"校企合作运行机制不断完善。重点深化校企双主体育人，林业技术专业大部分专业课程由主校区转移到实验林场进行，按照"一体化"教学模式实施项目教学，把课堂搬到企业。三是校场深度融合，合作开展各类教学、生产、经营、科研活动。主要包括：合作承担专业建设和课程建设任务，如人才培养方案制订、全国林业技术专业教学资源库建设、

教材建设等；合作实施实践教学双导师制，如核心课程、实践性较强的专业课程实施；合作实施实践育人计划，如制订实践育人工作计划、教师实践锻炼；合作开展生产经营活动，如生产计划制订、森林资源二类调查、标准地建设等；合作开展林业技术研究、推广及应用，如实验林场木本植物调查与开发利用研究、实验林场森林昆虫调查与保护研究等；此外，还合作开展生态文明教育实践和生态文明课程建设等。2016 年，林学院和实验林场共同为全院 2000 余名新生在实验林场开设了 2000 余学时的"生态文明"体验式课程，场校一体化教学效果显著。

2. 校域合作、区校共建——建设"校中场"

学院租赁沈阳市苏家屯区林盛镇政府苗圃地 20hm^2，租用期限 30 年，作为实训基地，即辽宁林业职业技术学院林盛教学基地。林盛实践教学基地，是园林植物繁育实践教学基地，是国家级生物技术（园艺）实训基地，经营面积 300 亩，基础设施齐备，由学院独立运作，成为学院重要实习实训基地和校域共建"后场"的典型代表。

生物技术（园艺）实训基地除满足教学、实习需要外，还面向市场生产蝴蝶兰、仙客来等十余个品种高中低档盆花，以及菊花切花和百合切花等商品花卉，每年生产各类盆花 10 万盆，鲜切花 10 万枝，各类种苗 10 万株，年销售收入 80 余万元，主要面向东北三省、北京、上海、杭州等国内外市场。1712m^2 的植物材料繁育基地，是园林技术、花卉培育和生物技术产学研基地，承担了国家林业局、辽宁省科技厅、辽宁省教育厅等立项的重大课题的组培试验、快速扩繁等科研任务。

3. 以项目为媒介组建项目部，构建"校中厂"结合体

学院园林技术专业群打破原有教研室按专业划分的管理模式，成立与园林行业主要岗位群对接的项目部。例如，园林工程技术专业对接沈阳市弘鑫园林工程有限公司，成立园林工程部；园林技术专业对接沈阳市园林科学研究院成立植物生产部；风景园林专业对接沈阳市绿都景观设计有限公司成立景观设计部。聘请的辽宁省园林行业各领域大师及校内教师、辅导员均按专业进驻项目部，校企人员共同制订专业人才培养方案，合作完成项目任务，共同培训指导青年教师和学生实践实训等，形成了项目部与企业无缝对接，行业大师与教学团队紧密融合，学生培养与企业需求紧密结合的合作机制。

4. 建立大师工作室和企业教师工作站，形成"校中厂"融合体

学院家具设计与制造专业群、建筑工程专业群等分别与博洛尼、美克国

际家具、水晶石数字科技股份有限公司等企业合作，实施人员融入、项目融通、资源共享的校企合作方式，通过引进行业大师进入大师工作室，企业一流技术人员进入企业教师工作站，采用校中厂的方式进行实训教学，实现全方位合作对接。

(三)校政合作、服务地方区域经济——创新政校企行四方合作办学模式

学院与鞍山市政府合作成立了木材工程学院，木材工程学院在鞍山市职教城开展异地办学，服务鞍山市域经济和社会发展。鞍山市政府无偿提供土地，并投资约 3640 万元，为木材工程学院建设了 18 196.90m² 教学行政用房、实训车间和学生公寓；投资设备款 415.0482 万元，建设了板式家具生产实训车间、实木家具生产实训车间、木材干燥生产实训车间。鞍山市职教城管委会为满足学院学生实习实训，提供家具产品设计、生产与安装相关工作项目，锻炼了师生的实践技能；学院根据鞍山市政府要求，提供相关职业技能培训，承揽社会工程项目。通过"校政"合作，已培养了 1000 多名木材加工技术和家具生产与设计领域的技术技能人才，为鞍山市域经济发展做出了贡献。

(四)精准对接企业需求，校店、校场共育——创新订单式及现代学徒制等人才培养模式

1. 订单培养全省最早、体系成熟、成果显著

学院同中国圣象集团有限公司、大连佳洋木制品有限公司、北京科宝博洛尼公司、希尔顿全球酒店集团等几十家名优企业开展了实质性"订单"合作多年，培养订单人才 5000 余人，形成了人才共育、过程共管、成果共享、责任共担的长效型订单培养合作模式，其中，木材加工技术、家具设计与制造等专业的订单学生就业率达到 100%，平均月薪资近 5000 元，订单毕业生供不应求。例如，学院与圣象集团是多年的订单合作伙伴，圣象集团成为校方人才培养基地及实习就业基地，双方多次签订订单培养协议，共同培养了订单学生近 200 人；校方成为圣象集团员工的培训基地，培训圣象员工近千人次；圣象企业技术骨干受聘成为校方客座教授，校方学生受聘成为圣象企业形象大使；圣象集团还与木材工程学院共建全国家具设计与制造专业教学资源库、共建精品资源共享课、共同编写企业培训教材等，并为木材工程学院捐建了"圣象图书馆"。经过多年订单合作，双方已由"订单"关系发展成为"你中有我、我中有你"的全维度、水乳交融、深度合作的长期伙伴关系。

2. 以全国首批百所现代学徒制试点为载体，学徒制培养模式创新取得可喜成果

2015 年 8 月，辽宁林业职业技术学院成为全国首批百所高职院校现代学徒制试点立项单位之一，家具设计与制造专业被确定为现代学徒制人才培养模式探索试点专业。学院与北京博洛尼家居有限公司、南京开来伟业有限公司共同制订了现代学徒制建设方案；校企共同开展同步招生招工，组建了现代学徒制试点班，明确了学生和学徒的双重身份，学校、企业与学生签署《校企现代学徒制三方协议》，明确了三方权责义务，形成学生"入校即入厂，入校即入职"的现代学徒培养机制；校企根据合作企业工作岗位技术标准共同开发专业人才培养方案，共同制定专业教学标准、课程标准、岗位标准、企业师傅标准、质量监控标准及相应的实施方案；教学实施过程中，以真实工作（车间）环境的项目化教学为载体，积极探索和实践"四双两一体"的现代学徒培养模式，即"学校＋企业"的双主体育人、"教师＋师傅"的双重训导、"学生＋员工"的双重角色融入、"上学＋上班"的双情境体验、"理论学习＋动手实践"一体化教学、"职业技能＋职业精神"一体化培养；学生（学徒）在师傅（教师）指导下边上课、边"上班"，完成工作任务的同时掌握理论知识和操作技能，有效培养了职业技能、职业精神和职业认同感。经过一年多的实践探索，学徒制班学生技能和素质显著提高，学院现代学徒制试点工作在 2017 年，教育部组织的学徒制试点阶段评估中被评为"优秀"。

3. 组建企业制学院，创新"森旅英才培养学院"校企合作新机制

森林生态旅游专业以全国最大的旅游集团——港中旅、上海迪士尼主题公园、希尔顿酒店集团、洲际酒店集团、瑰丽酒店集团等国内外知名的旅游企业集团作为合作对象，建立了由景区、旅行社和酒店三大版块构成的校企深度融合的企业制"森旅英才培养学院"。"森旅英才培养学院"框架下成立理事会，制定较为完善的理事会章程，年度例会制度；实施人才共育、过程共管、成果共享、责任共担的校企合作新机制，并探索形成了培养方案共同制订、课程教材共同开发、团队和基地共同建设、人才共同培养、校企文化共同培育、就业质量共同提高的"六共"型紧密合作模式，促进了校企深度融合，使学院成为辽宁省高端技能型生态旅游专门人才培养的重要基地，助推了辽宁旅游经济强省建设。

4. 构建"工作室制"校企合作培养模式，以点连线助推专业群发展

环境艺术设计、园林景观设计等专业分别与水晶石数字科技股份有限公

司、沈阳市绿都景观设计公司等企业合作成立了工作室，将企业的人力资源优势、技术优势和项目实战经验引入工作室，在工作室中，学生在教师指导下完成企业交付的设计任务，师生以教学产品为纽带，共同提升职业能力和职业素质，同时催化拔尖人才培养。

(五)以生产项目和科研项目为载体，产学研一体，提升专业服务产业能力

1. 同行业进行深度合作，共同承担生产项目

学院不断完善校企合作体制机制建设，逐步拓宽产学结合途径，为教师和学生打造实践锻炼与技能培养的平台。例如，林学院同林业行业和测绘行业主管部门以及企事业单位进行深度合作，共同承担生产项目，共完成了辽宁省 2013 年林业补贴成效监测、老秃顶子自然保护区新宾管理局森林昆虫普查、沈阳市 2014 年造林绿化检查验收、新民市 2014 年森林抚育设计、沈阳市于洪区 2014 年集体林确权调查勘测、大连市 2014 年退耕还林工程检查验收、辽宁省木本植物调查与辽宁树木志修订、沈丹高速铁路轨道精测、沈大高速铁路轨道复测等 10 余个项目，并取得了较好的效果。再如，木材工程学院师生承揽鞍山职教城宾馆等社会工程项目 13 项，生产安装家具 2000 套以上。

2. 承揽行业和社会培训项目，服务区域经济社会发展

学院承担全省林业培训职能，是全国林业行业关键岗位培训基地、全国林业(园林)行业特有工种鉴定站、辽宁省林业行业培训基地。多年来，学院根据社会、林业企业及农村劳动力转移等需要，构建了以继续教育学院为中轴，以 7 个二级院(系)为辅翼的"一轴七翼"大培训格局，并组织各专业积极开展技术服务和技术培训工作，累计培训人员 50 000 余人次，形成了"服务作用明显、社会影响广泛"的社会培训辐射圈。特别是学院在全省开展"百千万科技富民工程"，使万名林农受益，荣获"沈阳高校十大社会服务贡献奖"，在服务"三林"(林业、林区、林农)中发挥了引领作用。

3. 全面深化产学研合作，协同创新与科技服务水平不断增强

学院是全国林业科普基地、辽宁省教育科学规划重点研究基地等，产学研结合紧密。近五年来，学院在省级以上教科研课题立项 300 余项，在省级以上学术期刊上公开发表论文近千篇，公开出版专著、教材近 200 部；获得省市级教科研成果奖励 150 余项，多项成果被鉴定为国际、国内先进水平，为企业创造效益近亿元，其中，《森林资源三类调查数据管理信息系统》填补了我国林业调查信息管理网络化的空白，每年创造产值达 9000 万元；《彩色

观赏树木新品种繁育及推广技术的研究》为阜新城市转型和东北地区的城市绿化提供了重要理论依据和专业技术支持等。学院多次获得辽宁省优秀科研集体荣誉称号。

(六)依托职教集团和校企联盟平台，实现开放式、多极化产教融合与校企合作新格局

1. 以职教集团为平台，全面深化开放办学和引企入教

学院先后牵头组建了中国(北方)现代林业职业教育集团和辽宁生态建设与环境保护职业教育集团，共吸引北方 15 省政校企行理事单位 240 余家，其中，行业企业和科研院所等 170 余家。

学院以两个职教集团为平台，全面深化政校企行研多方合作，探索形成了"内方外圆 合作共赢 绿色发展"的集团化办学模式。

一是合作加强专业共建，资源共享和人才培养实现突破。带领集团内 30 余家校企骨干成员单位共建林业技术、家具设计与制造两个全国性专业教学资源库，组织行业企业共同制定专业标准 6 项，开发教学做一体化精品资源共享课 21 门，引领全国林业职业院校专业及教学改革。二是合作加强人才支撑，集团成员院校输送 5000 余名毕业生到成员企业就业，校企一体化育人机制全面形成。三是合作加强培训服务，集团成员院校面向成员企业开展职工教育培训近 3 万人次，培养高端、紧缺人才 4200 余人，服务产业能力显著增强。四是合作加强协同创新，集团组织开展了北方 15 省林业企事业单位人力资源现状及需求调研，参与全国林业教育培训"十三五"规划制定等，行业智库作用日益凸显。

此外，学院还受邀加入了辽宁省现代农业职教集团、辽宁省建设职业教育集团等多个省内相关职教集团，并成为副理事长或常务理事单位，扩大了与省内其他兄弟院校及企业的多级碰撞与合作交流，深化了校企合作育人与合作发展。

2. 依托产业校企联盟，深入助推教科研一体化发展

为深化供给侧结构性改革，推进产学研一体化发展，2017 年 5 月，学院牵头组建了辽宁省生态环保产业校企联盟。联盟成立以来，组织 200 余家校企成员单位协同开展人才培养、科技创新、生态文明建设，与省林业厅、水利厅、气象局、国土资源厅、环保厅 5 个行业合作对接；与本溪市和阜新市签署了示范试点战略合作协议；开展了需求侧调研；先后组织成立了"辽宁省生态环保产业校企联盟阜新生态研究院"和"辽宁省生态环保产业校企联盟本

溪枫叶研究院"，致力于解决区域生态环境治理和生态建设中存在的突出问题，为实现辽宁的"天更蓝、水更清、山更绿、土更沃"做出了积极贡献。

三、辽宁林业职业技术学院深化产教融合、校企合作的实践成果

总之，通过多年的实践探索，学院政校企行四方合作办学体制机制不断创新，带动专业建设和人才培养模式改革全面深化，办学水平逐年提高，真正形成了"入口多、出口旺、循环畅"的良性循环，"肯吃苦、能顶用、技能强、素质高、后劲足"的林业类高职人才培养目标得到了充分实现。

（一）创新了校企合作体制机制和培养模式

形成了政校企行四方合作办学新模式，推进了学院与行业企业无缝对接；创新了"校场共育、产学同步、教学做一体化""两主两强""现代学徒制""工学一体、项目教学、订单培养""工作室制"等产教融合、工学结合的人才培养模式，有效提升了人才培养质量。

（二）形成了专业群建设新格局

各专业以行业产业和企业需求为导向，紧扣现代林业发展脉搏，优化专业布局，强力打造了"林业技术"精品专业、"园林技术"品牌专业、"家具设计与制造"朝阳专业和"森林生态旅游"特色专业等，专业综合实力全面提升，专业品牌效应不断增强。

（三）有效提升了教师团队的执教水平和实践能力

校企共建双师团队，大大提高了教师的职业教育教学能力，建成了"教授＋大师"的双师双能型骨干教师团队。

（四）质量工程建设整体水平居于前列

目前学院已拥有教育部、财政部支持专业提升服务产业能力重点专业2个，全国林业行业重点专业2个，省级示范（品牌、对接产业集群）专业15个，省级高水平特色专业2个；拥有全国专业教学资源库2个；拥有省级以上精品课及精品资源共享课15门；国务院特贴专家2人，省级及行业优秀专家、教学名师、专业带头人、优秀青年骨干教师等计20人，省级优秀教学团队4个；拥有国家级实训基地3个，省级及行业重点（创新型）实训基地10个。

（五）人才培养质量显著提高

毕业生3年平均初次就业率达到90%；毕业生就业率连年超过95%；毕

业生在辽宁省林业行业中享有良好声誉，用人单位评价毕业生工作称职率和满意率达到 90% 以上；逾千名学生在国家和省职业技能竞赛中获得一、二、三等奖；10 名毕业生荣获全国林科"十佳"，55 名毕业生荣获全国林科优秀毕业生，在全国林业职业院校中排名第一；学院被誉为"培养林业技术技能型人才和林业基层干部的摇篮"。

（六）社会服务能力、综合发展水平和示范品牌影响全面提升

校企合作体制机制创新，有力拉动和促进了重点专业与专业群建设、人才培养模式创新、教育教学改革、社会服务能力建设与科研创新等学院整体工作；学院"前校后场、产学结合、育林树人"的办学特色更加鲜明，服务"三林"能力明显增强；为林业行业企业和区域社会提供的人才支持、科研创新、技术服务和文化供给进一步扩大；学院被评为辽宁省首批职业教育改革发展示范校，被教育部评为全国高校毕业生就业 50 强，服务区域、行业及生态文明建设的作用不可替代，行业企业对学院的依存度逐年提高，学院在全省及行业同类高职院校中的示范引领和辐射带动作用全面彰显。

（本文成稿于 2017 年 5 月）

成果八：内方外圆　合作共赢　绿色发展
——中国（北方）现代林业职业教育集团特色发展模式实践案例

【成果由来及特色解读】

成果由来：本文为辽宁省教育科学规划项目"林业类高职院校特色发展模式研究"后续发展性研究成果，是学院一级战略项目"'前校后场、产学结合、育林树人'特色高职院建设研究与实践"关于林业高职院校集团化办学模式专题研究的核心成果，是辽宁省职业教育改革发展示范校建设中"和谐共赢的现代林业职教集团建设"自选项目典型案例成果。

该子项目负责人：邹学忠等；成果主旨凝练及本文执笔人：徐岩。

成果特色及应用推广：本文核心内容两次在全国职业教育集团化办学交流研讨会上做典型经验交流；2016 年 12 月，本文核心内容以"深化产教融合　创新发展模式　提升服务能力——中国（北方）现代林业职业教育集团办学实践探索"为题，刊载于《全国职业教育集团化办学典型案例汇编（2016 年）》，并被评为 2016 年辽宁省高等教育领域改革发展优秀案例，本案例原文同时作

为辽宁省职业教育改革发展示范校典型案例成果在全省示范推广。2017 年 5 月，集团理事长邹学忠代表集团在辽宁举办的全国第十三期集团化办学调研活动中就本成果做主旨报告，受到来自全国职业教育集团化办学专家组及全国各职教集团的 60 余位与会专家一致好评；此外，集团常务副秘书长徐岩曾在第十一届全国集团化办学工作交流研讨会主论坛及第十二届全国集团化办学工作交流研讨会农林牧渔分论坛做经验交流报告，均受到与会一致好评。本文凝练提出的"七化式、内方型"内部管理体系和整体运行机制，以及"五共式、外圆型"合作模式和科学发展路径，共同构成了中国(北方)现代林业职业教育集团"内方外圆 合作共赢 绿色发展"的特色发展模式，在全国 1400 余家职教集团中逐步形成了集团自身的鲜明特色和较强辐射影响，可为其他职教集团探索多主体合作共赢发展道路，建设具有中国特色的职业教育名片——职教集团提供优秀案例。

一、项目实施背景

党的十八大首次提出"把生态文明建设放在突出地位，融入经济、政治、文化、社会建设各方面和全过程，努力建设美丽中国，实现中华民族永续发展"。党的十八届五中全会又明确提出五大发展理念特别是绿色发展理念。生态文明建设在五大建设中具有突出位置，林业在生态文明建设居于首要地位。传承生态文明，建设美丽中国，关键在人才，基础在教育，途径在合作创新，重要载体是林业职业教育集团化办学。

2014 年 6 月，经国家林业局同意，辽宁林业职业技术学院率先牵头组建了中国(北方)现代林业职业教育集团(以下简称集团)。集团是全国首个具有鲜明林业行业特色和北方区域特征的大型林业职业教育联合体，现有包括辽宁、北京、天津、河北、等北方 15 个省(自治区、直辖市)在内的理事单位 153 家，其中，政府部门 18 家、涉林职业院校 33 所、行业企事业单位 84 家、科研院所 14 家、行业协会(学会)4 家。

二、主要目标

以需求为导向，以行业产业为纽带，通过集团建设全面深化产教研结合、校企合作，切实提升技术技能人才培养质量，促进集团成员优势互补、资源共享、双赢共进，更好地服务生态文明建设、现代林业产业和北方区域经济社会发展。

三、工作过程

集团成立三年来，对内不断规范管理，对外全面深化政校企行研多元合作，探索形成了"内方外圆 合作共赢 绿色发展"的特色发展模式，即集团积极贯彻绿色发展理念，借鉴天人合一、和谐共生的传统文化精髓，根据职业教育发展规律、集团化办学规律及集团自身独有的"全国性、跨省区（北方区域性）、行业型、生态性"特点，从内外两方面全面加强合作共赢。

（一）在内部治理方面，构建了"七化式、内方型"管理体系

重点构建了由理事会、常务理事会、秘书处、7 个工作委员会及 13 个省级召集单位组成的集团管理体系，建设了由秘书处和 7 个工作委员会组成的工作体系，建立了以章程为引领的集团制度体系，搭建了集团年会、各工作委年会及专题会议 3 级教产对话平台，建立了集团网站、QQ 群、远程视频会议、信息化平台等信息化手段，形成了与全国集团化办学培训实时对接的跟踪式学习培训模式，建设了与辽宁生态环保职教集团、辽宁省生态环保产业校企联盟等相关职教集团（联盟）互相支撑、和谐共赢的外部发展环境。

通过实施上述七项举措，形成了"管理体系科学化、运行体系良性化、工作规范制度化、平台搭建开放化、沟通手段信息化、培训学习常态化、集团发展连锁化"的"七化式、内方型"内部管理体系和整体运行机制，内部制度全面健全，运行管理不断规范。

（二）在对外合作方面，探索了"五共式、外圆型"多元合作模式和科学发展路径

集团对外不断加强合作共赢，探索形成了"五共式、外圆型"合作模式及和谐共赢的现代林业职教集团发展路径。

"一共"——四方合作共赢的办学体制：理事长单位辽宁林职院与鞍山市政府合作成立了木材工程学院，服务鞍山市域经济和社会发展；副理事长单位黑龙江生态工程职业学院联合 200 余家企事业单位成立了黑龙江生态工程职业学院校企联盟理事会，深化了与集团骨干企业成员——龙江森工集团的一体化发展；集团与圣象集团建立了水乳交融的深层合作关系，开展了圣象班订单培养、林业产业领军人才培训、中国高校圣象行、捐建圣象图书馆等多项共建活动。

"二共"——校企人才共育的培养模式：依托全国首批百所现代学体制试点

单位辽宁林职院积极推进现代学徒制试点，形成了学生"入校即入厂，入校即入职"的学徒制特色培养模式；深化长效型订单培养模式，订单培养形成引领。

"三共"——资源共建共享的合作机制：以资源库建设为引领，联合集团内 30 余家校企成员共建林业技术、家具设计与制造两大国家级专业教学资源库；成功举办两届微课大赛，25 所成员院校共 196 人次参赛，创作并共享获奖微课作品 132 个；组织辽宁林职院与山西林职院 30 余名师生开展了首批校校交流试点，并组织辽宁林职院帮助河南林职院完成首批教师职教能力培训测评，40 余名教学管理骨干直接受益。

"四共"——科研培训共推的服务模式：对接企业员工培训需求，构建终身教育体系，仅 2014—2015 年，副理事长单位黑龙江林职院即为集团成员企业黑龙江省森林工业总局员工开展职工在岗培训、创业培训累计 4860 人次；建设全国林业行业关键岗位培训基地等行业人才培养基地 19 个，基地培养、培训集团成员单位人数 1 万余人次；组织开展了北方 15 省林业行业企业人力资源现状需求调研；参与全国林业教育培训"十三五"规划制定；牵头承担 6 个全国性林业软科学项目研究。

"五共"——生态文明共建的文化创新路径：积极推进生态文明"三进"（进教材、进课堂、进头脑），联合中国北方和南方现代林业职教集团中的 13 个骨干成员单位，组织编制《生态文明读本》；以辽宁林职院为试点在全校大一学生中开设生态文明课程近 2000 学时；成功开展两届集团生态特色职教周特色活动；牵头组建了普通高中生态环保社团联盟，引领 40 个生态环保社团开展绿色行动。

（三）内外统合，形成"内方外圆 合作共赢 绿色发展"的特色发展模式

"七化式、内方型"内部管理体系和整体运行机制，以及"五共式、外圆型"合作模式和科学发展路径，共同构成了集团"内方外圆 合作共赢 绿色发展"的特色发展模式，在省内外职教集团中逐步形成了较强的示范影响。

四、条件保障

（一）组织保障

国家林业局是集团主办部门，辽宁省教育厅是属地主管部门，全国林业职业教育教学指导委员会对集团进行宏观指导，国家林业局职业教育研究中心和辽宁省教育厅职成处分管并协调集团具体工作，保障了集团办学方向和

运行成效。国家林业局副局长彭有冬亲任集团名誉理事长,多次参加集团重要会议,听取集团工作报告并对集团工作提出明确指示,2016年5月亲赴沈阳视察指导集团工作;省教育厅相关领导及职成处不定期听取集团建设情况汇报并给予正确指导。

(二)政策保障

辽宁省教育厅和国家林业局职教中心分别印发了《辽宁省教育厅印发进一步推进职业教育集团化办学的意见的通知》(辽教发〔2016〕99号)《关于推进林业类示范性职教集团建设的指导意见》(林职教〔2016〕1号),为集团建设提供了有力的政策支持。

(三)项目及经费保障

辽宁省教育厅2014年将"和谐共赢的现代林业职教集团建设"列入省职业教育改革发展示范校自选项目,2016年将辽宁生态环保职教集团建设列入辽宁省示范职教集团,2017年拨付奖补资金30万元用于集团建设;国家林业主管部门将集团化办学纳入全国林业教育培训"十三五"规划,并投入专项补助经费50余万元,有力保障了集团建设与发展。

五、实际效果

重点依托专业建设与人才培养工作委员会、企业培训与终身教育工作委员会、教产合作与人力资源工作委员会、协同创新与技术服务工作委员会、生态文化建设与文化育人工作委员会以及辽宁林职院、黑龙江林职院、山西林职院、甘肃林职院、河南林职院、圣象集团等骨干单位,通过实施"内方外圆 合作共赢 绿色发展"的特色模式,全面深化产教融合、校企合作,切实提升了技术技能人才培养质量,促进集团成员优势互补、资源共享、双赢共进,更好地服务生态文明建设、现代林业产业和北方区域经济社会发展。

(一)专业建设、资源共享和人才培养实现突破

一是通过建设两大国家级专业教学资源库,共建教学做一体化精品资源共享课21门,仅全国林业技术专业教学资源库资源总数即达到21 000余条,注册用户近11 000人,引领带动集团内30余家职业院校和行业企业合作共赢,有力促进了林业类重点专业群建设及优质资源共享;二是制订完善了6项重点专业标准和顶岗实习标准,促进集团人才培养上水平;三是以辽宁林职院全国百所现代学徒制试点为引领,创新了工学结合、订单培养的人才培

养模式，学徒制和订单培养学生数 8253 人，为企业培养了大批零距离上岗的优秀技术技能人才；四是两届集团微课创作大赛，网上观看和投票人数逾 10 万余人次，有效促进了优质资源共享和成员院校教学信息化改革；五是 13 所集团成员院校中高职衔接，高职院校培养中职学生 2500 人，搭建了人才培养立交桥；六是培养了 70 000 余名高素质的技术技能人才，11 名学生荣获"全国林科十佳毕业生"荣誉称号，集团内学生获得省级、国家级技能大赛奖项 506 人次，为北方区域经济社会和现代林业产业提供了有力的人才支撑。

（二）产教融合、校企合作、校校合作机制全面深化

一是校企合作紧密度增强，成员院校与 1200 余家企业建立了长效化、紧密型合作伙伴关系，聘任成员企业兼职教师 3400 余人次，教师到集团企业实习实践 2500 余人次；二是服务行业产业能力显著增强，集团成员院校培训集团成员企业员工 2.7 万人次，校企开展产学研合作项目 60 余项；三是校校互动、共赢发展，辽宁林职院、山西林职院、河南林职院、吉林省林业技师学院、北京市园林学校等多所成员院校合作开展人才培养方案审订、师生跨校交流等 200 余学时，直接参与人数 120 余人。

（三）服务行业产业和生态文明建设能力显著增强

一是有力促进了行业就业，集团成员院校共输送 5000 余名毕业生到集团企业就业；二是通过协助国家林业主管部门和全国林业行指委开展调研、科研及参与规划制订等，逐步成为行业智库；三是通过倡导和实施生态文明"三进"等系列活动，全面推进了生态文明教育，提升了集团成员院校师生的绿色理念和生态文化素养，有力肩负起了建设和传承生态文明的历史使命。

（四）有力带动了区域职教集团建设和辽宁供给侧结构性改革

一是点面结合。在集团支持指导下，集团理事长单位辽宁林职院及集团副理事长单位甘肃林职院又分别牵头组建了辽宁生态建设与环境保护职业教育集团和甘肃省现代林业职业教育集团，其中，辽宁生态建设与环境保护职业教育集团被列入辽宁省示范性职业教育集团建设行列。中国（北方）现代林业职教集团建设为辽宁生态环保职教集团、甘肃林业职教集团、黑龙江林业职教集团等地方性林业职教集团建设提供了有力支撑，形成了林业类职教集团连锁化发展的新局面。二是多边合作。集团理事长单位辽宁林职院、副理事长单位山西林职院等还分别加入了辽宁农业职教集团、山西农业职教集团等 5 个职教集团，初步形成了开放共享的集团化办学格局。三是南北携手。

2013 年，国家林业局主导成立了中国北方和南方两个现代林业职教集团，两集团主要领导曾先后 6 次共商发展大计，南北方林业职教集团携手共赢局面逐步形成。四是错位互补。中国(北方)现代林业职教集团及辽宁生态环保职教集团有序发展，使辽宁林职院在集团化办学和教产合作方面积累了宝贵经验，得到辽宁省教育厅充分认可。2017 年 5 月，为深入贯彻落实辽宁省委省政府关于推进中高等学校供给侧结构性改革工作部署和促进新一轮辽宁老工业基地振兴，辽宁省政府主导，辽宁省教育厅同意，集团理事长单位辽宁林职院牵头成立了辽宁省生态环保产业校企联盟，为实现辽宁的山更绿、水更清、天更蓝、土更沃做出了新贡献，探索了行业职教集团与区域校企联盟错位发展、协同共进的新机制。

(五)集团内部治理能力和示范影响明显提升

集团办学成绩得到各方高度认可。国家林业局彭有冬副局长多次高度肯定集团成绩并曾亲自视察指导集团工作；全国职业教育集团化办学专家组组长、原国家教委职成司司长刘来泉带队，全国第十三期职业教育集团化办学调研团的 60 余位领导专家于 2017 年 5 月调研考察集团工作并给予高度评价；集团案例入选 2016 年全国职业教育集团化办学典型案例汇编；集团办学经验先后两次在全国职业教育集团化办学研讨会上交流；中国教育新闻网、光明日报、中国绿色时报等多家主流媒体报道集团业绩，集团示范影响全面彰显，在行业和全国集团化办学中的突出地位日益增强。

六、体会与思考

(1)集团"内方外圆、合作共赢、绿色发展"的独特发展模式特色鲜明，可为全国职教集团选择走和谐共赢的现代职教集团建设道路，形成集团化办学特色发展模式发挥示范引领作用。

(2)集团大胆创新内部运行机制，结合跨区域行业型职教集团的特点，形成了"七化式、内方型"内部管理体系和整体运行机制，特色鲜明，可为跨区域职教集团提供内部管理体系和机制建设的借鉴和示范。

(3)集团积极探索了"五共式、外圆型"多元合作模式和科学发展路径，可为现代职教集团探索实践和谐共赢的内涵建设模式和开放发展的成员协作模式提供借鉴和示范。

(本文成稿于 2017 年 5 月)

成果九：发展生态环保产业，促进校企深度融合，提升人才培养质量
——辽宁省生态环保产业校企联盟建设案例

【成果由来及特色解读】

成果由来：本文为辽宁省教育科学规划项目"林业类高职院校特色发展模式研究"后续发展性研究成果，是学院一级战略项目"'前校后场、产学结合、育林树人'特色高职院建设研究与实践"关于合作办学和校企联盟平台建设专题研究的重要成果，是辽宁省职业教育改革发展示范校典型案例成果。

成果主旨凝练：邹学忠、王巨斌、徐岩等；本文执笔人：刘洋、徐岩。

成果特色及应用推广：本案例作为辽宁省职业教育改革发展示范校典型案例成果在全省示范推广。2017年，联盟秘书长在全省校企联盟工作会议上以本成果为典型经验做报告，受到一致好评。本联盟的突出特色是坚持举生态大旗，以实现辽宁的山更绿、水更清、天更蓝、土更沃为根本宗旨，紧紧围绕"三条主线"（人才培养中心主线，科技创新重要主线和生态文明教育特色主线）推动"政产学研创用"深度融合，着力提升辽宁老工业基地振兴对生态环保人才、科技和文化三大需求的供给质量水平。本联盟从顶层设计到实施建设均有自己的鲜明特色，前进步伐走在全省其他联盟前列，受到省教育主管部门高度肯定。

一、实施背景

为切实推进生态文明建设和国家创新驱动发展战略，促进新一轮东北老工业基地振兴和我省教育供给侧结构性改革，根据《辽宁省人民政府办公厅关于印发辽宁省加强校企联盟建设实施方案（试行）的通知》（辽政办发〔2016〕163号）及《辽宁省教育厅关于深入推进校企联盟建设的指导意见》（辽教发〔2017〕23号）等文件精神，按照辽宁省省委、省政府关于推进中高等学校供给侧结构性改革工作的部署和辽宁省教育厅关于深入推进校企联盟筹建工作的要求，结合辽宁省生态环保产业发展的实际需求，特构建高中等学校、企业、科研院所、地方政府以及其他社会组织紧密结合、协同发展的辽宁省生态环保产业校企联盟（以下简称联盟）。联盟以"坚持举生态大旗，坚持人才培

养为中心，加强生态文明建设，全面实施绿色发展理念，着力提升辽宁老工业基地振兴对生态环保人才、科技和文化三大需求的供给质量水平，实现辽宁的山更绿、水更清、天更蓝、土更沃"为根本宗旨，坚持"合作、创新、发展、绿色、共赢、共享"发展原则，以促进校企深度融合为着力点，以人才培养为中心主线，以科技创新为重要主线，以生态文明教育为特色主线，不断优化联盟治理结构和运行机制，推动"政产学研创用"深度融合，切实提升人才、科技和生态文化供给质量水平，促进辽宁生态环保行业产业转型升级，高中等学校办学质量和水平大幅提升，校企协同为辽宁经济社会发展和生态文明建设做出更大贡献。

二、主要目标

按照辽宁振兴发展的总体要求和供给侧结构性改革的实际需要，坚持以生态环保产业事业发展支撑辽宁老工业基地振兴为支点，以促进校企深度融合为主线，以提升人才、科技和文化供给质量水平为核心，以点线面体有机结合为综合布局，构建"123456"整体发展战略，联合推进生态环保联盟建设与发展，重点实施十大工程：

（1）服务我省产业结构调整升级需要，科学重组优化生态环保专业格局；

（2）构建、完善绿色人才培养体系，着力解决辽宁生态环保产业人才培养存在的突出问题；

（3）构建人才成长的"立交桥"，实施贯通培养，着力解决人才培养链条衔接不畅问题；

（4）创新产教融合、校企双主体协同育人机制，探索实施多元所有制二级学院创建工程；

（5）加强校企人才队伍建设和实训培训基地建设，提高生态环保人才培养条件建设水平，增强人才质量保障效果；

（6）依托联盟平台，全面推动"双创"教育和学生就业创业，切实提高盟内成员院校学生就业率和就业质量；

（7）全面深化产学研合作，重点建设两个综合改革试点市，治理生态环保难题，树立生态环保典范；

（8）建设高水平的科技创新平台，提高科技成果转化能力，实现创新链与产业链的无缝对接；

（9）构建生态文明教育体系，实施生态文明进校园，切实肩负起生态文明

教育重任;

（10）实施生态文明"三进"，传承生态文明，不断提升生态文化供给质量水平。

三、工作过程

经我院积极争取，学院党委研究通过，上报省教育厅批准，到联盟成立共计用时五十余天。2017 年 5 月 12 日，联盟论证研讨会暨成立大会筹备会在辽宁大厦召开。5 月 19 日，联盟成立大会暨联盟高峰论坛在辽宁工会大厦举行。在短暂的时间里，形成联盟的顶层设计整体架构——章程、规划、计划等；召集由 217 家高校及职业院校、行业企业等组成的联盟成员单位；选举产生理事长、副理事长、常务理事，成立了专业建设与人才培养工作委员会、科技创新与技术服务工作委员会、生态文明教育与文化传承工作委员会 3 个工作委员会；由院士领衔，全国生态环保产业知名的专家组成的专家咨询委员会全面指导联盟工作。联盟成立大会的有关新闻在央视网、光明网、中青在线、中国旅游报、辽宁电视台、辽宁日报等十余家媒体进行了报道，影响辐射面广泛。

四、实际成果、成效及推广情况

（一）制订联盟 2017 年度周工作计划

联盟成立以来，根据教育厅相关要求，按照联盟章程、规划、计划制订 2017 年度周工作计划。周计划按"点、线、面"结合、政产学研创用六位一体等重点工作原则为依据，由联盟秘书处起草，经秘书长、副理事长审订并经理事长批准，最终确定并印发《关于印发辽宁省生态环保产业校企联盟 2017 年周工作计划表的通知》（辽生环联字〔2017〕1 号）文件，下发到各理事单位，全面推进联盟工作顺利进行。

（二）积极推进联盟网站建设及联盟标识征集工作

根据省教育厅要求，积极推进联盟网站建设。认真填报联盟平台信息的同时，还积极探讨研究联盟二级平台建设工作。截至目前，二级平台的构架已确定，现已与网站建设公司达成初步共识。联盟的成立要有独立的标识，为此联盟印发《关于开展辽宁省生态环保产业校企联盟 logo 征集活动的通知》（辽生环联字〔2017〕3 号）并下发到联盟成员单位，更好地开展联盟平台建设工作。

(三)全面推进辽宁省生态建设实训培训共享基地筹建工作

通过科学规划，初步拟定我院实验林场为联盟内成员单位共建共享的辽宁省生态建设实训培训共享基地，并制订方案，强化建设，突出共享特色。我院实验林场是国家林业局批准的生产性、开放式、多功能、共享型的全国林业重点实训基地，占地 61 000 亩，能够满足林业技术专业、森林保护专业、野生动物保护、野生植物资源开发利用、自然保护区与建设等多个专业的实习实训的需要。每年除了完成我院本身实习实训任务以外，还为北京林业大学、辽宁大学、沈阳师范大学、沈阳农业大学等学校提供本科、研究生的实习实训需要，同时还是重要的科学研究基地、职业技术鉴定基地，为辽宁生态环保做出重大的贡献。

(四)积极推动生态环保产业需求侧调研工作

联盟成立后，联盟理事长单位的相关领导和相关处室组成调研组，深入本溪市、阜新市两个试点市进行需求侧调研。调研分为两种形式，一种是实地调研；一种是网上调研。调研内容包括了解征集联盟成员单位对人才培养、科技创新、生态文明教育等方面的需求、意见和建议，为完成需求侧调研报告提供有力的依据。

(五)全面实施生态文明教育进课堂

以我院为试点，成立生态文明教研室，引进博士、硕士等骨干教师作为教学团队，采用"线上线下"相结合的教学模式，全面完成 1200 人次的生态文明课程教学任务，深受学生喜爱。

五、规划与思考

(一)突出需求导向，建立调研和供需精准对接机制

建立常态化的需求调研机制，联盟各成员院校每两年组织 1 次行业企业和专业发展状况调研，每两年组织 1 次辽宁生态环保产业事业发展状况和需求调研，深入了解我省生态环保产业和行业企业需求，建立校企双方供需台账；坚持以需求为起点，动态科学优化专业标准、人才培养方案和课程体系、课程标准，创新科技服务项目，不断提升人才、科技等的供给质量水平，确保供给侧和需求侧精准对接、同频共振、科学发展。

(二)强化融合发展，建立跨界合作与协同创新机制

打破联盟内高中等学校办学层次、区域分布、所有制形式等界限，科学

规划、创新布局、融合发展，成体系培养人才，集成化科技创新；联盟每年举办一次高端论坛，开展 2 次中型以上联盟校企成员教产合作对接见面会以及 3 次以上小型对接见面会；联盟各工作委员会每年分别组织 1~2 次人才培养与专业建设论证研讨会、科技创新项目论证研讨会、试点市建设研讨会等；积极搭建各种协同创新平台，营造跨界合作氛围，保障联盟创新、协调、开放、共享发展。

（三）坚持制度化发展，健全联盟制度和组织，完善治理结构

加强组织领导，做好与省教育厅等联盟主管部门及联盟主要面向的五大行业行政主管部门的沟通协调，争取有利的政策、项目和资金支持；建立联盟运行和评价激励机制，根据联盟运行发展的实际需要，逐步制定和出台联盟经费管理办法、联盟秘书处管理办法、联盟人才培养与专业建设工作管理办法、联盟科技创新与技术服务管理办法、联盟促进生态文明建设与教育实施办法、联盟专家咨询委员会工作制度、联盟成员考核激励办法等各项规章制度；并按照《联盟章程》和各项制度，定期组织理事会年度会议、理事会各工作委员会工作会议、专家咨询委员会工作例会及重大项目建设主题研讨会，定期开展联盟骨干成员培训交流等活动，形成完善合理的联盟运行管理体系和健全的组织体系，保障联盟科学、有序、可持续发展。

（四）推动联盟信息化发展，积极打造联盟特色品牌，提升服务产业能力水平

在"互联网＋联盟"背景下，开发对接政府、联盟和成员院校的三级信息化平台，建设联盟网站，利用信息化手段加强联盟成员之间协同创新机制建设，集成优势资源，积极构建组织科研、专业（学科）交叉、科技成果转化、创新创业的高水平创新平台；优化建设环境，做好成果宣传，营造联盟发展的良好社会文化环境；突出联盟绿色、环保的生态文明特色，努力打造复合型、创新型、紧密型、生态型的特色校企联盟，树立联盟的生态特色和绿色品牌，为辽宁生态环保事业发展和东北老工业基地振兴做出新的更大的贡献。

（本文成稿于 2017 年 5 月，收录时徐岩对原文有部分修订）

第五章 "场校融合、产教一体"的教学改革特色实践与探索

成果十：创新高职林业类重点专业人才培养模式 全面提高人才培养质量

【成果由来及特色解读】

成果由来：本文为辽宁省教育科学规划项目"林业类高职院校特色发展模式研究"后续发展性研究成果，是学院一级战略项目"'前校后场、产学结合、育林树人'特色高职院建设研究与实践"关于林业类高职院校特色人才培养模式专题研究的核心实践成果。

成果主旨凝练：邹学忠、徐岩等；本文执笔人：徐岩。

成果特色及应用推广：2014 年，由邹学忠教授主持，徐岩教授具体执笔完成，以本文主体内容作为核心成果的"林业类重点专业（群）人才培养模式研究与实践"项目荣获国家级教学成果二等奖；2016 年，本文被评为辽宁省职业教育改革发展优秀案例，并入选辽宁省职业教育改革发展优秀案例库，同时被编入《辽宁高等职业教育质量评价报告（2011—2015 年）》一书。辽宁林业职业技术学院以 5 个林业类重点专业（群）为试点，依据现代林业和区域经济社会发展需求，结合林业行业特色和各专业特色，校企共育、林（工）学结合，创新形成了"校场共育、产学结合、岗位育人""两主两强""随工随学、版块移动"等重点专业人才培养模式，并积极探索"现代学徒制""学生职业技能及综合素质一体化""拔尖人才培养"等特色人才培养模式，全面提升了人才培养质量，带动学院内涵发展和示范辐射能力显著提高，凸显了林业高职院校人才培养模式的先进性、典范性和突出特色。

大力发展现代林业，建设生态文明和美丽中国，高素质的技术技能人才是有力保障，人才培养模式创新是重要切入。近年来，辽宁林业职业技术学院以 5 个重点专业（群）为试点，依据现代林业和区域经济社会发展需求，结

合林业与专业特色，积极探索高职林业人才培养规律，创新校企共育、场校融合、林(工)学结合的人才培养模式，并系统构建适应培养模式改革的专业内涵体系，全面提升了人才培养质量。

一、建立校企互动、场校融合长效机制，五个重点专业全面创新了凸显行业特色、高职特色和专业特色的人才培养模式

学院依托辽宁省职业教育改革发展示范校重点建设项目，以"校企共育、场校融合、林(工)结合、学做一体"为准则，着力在林业技术、园林技术、木材加工技术、森林生态旅游、园林工程技术5个重点专业(群)开展人才培养模式改革实践，人才培养质量不断提升。

(一)"校场共育、产学结合、岗位育人"重点专业人才培养模式

林业技术专业依托全国高职最大的生产性实训基地，占地6万亩的我院清原实验林场"后场"优势，共建了"场中校"校企合作运行机制和"校场共育、产学结合、岗位育人"的人才培养模式。由专业教研室和学院实验林场以及校外实训基地共同承担林业技术专业的人才培养任务，实现"校场共育"；根据林业生产的季节性要求，安排教学计划，实现"产学同步"；学生在第三学年以学生和员工双重身份顶岗，实现"岗位育人"。

(二)"灵活订单式"重点专业培养模式

木材加工技术专业主动对接市场需求，依托鞍山职教城深化校域合作和政校企行四方合作办学，与中国圣象集团等30余个规模企业成功实施"2＋1"订单式、"1.5＋1.5"订单式、"先招生、后订单""集散式订单"等多种灵活的订单培养模式，以木材行业典型产品为载体构建专业课程体系，实现了产教融合。

(三)"两主两强"重点专业人才培养模式

园林技术专业以园林行业对人才发展需求为依据，与园林行业企业共建"两主两强"人才培养模式。即课程体系以岗位课程为主体，教学模式以教、学、做一体为主体；全程强化学生职业素质培养，并在第五学期实行专业细化，每个学生根据自己的专业特长和就业方向，选择其中一个重点专业方向进行强化培养，即强化某一具体岗位的能力培养，做到了零距离上岗，同时也保证了学生可持续发展能力。

(四)"订单式411全程职业化"重点专业人才培养模式

森林生态旅游专业深化"订单式411全程职业化"人才培养模式改革。"4"

即前 4 个学期学生校内学习与实践；前一个"1"即第五学期学生生产综合实训；后一个"1"即第六学期学生顶岗实习并实现顶岗与就业对接。订单企业全程参与学生录取、人才培养方案制订、项目课程体系开发、优质核心课程建设、企业顶岗实践，接纳学生就业。

（五）"随工随学、版块移动"重点专业人才培养模式

园林工程技术专业根据园林工程的施工季节性和时间、项目的变动性，随时随地、随着项目进行学习与实践；随着企业园林工程施工的时间不同、园林工程项目不同而移动不同的学习能力版块，突破固定时间必须固定教学内容的传统模式，创建了具有园林工程技术岗位群特点的"随工随学、版块移动"人才培养模式。

二、紧紧围绕高职人才培养的变化和需求，动态开展特色人才培养模式改革试点，育人成效明显

以 5 个重点专业全面构建"校企共育、场校融合、林（工）结合、学做一体"人才培养模式为主导的同时，学院还采取在各二级院招标的形式，积极探索新的特色人才培养模式，并实行试点制度，先试先行，成效明显。

（一）"工作室制"专业人才培养模式改革试点

试点单位：园林学院

"砺石工作室"隶属于辽宁林业职业技术学院园林学院，以沈阳绿都景观设计有限公司为长期合作育人伙伴，以培养高素质、高技能的品牌学生为根本目的，以"园林景观设计"为主要培养方向，以"现代学徒制"为基本培养模式。学校投资 20 余万元筹建工作室基础设施，指导教师（师傅）为来自园林学院的 10 名专业教师。工作室通过专业技能大赛和教师推荐两种形式选拔品学兼优的学生进行学徒制培养。目前累计培养学徒 22 名，其中，荣获全国职业院校园林景观设计技能大赛一等奖等国家级奖项 2 项，荣获辽宁省林业行业景观设计大赛一等奖等省级奖项 5 项。

（二）"学生职业技能及综合素质一体化"特色培养模式改革试点

试点单位：建筑学院

为促进学生综合素质与职业技能全面培养，学院在环境艺术设计专业探索实施了"学生职业技能及综合素质一体化培养模式改革"，将综合素质培养纳入专业人才培养方案，形成了一套专业能力训练与综合素质培养、课上与

课下合二为一的"整合型特色培养方案"。在培养方案的"第二课堂"模块设置了 3 个培养领域，包括大学生行为引导活动领域、大学生文化活动培养领域、大学生专业素质提升培养领域；在 3 个培养领域下，根据专业人才培养目标需要，开设了素质拓展训练、社会服务理论与实践、专业技能大赛等 19 个活动项目，分为必修项目和选修项目，每个活动项目均赋予相应学分，项目实施以学生为主体，辅导员为主导，最终统一进行分项目考核，计入毕业总学分。该项培养模式改革，提高了大学生的创新能力，促进了学生个性发展和全面发展的统一。

（三）"拔尖人才"特色培养模式改革试点

试点单位：旅游学院

旅游学院以酒店管理专业为试点，成立了"拔尖人才班"，面向 2014 级酒店管理专业香格里拉集团订单班、希尔顿集团订单班、凯宾斯基集团订单班选拔学员。入学后，经过各酒店人力资源总监的面试及英语考试，按照总分录取前 20 名进入拔尖人才班。拔尖人才班以"411 全程职业化"人才培养模式为母版，同时以"私人订制"的先进理念为灵感，根据拔尖人才班学生的特殊能力素质，为其量身定制了一套专门的特色培养方案；在课程体系建设方面，根据酒店管理专业面向的五大职业岗位重构工作导向课程体系；在教学实施过程中，强调"校企共育"，校企优秀专家共同参与授课和指导；在动态管理方面，根据学生学习成绩采取末位淘汰。通过试点，拔尖人才班学生综合素质和专业能力、外语水平等均提升明显。

（四）现代学徒制培养模式试点

试点单位：木材工程学院

木材工程学院成立了"巧匠俱乐部"，以俱乐部为课堂、以真实的生产项目为载体，以真实产品为纽带，创新学徒式培养模式，成为现代学徒制试点的基础。以 2015 年为例，3 名专业教师及 2 名实验员作为师傅，带领俱乐部的 12 名学生（学徒），共同承担了鞍山职教城管委会宾馆 60 个房间的家具生产项目。从现场量尺、设计 CAD 家具摆放平面布置图、分组完成设计图纸，到征求客户需求、改进设计图纸、分组制作家具、现场安装家具、客户最终验收等全部环节，均由教师（师傅）指导，学生（学徒）独立完成。学生通过学徒式培养模式和以产品为纽带的项目实施，真正掌握了家具设计、生产、安装的整个环节，提高了实践技能。学院以"巧匠俱乐部"创新实践经验为基础，成功申报了全国首批百所现代学体制试点单位。目前现代学徒制试点实施工作正在深入推进。

三、构建与人才培养模式相适应的重点专业(群)内涵发展体系,促进专业内涵和人才培养质量双提升

为全面实现人才培养模式创新实施,几年来,学院全面深化专业建设和课程改革,构建了与人才培养模式相适应的重点专业(群)内涵发展体系,切实推动了人才培养质量提升。

(一)构建基于生产过程、双证融通的项目化课程体系

课程体系构建是人才培养方案创新的关键。5 个试点专业(群)根据人才培养模式要求,构建了基于生产过程、双证融通的项目化课程体系,将职业岗位技能标准纳入教学标准,学生职业技能证书考核培训纳入专业教学计划,职业技能大赛成绩纳入学分,促进了学生实践能力和职业素质提升。

(二)开发基于林业类生产过程的项目化课程

课程是人才培养模式实施的主要载体。学院各重点专业结合林业企业岗位的典型工作任务,积极开发基于生产过程的项目化课程;加强专业和课程资源建设,建立数字化的工作任务项目库。林业技术专业被评为为数不多的全国专业教学资源库建设项目,林业种苗生产技术被评为国家级精品资源共享课。

(三)制定系统完备的重点专业人才培养规范与教学标准

按照"工学结合"人才培养模式要求,系统完善了重点专业教学各环节质量标准,校企共同开发重点专业人才培养改革方案 6 套、优质核心课程标准18 门等教学软资源 146 万字,设计出版了教学做一体化特色教材 21 部。

(四)实施学生主体、教学做一体的教学运行模式

教学实施是培养模式实践的路径。学院以"百强课改"大型课改项目为创新载体,不断深化教学模式改革。即在重点专业中遴选 100 门课程分 3 批系统实施了工学结合、教学做一体的项目教学,95 门试点课程通过质量验收,覆盖 21 个专业(方向),51 个教学班,近 3000 名学生直接受益,极大地提高了全院教学质量。

(五)建设适应林(工)学结合需要的师资、基地和质量保障体系

为适应人才培养模式改革需要,学院以全院 337 名专兼职教师为培训对

象，历时 4 年，先后分 3 期开展了全院性的"教师职业教育教学能力培训与测评"，系统完成了重点专业（群）154 门课程的项目化改造和整体教学设计、单元教学设计，突破了教师"三力不足"（动力不足、能力不足、精力不足）的人才培养制约瓶颈，极大地提升了教师的职教理念和职教能力。

学校与行业企业联手，共建生产性、开放式、多功能、共享型实训基地，拥有校内外实训基地 170 个，为校企共育、场校融合、林（工）结合、学做一体培养模式实施提供了真实的职业情境。

以二级院系为主体，建立了"校院两级、内外双层、四元统合"的专业教学保障体系，有力推动了人才培养质量提高。

四、重点专业人才培养模式改革全面促进了人才培养质量提升，学院内涵发展能力和辐射带动作用全面增强

（一）解决了制约林业高职人才培养质量的诸多瓶颈问题

人才培养模式创新成果解决了学校与林场脱离，教学与生产脱离，任务与岗位脱离，课程内容与职业标准脱离，学业与就业脱离等培养机制和模式问题；解决了高职林业类重点专业人才培养标准、教学标准建设不完善，模式方法陈旧，软硬件配套条件建设与林（工）学结合人才培养需求不匹配等问题。

（二）全面促进了专业人才培养质量提高

通过创新培养模式以及加强专业配套建设，5 个重点专业（群）培养了大批"技能强、素质高、后劲足"的技术技能人才，学生的实践动手能力、职业综合素质和就业创业能力显著增强，人才培养质量大幅提升。重点专业学生就业率平均达到 95% 以上，就业单位满意率达到 98% 以上，专业对口率达到 80% 以上，双证书获取率达 100%；64 个项目、199 人次在国家及省级专业技能大赛中获奖；魏京龙等 5 名同学荣获全国林科"十佳"毕业生称号，26 名学生荣获全国林科优秀毕业生称号，是全国林业高校中的唯一。由于人才规格质量与产业需求对接程度高、信誉好，特别是近 5 年来订单培养的毕业生 2708 人，每年供不应求。

（三）大幅提升了学院专业建设水平和内涵发展能力

近年来，通过深化人才培养模式改革等系列举措，学院质量工程和内涵水平大幅提升。其中，林业技术专业实力雄厚，在全国同类专业中引领地位

突出；园林技术、木材加工技术、森林生态旅游等专业特色鲜明，在全国同类专业中地位领先。全院拥有教育部、财政部支持专业提升服务产业能力重点专业 2 个，行业重点专业 2 个，省级示范（品牌、对接产业集群）专业 13个；拥有国家级专业教学资源库 1 个，国家级精品资源共享课 1 门，国家级精品课程 1 门，国家林业局精品课 3 门，省级精品课 11 门；拥有国务院政府特殊津贴专家 2 人，省级优秀专家 1 人，省级教学名师 2 人，省级专业带头人5 人，省级优秀教学团队 4 个；拥有国家重点建设实训基地 3 个，行业重点建设实训基地 1 个，省级实训基地 8 个。学院在先后两轮省级示范校遴选中均拔得头筹，内涵建设和人才培养水平居于全省高职院校和全国行业同类院校前列。

（四）有力提高了学院整体办学质量和示范辐射能力

学院被评为全国高校毕业生就业典型经验 50 强、全国首批百所现代学徒制试点院校、辽宁省职业教育改革发展示范校、辽宁省高校大学生就业创业示范校，是全国林业行业类紧缺人才培养基地、全国林业行业关键岗位培训基地、全国林业科普基地、辽宁省教育科学规划高职课程模式及教学内容改革研究优秀基地；是全国林业行业教学指导委员会副主任单位、教指委森林资源分委员会主任单位、中国（北方）现代林业职教集团理事长单位、全国高职教育研究会文化育人与生态文明建设工作委员会主任单位等，省内示范辐射影响广泛，行业引领作用突出。

（本文成稿于 2016 年 9 月）

成果十一：以生态文明为引领，以信息技术为手段，提升绿色人才培养质量

【成果由来及特色解读】

成果由来：本文为辽宁省教育科学规划项目"林业类高职院校特色发展模式研究"的后续发展性研究成果，是学院一级战略项目"'前校后场、产学结合、育林树人'特色高职院建设研究与实践"中关于林业类高职院校特色教学模式专题研究的重要实践成果。

成果主旨凝练：邹学忠、徐岩；本文执笔人：徐岩。

成果特色及应用推广：院党委书记邹学忠在全国高职高专校长联席会2016 年年会信息化分论坛上以本文为内容做典型经验交流，宣讲地为江西南

昌，宣讲时间为 2016 年 11 月。以生态文明为引领，以信息技术为手段，通过实现"专业教学资源数字化、课程建设模式网络化、课堂教学手段现代化、生态文化育人信息化、校企合作途径集团化"来切实实现提升绿色人才培养质量的目标，是本文的突出特色和可借鉴的关键点。

一、以生态文明为引领，明确培养绿色人才的使命

（一）生态文明建设是重要的时代主题

生态文明是指人们在遵循人类、自然、社会相互间和谐发展基本规律的基础上所取得的物质与精神成果的总和，也是人与人、人与自然、人与社会和谐共生的文化伦理形态。

党的十八大首次提出"把生态文明建设放在突出地位，融入经济、政治、文化、社会建设各方面和全过程，努力建设美丽中国，实现中华民族永续发展"。

党的十八届五中全会又明确提出"创新、协调、绿色、开放、共享"的五大发展理念。

（二）现代林业是生态文明建设的主体

现代林业是生态文明建设的主体，林业在贯彻可持续发展战略中具有重要地位，在生态建设中具有首要地位，在西部大开发中具有基础地位，在应对气候变化中具有特殊地位。传承生态文明，建设美丽中国，重点在林业，关键在人才，基础在教育。

（三）绿色人才是生态文明建设所急需

以服务社会主义和谐社会和生态文明为目标，以跨专业的环境教育和可持续发展教育为载体，把科学精神、人文素质、职业精神和素养有机融入受教育者意识、知识、技能、道德、行为培养之中，努力实现全面、和谐、可持续发展的人才，即可称为"绿色人才"。

培养具有生态意识、生态情感、生态智慧、生态能力的绿色人才，是弘扬生态文明、建设美丽中国的核心途径，是未来教育的重要趋势和走向，是林业职业院校的必然担当和共同使命。

二、以信息技术为手段，实现提升绿色人才培养质量的目标

当前，全球互联网大变革、大发展、大融合日益加深，教育信息化飞速

发展，习近平总书记曾做出"没有信息化就没有现代化"的重要论断，加快推进教育信息化的重要性、紧迫性空前凸显。

辽宁林业职业技术学院是国家首批教育信息化试点校。近年来，学院适应生态文明建设和教育信息化的实际需要，利用信息技术改造教育教学过程，初步探索了林业职教信息化的"五化"模式，促进了绿色人才培养质量提升。

（一）专业教学资源数字化

重点依托辽宁林职院牵头建设的全国林业技术专业教学资源库建设项目，按照国家级、省级、校级3级专业教学资源库建设的整体架构，逐步形成了数字化、共享型，具有林业特色的专业教学资源系统。一是构建了专业、课程、素材、实践教学"四级"优质教学资源系统。二是集成林业行业标准、林业动态信息、林业职业认证、林业工程项目"四种"拓展资源系统。三是为提高学习者的学习兴趣和生态文化素养，凸显绿色人才培养，在全国林业技术专业教学资源库建设中，构建了特色鲜明的两个特色馆，其一是生态文化馆，即以生态文明建设、生态文化（森林、茶、竹藤、花、沙、湿地文化）和文明素质教育为主题，增加学习者对生态文化的认识和关注，提高人们对制度文明的执行力，增强人民生态意识文明和生态行为文明的自觉性，有利于改善和保护生态环境，促进国民经济可持续发展；其二是林业数字标本馆，即以增加资源库功能和提高生物多样性保护意识，根据分类检索需要，收集并制作动物、植物、昆虫、种子、木材、土壤等数字标本，建立数字标本馆，以此丰富教学内容的同时，提高人们维护生态安全、保护生物多样性意识，也增加资源库科普宣教功能。

随着国家、省、校3级专业教学资源库建设体系的成功搭建，学院逐步打造了先进的网络互动平台，并在全国林业高职院校边建设边推广使用，实现优质专业教学资源共建共享。

（二）课程建设模式网络化

围绕课程建设，一是首次开展了"教师职业教育教学能力培训与测评"，历时5年，先后分3批对219名专兼职教师进行了全员教师职教能力培训测评，大幅度提升了教师的课程项目化改造能力和信息化技术应用水平。二是以教师职教能力培训测评和课程项目化改造整体改革为契机，校企共同开发课程标准等教学软资源146万字，完成项目化课程设计154门，并将154门项目化改造课程资源陆续开发成教材多媒体式呈现、电子教学资源丰富且持续更新的网络课程教学资源包，全面丰富了课程教学资源，为改变传统教学奠定了基础。三是加强精品课程资源共享，先后开发建设了国家级精品课程（国家级精品资源共享课）、辽宁省和国家林业局精品课程以及学院共3级精品课程33门，并按照课程资源共享的总趋势，将大部分精品课程陆续改造升级为精品资源共享课。四是先后组织开发网上课程288门，教师通过网络教学平台进行授课、答疑讨论、作业提交、课件下载，改变了传统课程教学的时空限制。

（三）课堂教学手段现代化

一是实施"百强课改"：利用项目教学和信息技术手段，学院分3批实施了百强课改，要求课改课程全程实施教学做一体以及科学应用信息化教学手段，目前已完成并通过验收的课改课程共95门，大幅提升了课堂教学质量，近万名学生直接受益。二是开展"百家微课评选"：2015年全院共有210个微课作品参评，通过专家评审和教师网评，共评选出了100个微课作品入选"2015年百佳微课"，2016年100门微课已在评审中，掀起了广大教师参与微课设计创作的热潮，有效推动了课堂教学信息化改革。三是积极探索网络空间学习模式：组织2016级大学新生参加了世界大学城网络空间使用，中国青年报、中国绿色时报进行了报道。四是注重提升教师信息化能力：最近连续4年组织了全院教师教学信息化大赛；并于2015年承办了历时10天的辽宁省高（中）等职业院校教师"魅力课堂之微课设计与创作"培训，学院全体专兼职教师全员全程参加培训。

（四）校企合作途径集团化

学院作为理事长单位，以中国（北方）现代林业职教集团为平台，以信息技术为媒介，推进政校企行四方合作育人集团化。一是汇集了全国林业职教集团理事单位——18家林业高职院校和18家国内有代表性的林业行业企业，共建了全国林业技术专业教学资源库，带动和辐射林业类重点专业（群）建设；二是成功举办了集团首届和第二届微课创作大赛，开发了集团微课大赛网络平台，其中首届微课大赛共有集团内10个省12所院校教师创作的50个微课作品获奖，集团内外共有32 352名学生和22 337名教师参与微课作品观看和投票，有效推动了集团内各职业院校的教学信息化改革进程；三是开发建设集团网站，成功召开北方10省10所理事单位56名集团理事同时在线互动远程视频会议，开展集团内现代学徒制试点及校校人才交流等工作，利用信息化手段促进集团政校企行成员跨时空交流合作，共商共研林业职教改革和绿色人才培养。

（五）生态文化育人信息化

学院依托牵头组建的全国文化育人与生态文明建设工作委员会，以信息技术为媒介，积极传播绿色发展理念，深化生态文化育人。一是建设了全国文化育人与生态文明建设网站，组织开展了两届"全国职业院校绿色高职教育与生态文明建设论坛"，举办了全国高职院校首届生态文明摄影大赛，论坛和大赛全部视频、典型案例 PPT、论文、生态文化摄影作品等大量生态特色文化资源在网站空间共享，推动了生态文化育人和绿色人才培养；二是积极推进生态文明"三进"（进教材、进课堂、进头脑），重点联合中国北方和南方林业职教集团中的 13 个骨干成员单位，组织编制《全国生态文明教育读本》，同步开发生态文明"三进"课堂教学 PPT、慕课等配套资源，计划 2017 年正式出版并在全国林业类职业院校中推广使用，促进生态文化教育，提升绿色人才培养质量。

三、以服务生态文明为宗旨，打造"三有三成"绿色人才培养体系

多年来，学院以生态文明为引领，以信息技术为手段，积极探索林业职业教育教学信息化改革的新思路新方法，深入推进信息化手段与绿色人才培养有机融合，促进优秀林业职教资源共建共享，不断提升绿色人才培养质量，初步形成了"专业教学资源数字化、课程建设模式网络化、课堂教学手段现代化、校企合作途径集团化、生态文化育人信息化"的"五化"模式，构建了"有德成人、有技成才、有职成业"的"三有三成"绿色人才培养体系，即：通过社会主义核心价值观、生态文明、16 字林业精神（吃苦耐劳、无私奉献、团结协作、有为担当）立德树人，使学生"有德成人"；通过深化教育教学改革、全面提高人才培养质量强化技术技能，使学生"有技成才"；通过培养大学生创新意识和创业精神促进就业创业，使学生"有职成业"，学院绿色人才培养质量不断提升。

近 5 年来，学院共有 8 名学生和 42 名学生分别被评为"全国林科十佳毕业生"和"全国林科优秀毕业生"，在全国林业高校中绝无仅有；毕业生平均就业率长期保持在 95% 以上，学院被评为辽宁省高校就业创业示范校，荣获"教育部 2014 年度全国毕业生就业典型经验 50 强高校"。2016 年 8 月，中国绿色时报以"辽宁林职院毕业生就业率为何居高不下"为题，在头版头条对学院人

才培养工作典型经验进行了长篇报道。

同时，学院作为中国(北方)现代林业职业教育集团理事长单位、全国文化育人与生态文明建设工作委员会主任委员单位、全国林业行业教育教学指导委员会副主任委员单位，对全国林业行业和高职院校绿色人才培养、生态文明建设的示范引领作用不断增强。

今后，学院将继续按照"省内示范、行业一流、全国特色"的"三步走"战略，以生态文明为引领，以信息化为手段，全面深化教育教学改革，不断提高绿色人才培养质量，为培养适应现代林业和生态文明建设需要的可靠接班人，建设绿色中国、美丽中国做出自己应有的贡献。

（本文成稿于 2016 年 11 月）

成果十二：引领专业教学改革的国家级专业教学资源库建设

【成果由来及特色解读】

成果由来：本文是辽宁省教育科学规划项目"林业类高职院校特色发展模式研究"后续发展性研究成果，是学院一级战略项目"'前校后场、产学结合、育林树人'特色高职院建设研究与实践"关于特色教学资源建设专题研究的重要实践成果，是全国林业技术专业教学资源库建设专项成果，也是辽宁省职业教育改革发展示范校典型案例成果。

成果主旨凝练：邹学忠、雷庆锋等；本项目负责人：邹学忠；执笔人：邹学忠、雷庆峰、李艳杰等。

成果特色及应用推广：由邹学忠教授主持的全国林业技术专业教学资源库建设项目于 2015 年 6 月获教育部批准立项；本案例作为辽宁省职业教育改革发展示范校典型案例成果在全省示范推广；本成果成为全国林业职业教育优质教学资源建设和专业信息化改革的引领性成果，特别是本文提出的建立"四级"教学资源系统，建立"四种"拓展资源系统，建立"二馆"林业特色资源，建立"四类"服务空间等创新性理念和举措，不但具有全国林业技术专业教学资源库自身的鲜明特色，更对全国各高职院校资源库建设和教学资源信息化建设具有极强的参考借鉴价值。

一、实施背景

《国务院关于加快发展现代职业教育的决定》(国发〔2014〕19 号) 强调：构建利用信息化手段扩大优质教育资源覆盖面的有效机制，逐步实现所有专业的优质数字教育资源全覆盖。因此，建设数字化、共享型专业教学资源库是推动职业教育专业教学改革的重要手段，也是提高职业教育人才培养质量的重大举措。

党的十八大提出建设美丽中国，推进生态文明为重任的生态建设战略目标。"加快林业信息化、带动林业现代化"成为我国林业行业的时代强音和实现林业科学发展的重大战略举措。在此背景下，建设林业技术专业教学资源库为加快培养现代林业建设与管理急需人才提供了重要途径。

近年来，我院以加强内涵建设为重点，以提高人才培养质量为核心，不断深化教育教学改革。2015 年国家级"林业技术专业教学资源库项目"获批立项。

在资源库建设的带动下，我院家具设计与制造等 7 个专业核心课程资源也已建设完成。目前该项目已被批准为国家级备选项目，有望立项入库。此外，我院早于 2012 年启动"精品资源共享课"项目，目前在建课程已达 30 门。以上教学改革项目旨在向全院师生和社会学习者提供优质课程教育资源服务，推动职业教育改革发展。

国家级"林业技术专业教学资源库项目"，引领我院专业建设和教学改革，也是专业教学改革的代表性成果。通过网络信息技术，构建专业、课程、素材、实践教学"四级"优质教学资源系统。集成林业行业标准、林业动态信息、林业职业认证、林业工程项目"四种"拓展资源系统。创建生态文化馆和数字标本馆"二馆"特色资源系统。创设学生、教师、林农(社会学习者)、企业的"四类"用户空间。林业技术专业教学资源库的建设为林业行业广大的学习者快捷高效地提高业务水平和技能提供有效保障，更为示范院建设起到了关键的支撑和推动作用。

二、主要目标

本着"能学、辅教、致用"的定位，遵循"碎片化资源、结构化课程、系统化设计"原则，建设"国家急需、行业迫切、全国一流"的林业技术专业教学资源库，实现林业技术专业教学资源云集整合和共建共享。

(一)建立"四级"覆盖面广的教学资源系统

针对全国林业行业专业人才教育、基层林农自主学习、企业职工培训和同类院校交流服务的学习需要，以专业建设和教学改革为基础，建立专业、课程、素材、实践教学"四级"的优质教学资源系统，海量资源，碎片化呈现。

(二)建立"四种"拓展资源系统

根据林业产业发展要求和不同用户的个性化需求，体现林业行业特色，有针对性地构建包括林业行业标准、林业职业认证、林业信息资源和林业工程项目"四种"拓展资源。

(三)建立"二馆"林业特色资源

特殊构建"二馆"特色资源：一是生态文化馆，以传统文化和生态文化为依托，构建森林、茶、花、竹藤、湿地、沙漠文化馆，提高保护生态环境意识，促进国民经济可持续发展；二是林业数字标本馆，根据分类检索需要，收集并制作动物、植物、昆虫、种子、木材、土壤等数字标本，强化资源库的使用功能和宣教功能，突显林业行业特色。

(四)建立"四类"辐射面大的服务空间

依据各用户的需要构建资源库的建设内容，面向学生、教师、林农(社会学习者)、企业等国内不同地域、不同类型用户建成学生能学、教师辅教、林农创业、企业培训与服务"四类"服务空间，功能强大，覆盖面广。

(五)建立运行平台

利用"云技术、物联网、三网融合"三大支撑技术，建立运行快捷、持续更新、服务高效的管理服务系统，为不同用户搭建指导、学习、培训、继续教育平台，实现林业技术专业教学资源云集整合和共建共享。

三、实施过程

(一)建设思路

资源库本着"能学、辅教"的基本定位，遵循"碎片化资源、结构化课程、系统化设计"的总体要求构建资源内容，根据不同用户所需，打造先进网络互动平台，实现优质教学资源共建共享，推动学校专业建设、课程体系、教学模式、教学方法的改革，促进全国林业职业院校信息化建设水平提升，提高林业技术专业人才培养质量和社会服务能力。

(二)建设方法与程序

1. 组建项目团队

聘请全国林业行业顶级专家和国内职业教育领域权威教授担任首席顾问，汇集全国林业高职院校和国内有实力的涉林行业、企业，根据"产教融合、校企合作、校校联合"的原则组建项目建设指导组和项目建设组，形成了组织健全、结构合理、实力雄厚、全国一流的建设团队。

2. 深入调研、合理构架

深入全国各地走访相关的林业企业、院校，采取问卷调查、企业高管访谈、专家咨询等方式对林业技术专业人才培养模式、教学改革及对信息化教学资源的需求调研，并根据学生、教师、林农(社会学习者)、企业用户的需求，合理构架林业技术专业教学资源库整体框架。

3. 研究制订建设方案

根据不同学习者的需求，设计构建"四级""四种""二馆"的"442"三类十项的资源系统；创建"四类"用户空间；提供运行快捷、持续更新、服务高效的管理服务系统的林业技术专业教学资源库。

4. 制订标准和指导性文件

资源库建设代表国家水平，必须分工明确，责任到位，统一标准，制订了专业建设标准、课程体系及课程开发标准、实训标准、素材采集与制作标准等文件，指导资源库建设与管理。

5. 专业资源开发建设

本着优势互补的原则，根据各参加院校、企业地域特点和原有的资源基础进行系统分工，做到责任明晰，标准统一。根据资源库建设方案和制订的统一标准，组建下一级建设组，协同配合展开资源库建设工作。

6. 服务空间和运行平台建设

专业教学资源建设要依赖于数字技术平台，把各院校重点专业优质教学资源、企业相关生产典型案例有序整合，实现专业教学资源共享。资源库建成后，将实现知识点的交叉访问、检索，下载、在线学习、测试等功能。

7. 立项审核、组织运行

资源库申请立项前，根据资源库建设文件要求，向教育部申请立项，根据教育部审核意见，对方案进行全面认真的修改，并组织参建单位全面试运行，提高林业技术专业教学资源库的建设质量。

8. 监控反馈、科学管理

制订科学的项目管理办法，建立良好的资源库运行管理机制，同时建立 4 类用户的反馈机制，权责明晰、保护知识产权，充分发挥项目联合建设单位与资源使用用户潜能。

四、实施条件

(一)组织保障

本项目聘请了以尹伟伦院士和董刚校长为首席顾问的、以全国林业行业企业专家和高职教育研究专家组成的资源库建设指导团队。组建了以全国林业学术技术带头人为负责人的、以全国林业高职院校林业技术专业骨干教师和精英企业专业技术人员组成的资源库建设团队。

(二)资金保障

资源库建设项目总建设经费 850 万元，为建设提供了有力保障。

(三)制度保障

通过借鉴第一批国家级教学资源库建设经验，在广泛征求各建设组成员的意见基础上，建立一套科学有效的管理制度，重点建设与完善校企(校)合作管理制度、专项资金使用办法、资源库运行管理机制等，确保项目建设保质保量按期完成。

(四)知识产权保护

确保项目建设与更新无知识产权争议。建设教学资源库过程中形成的专有技术，参与建设和更新的单位和个人享有署名权，及时申报"专利"和"软件著作权"，形成知识产权保护机制，通过法律形式保护知识产权。最终资源库归国家所有。

五、实际成果、成效及推广情况

(一)资源库建设的成果

通过建设资源库，完成"四级"教学、"四种"拓展、"二馆"特色资源系统和"四类"用户空间及运行平台的设计(图 5-1，表 5-1)。

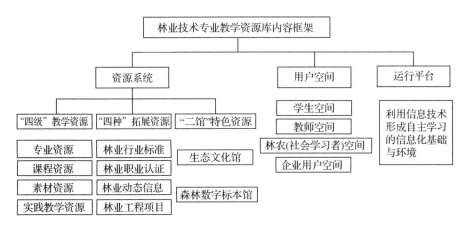

图 5-1　林业技术专业教学资源库建设成果框架图

表 5-1　林业技术专业教学资源库建设成果表

建设模块	建设项目	建设具体成果
"四级"教学资源	专业资源	专业调研、岗位分析、人才培养方案、教学环境
	课程资源	课程标准、考核标准、整体设计、单元设计、一体化教材、教学课件、课程题库、教学录像
	素材资源	数字标本、图片、视频、动画、微课、虚拟仿真软件等
	实践教学资源	实践教学项目、仪器设备、实训指导、虚拟实训等
"四种"拓展资源	林业行业标准	国际标准、国家标准、行业标准、地方标准、法律法规、管理条例、规章制度
	林业职业认证	FSC 国际森林认证、中国林业职业经理人资格认证、林木技术人员、技术工种职业培训与资格鉴定信息发布、理论试题库、操作试题库、鉴定方案、程序方法、结果发布等
	林业动态信息	世界林业动态、国内林业动态、林业发展规划、林业重点企业与网站链接、企业新工艺、新技术、企业案例、就业信息
	林业工程项目	林业重点生态工程、林业六大重点工程项目、林业产业重点工程
"二馆"特色资源	生态文化馆	生态文明建设、生态文化传承、文明素质教育
	数字标本馆	植物数字标本、动物数字标本、昆虫数字标本、林木种子数字标本、土壤数字标本、木材数字标本
"四类"用户空间	学生空间	自主选课、自主学习、合作学习、协作学习、网上练习、网上考试、虚拟实训、在线交流等
	教师空间	课程资源建设、网上备课、远程教学指导、网上布置作业、网上批改作业、网上阅卷、在线答疑、企业培训等

（续）

建设模块	建设项目	建设具体成果
"四类"用户空间	林农(社会学习者)空间	信息查询、林产信息发布、继续教育、自主选课、自主学习、网上练习、网上考试、技术咨询、虚拟实训等
	企业空间	企业信息发布、招聘信息、技术咨询、技术指导、技术培训、技术研发与推广等
运行平台	利用信息技术形成数字化自主学习管理系统	

资源总量 24 602 条，其中文本 7424 条，动画 608 条，图形图像 11 965 条，视频 2763 条，虚拟 3 条，PPT 课件 1809 条，其他资源 30 条。已开发完成三维虚拟场馆 1 套(主场馆和 7 个分馆)、221 个三维标本、959 个二维标本，已开发完成生态文化馆网络平台 1 套、生态文化馆沙画视频 7 个、素材 1468 个(图 5-2)。目前平台共有学生用户 9797 人、教师用户 499 人、企业用户 18 人、社会学习者 174 人。已完成首次登录用户 4788 人，资源浏览 13 492 次，课程浏览 17 866 次、在线学习总时长 2333.24h。为林业行业广大的学生、教师、企业、林农及社会学习者提高业务水平和从业技能提供了有效的学习途径。

其中，课程资源按照"碎片化资源、结构化课程、系统化设计"的理念，考虑各校条件、地域特点，汇集各院校优质资源。将已经建设的 7 门专业核心课程进行补充和完善；对新增的"森林环境""经济林栽培技术""林业遥感技术""森林防火"和"林业政策法规"5 门专业核心课程，进行全面的课程资源建设(表 5-2，图 5-2、图 5-3)。

表 5-2　课程资源建设内容成果表

序号	建设项目	建设具体成果
1	课程标准	课程定位、课时学分、课程目标、课程内容要求、教学实施、教学评价
2	考核标准	考核目标、考核对象、考核方式、考核项目要求、考核标准、考核条件说明
3	一体化教材	全新理念设计的教学做一体化教材(国家"十二五"规划教材或全国高职高专规划教材)
4	教学设计	课程定位、教学目标、教学内容设计、教学方法设计、教学进程安排、课程考核方案
5	单元设计	教学目标、教学重点难点、教材教具、教学准备、教学实施设计、教学评价
6	教学课件	根据统一模板进行设计制作，要求图文并茂、音视频超链接，突出教师教学功能
7	课程题库	课程习题库、课程单元测试题库、课程技能测试题库，用于网上练习与测试

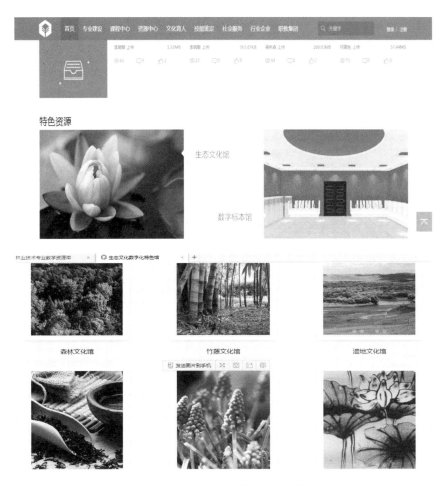

图 5-2　资源库"二馆"特色资源截图

图 5-3　林业技术专业教学资源库课程资源截图

素材资源，对已经建设的7门专业核心课程的素材资源进行补充和完善。对新增建的5门专业核心课程，进行图片、视频、动画、微课、虚拟仿真等素材资源的全面建设(图5-4)。

图5-4　林业技术专业教学资源库素材资源截图

实践教学资源包括实践教学文件资源、实践设备资源、实践教学录像、虚拟实训、实训基地、学生作品等(表5-3)。

表5-3　实践教学资源成果表

序号	建设项目	建设具体成果
1	指导文件	实训计划、实训指导、实训要求、训练任务工单等
2	设备资源	林业生产教学与管理所需的专业相关的仪器设备及生产工具
3	虚拟实训	课程虚拟实训、动画演示等
4	实训基地	实训基地、实训协议
5	学生作品	毕业论文、毕业设计、竞赛作品、实训作品等

(二)资源库建设的成效

(1)建成功能强大、资源丰富的林业技术专业教学资源系统；

(2)填补了全国林业技术专业教学资源库立项建设的空白；

(3)带动专业教学团队建设，提升了专业教学团队整体的教学与服务能力；

(4)有效提高了专业人才培养质量，增强了学生的创新创业能力；

(5)创新了校校联合与校企合作的新模式，提升了专业在行业和社会上的影响力；

（6）全面提升了信息化教学与管理水平，引领了信息化教学改革的方向。

六、体会与思考

资源库重点在建设，关键在应用。林业技术专业教学资源库建设完成后，仍需要做好以下工作：

（1）结合校园信息化建设，以资源库应用持续推进专业教学改革；

（2）不断优化资源构成与应用机制，持续改善教与学的效果；

（3）建立资源的升级、补充、更新质量管理体系，提升优质资源比例；

（4）针对不同学习者，加强资源检索、学习方案推送等智能化水平。

（本文成稿时间为 2017 年 4 月）

第六章 "1368"工程为引领的队伍及管理体系建设特色实践与探索

成果十三：全面实施"1368"工程 推进学院健康可持续发展

【成果由来及特色解读】

成果由来：本文为辽宁省教育科学规划"林业类高职院校特色发展模式研究与实践"项目后续发展性研究成果，是学院一级战略项目"'前校后场、产学结合、育林树人'特色高职院建设研究与实践"中关于特色队伍建设和特色管理体系构建专项研究的核心成果；是辽宁省职业教育改革发展示范校典型案例成果。

成果主旨凝练：邹学忠，徐岩；本文执笔人：邹学忠、刘颖。

成果特色及应用推广：本文作为辽宁省职业教育改革发展示范校典型案例成果在全省示范推广。学院党委超前谋划，于2013年年初率先提出了"1368"工程并全面实施，即：以一套科学的管理制度统领全校管理体系；抓"学风、校风、党风"的"三风"建设以解决人的思想、态度、作风等问题，营造好气候，创造好生态，提升人才质量，带动内涵深化；抓"领导班子队伍、中层干部队伍、教师队伍、党员队伍、学管队伍、学生干部队伍"的"六支队伍"建设，以提升全校主要队伍的整体素质；抓"教书育人、管理育人、服务育人、实践育人、文化育人、环境育人、党建育人、雷锋精神育人"的"八育人"，以切实保障育人为本的办学宗旨，确保"以学生为本，以人才培养为中心，以立德树人为根本任务"的全员育人工作真正落到实处、取得成效。实践证明，"1368"工程是具有辽宁林业职业技术学院独特特色的科学管理体系的总纲，经过近5年的实践，取得显著成效，非常值得同类院校借鉴推广。

一、实施背景

经过学院近10年的高职发展，学院党委高瞻远瞩，超前谋划，于2013

年年初率先提出了"1368"工程并全面实施。"一套"制度建设的提出是为了适应新时期学院发展的迫切需要，进一步规范和加强学院的内部管理工作，提出了实施制度建设。2013 年提出制度建设之后两年，辽宁省教育厅印发了《辽宁省高等学校规章制度建设指导目录》的通知（辽教发〔2015〕1 号），要求各高校进一步规范和加强内部管理工作，我院在制度建设方面超前谋划，提早建设，科学运行，有效地推动了学院依法治校。"学风、校风、党风"的"三风"建设的提出是为了解决人的思想、工作、学习态度、工作作风等方面存在的问题，坚持以教风带学风促校风、抓班风带学风促校风、以党风带校风，不断培育优良学风、校风和党风，提高人才培养质量，促进学院内涵建设。2016 年 12 月 7 日，习近平总书记在全国高校思想政治工作会议上也强调要坚持不懈的培育优良校风和学风，营造好气候，创造好生态。"领导班子队伍、中层干部队伍、教师队伍、党员队伍、学管队伍、学生干部队伍"的"六支队伍"建设的提出是为了解决队伍和人员动力、能力、精力等"三力"不足这一制约学院内涵发展的主要瓶颈，进一步提升班子队伍、干部队伍、教师队伍、党员队伍、学管队伍、学生干部队伍的整体素质。"教书育人、管理育人、服务育人、实践育人、文化育人、环境育人、党建育人、雷锋精神育人"的"八育人"是为了解决育人管理中存在的教书不育人问题，学院党委始终以学生为本，人才培养为中心，立德树人为根本任务，高度重视全员育人工作，成效显著。

二、主要目标

通过实施制度建设，使制度体系层次合理、简洁明确、协调一致，使学院发展做到治理有方、管理到位、风清气正，达到依法治校、依法治教、依法治学。通过实施学风、校风党风建设，使教职工思想进一步提升，工作作风更加扎实，教育教学质量逐步提高，全面从严治党要求落到实处。通过实施六支队伍建设，使领导班子队伍信念坚定、为民服务、勤政务实、敢于担当、清正廉洁；中层干部队伍结构合理、政治素质过硬、团结协调、作风优良、高效务实；党员队伍先锋模范作用突出；实施师资队伍建设进一步提升专业带头人、骨干教师、双师素质教师培养质量，提升教师整体素质。聚焦"八育人"这条工作主线，抓方向、抓核心、抓重点、抓主体、抓校风、抓责任，共同推进人才培养工作融入教育教学全方位全过程。

三、工作过程

(一)率先提出制度建设，构架依法治校、依法治学、依法治教的基础轨道

学院在 2013 年年初率先提出了实施制度建设，成立了制度建设领导小组，印发了《制度建设实施方案》，聘请专人从事制度建设工作，开展了理论调研和实践调研，学习了《中华人民共和国宪法》等 20 余部法律法规和规章，查阅并研究了教育部已经核准的 20 多所高校的大学章程；实地考察了 3 所高校关于现代大学制度的建设与管理。在此基础上，以章程建设为引领，经过 3 年的时间修订、完善，建立了涵盖党群等 8 类的 150 项科学的、完备的、具有自身特色的制度体系。

(二)坚持不懈培育优良学风、校风和党风，提高人才培养质量，促进学院内涵建设

1. 发挥教师主导作用，以教风带学风促校风

学院不断加强师德及敬业精神教育，加强师资队伍培养，提高教师教书育人的本领；合理设计教学管理制度及激励措施，建立健全教学质量监控体系，规范教学工作并加强教学过程管理，充分调动教师的积极性；树立教师为人师表的良好风范，每年开展课堂评估、优秀教师评选、师德先进个人评选，奖优罚劣；建立严格的质量监控和考核制度，全面提高教师队伍的思想素质、政治素质、道德素质和业务素质，调动教师教书育人的积极性，提高教师的教学水平；发挥学管队伍的引导作用，建立了辅导员与任课教师定期沟通制度，辅导员、学生干部查课制度，辅导员谈心谈话制度，辅导员进驻学生公寓制度等，以师风带学风促校风。

2. 发挥学生主体作用，抓班风带学风促校风

以学风建设为中心，大力开展社团、文化活动，活跃校园文化，营造浓厚的学习氛围；加强诚信教育，重点抓好考试作弊行为，每次考试之前要召开诚信考试主题班会，进行宣传教育，组织学生签写《诚信考试承诺书》，对各类违纪学生给予严肃处理，促进优良学风的形成；建立了有效激励机制，树立典型，鼓励先进，并定期开展经验交流，及时总结推广好的做法，促进学风建设。

3. 加强作风建设，以党风带校风

认真开展党的群众路线活动、"三严三实"专题教育、"两学一做"教育活

动，不断强化作风建设；建立了定期沟通制度，实行了领导班子周一例会制度，做到工作及时交流；建立了领导班子联系院(部)和校领导接待日制度，帮助师生解决实际问题；建立了领导班子值周值宿制度，与中层干部、辅导员一起致力于为师生服务；建立了学院民主生活会和组织生活会制度，充分开展批评和自我批评；建立了教职工代表大会制度，党员旁听党委会制度，实行党务院务公开，健全了师生员工参与民主管理和监督的工作机制。

（三）多措并举加强"六支队伍"建设，全面提升队伍整体素质，提升服务管理水平

一是坚持理论学习，强化思想武装；二是认真贯彻落实党委领导下的校长负责制和主要领导"四个不直接分管"的要求；三是建立健全党委统一领导、党政分工合作、协调运行的工作机制；四是调整优化中层干部队伍结构，加大中层干部培训力度，实行中层干部考核评价；五是加强党员教育管理，提高党员先锋模范作用；六是改善调整教师结构、提高教师的"双师"素质；七是加大专业带头人、骨干教师培养力度，鼓励教师深入企业实践锻炼；八是建立辅导员本科学历上岗机制，建立指尖上的辅导员微信沟通平台，提高合同制辅导员待遇；九是聘请大学生成长导师、成立育人工作室，开展院、系、班3级学生干部轮训，开展学生干部挂牌亮身份。

（四）坚持"八育人"贯穿教育教学全过程

一是用好课堂教学这个主渠道，坚持教书和育人相统一；二是深入开展"全员育人"和"优质服务"两大工程；三是加强第二课堂建设，广泛开展了社会实践，办好了学生社团；四是注重以文化人以文育人，通过凝练办学理念和特色，开展多种形式的校园文化活动，实现"入芝兰之室久而自芳"的效果；五是加大校园环境建设力度，通过校园基础实施改造以及"6S管理"，创造和谐优美的校园环境；六是全面贯彻落实全面从严治党要求，加强思想、组织、作风、制度和党风廉政建设，达到党建育人作用；七是大力发扬雷锋精神，通过与雷锋团共建，开展学雷锋活动，建设雷锋园地，雷锋存折，使雷锋精神植入人心。

四、条件保障

学院成立了各项工作的组织机构，明确了工程的各项工作任务、工作进程和责任人，为工程的全面实施提供了有力的组织保障；坚持依法治校，形

成领导依法决策、管理部门依法行政、教师依法从教的良好秩序和环境，健全了干部选拔任用、人事管理、教学保障、学生管理等制度，为"1368"工程的全面实施提供了有力的制度保障；加大了教师培训经费、学生管理经费、党建活动经费等，对实施工程给予了充足的经费保障。

五、取得成效

(一)现代大学制度体系完善，依法治校、依法治学、依法治教的基础轨道运行良好

通过150项制度建设工作的开展，填补了以前制度领域存在的空白，结构合理，体现了国家相关政策要求和学院特点，使制度体系更加完善；通过对制度的学习和宣传进一步增强了全体教职工制度意识；学院制度体系确立以来，议事规则更加完善，办事程序更加健全，通过各项制度有效实施，充分发挥了制度在推动和促进学院教学管理、科研管理、人事管理及财务管理等工作，有效促进学院各项事业的发展，逐步实现了依法治校、依法治学、依法治教。

(二)狠抓"三风"建设，形成了良好的校风、学风和党风，学院内涵建设显著提升

一是学院内涵建设显著提升。获得了全国高校就业50强、成为了首批国家现代学徒制试点单位、牵头组建了中国北方现代林业职教集团和辽宁生态建设与环境保护职教集团、牵头筹建了辽宁省生态环保产业校企联盟、获批了国家林业技术资源库建设，是全国文化育人与生态文明建设工作委员会主任单位；拥有国家重点专业2个，行业重点专业2个，辽宁省示范专业4个，辽宁省品牌专业6个，辽宁省对接产业集群示范专业5个，拥有国家重点实训基地3个，全国林业重点实训基地1个，辽宁省重点实训基地9个，拥有1个国家级专业资源库，1门国家级精品资源共享课，1门国家级精品课程，11门省级精品课程，教育部规划教材21部；学生获得全国林科十佳毕业生和优秀毕业生37名，获得全国职业技能大赛一等奖18名、二等奖39名、三等奖33名；学生就业率连续保持在95%以上。二是认真开展党的群众路线教育实践活动、"三严三实"和"两学一做"教育活动，为群众办实事150余项；认真落实院领导联系点制度和院领导接待日制度。每年大约深入联系点20余次，开展院领导接待日7次，深入联系点讲党课8次，听取师生提出的问题和建

议并帮助解决问题。三是建立了学院领导班子全年值周制度。强化对师生的优质服务和教风、学风的督察，每天深入到班级、教室、宿舍、食堂等学生中收集意见和建议，共召开教师、学生座谈会20余次，对学生提出的相关问题进行及时反馈，落实责任，立即整改，共解决60余项问题，切实实现以人才培养为中心的办学理念，密切了全院师生关系和党群、干群联系。

（三）狠抓队伍建设，"六支队伍"推动学院健康可持续发展

一是领导班子政治素质过硬、团结协调、作风优良、清正廉洁，符合习总书记提出的"20字"好干部标准，形成了党委统一领导、党政分工合作、协调运行的工作机制，连年省委高校工委考核领导班子均为"优秀"等级。二是中层干部队伍结构合理，信念坚定、为民服务、勤政务实、敢于担当、清正廉洁，中层干部年终考核几乎都在90分以上。三是党员队伍先锋模范作用充分发挥，党员联系班级、联系学生成效显著，把党员的身份亮了出来，把先进的标尺立了起来，把先锋的形象树了起来。四是师资队伍整体素质普遍提升，3名教师获得"沈阳市技术能手"荣誉称号，2名教师获得沈阳市"先进师德个人荣誉称号"；专兼职教师数量、结构满足教学需要，专任教师276人，硕士学位以上专任教师161人，占专任教师总数的58.3%；"双师型"教师171人，占专任教师总数的62%；共培养专业带头人13人，骨干教师43人，教师参加企业、行业、事业单位实践培训约300人次，教师业务能力水平明显提高。五是学管队伍管理水平不断提升，思想政治工作水平不断提高，人均持有心理咨询师等职业资格证书，获得辽宁省辅导员职业技能大赛优秀组织奖和个人三等奖。六是学生干部队伍整体素质不断增强，为学生服务能力得到明显提升。

（四）扎实开展"八育人"工作，将育人工作贯穿教育教学全过程，实现全过程育人、全方位育人

以"立德树人为"根本，以"人才培养"为中心，以深入开展"全员育人"和"优质服务"工程、社会实践、筑梦林园、校园文化艺术节、公寓文化节、大学生阳光体育、社团之夜文体、"6S管理"、雷锋存折续存、雷锋活动月等活动，创新"三有三成"绿色人才培养体系、学生党支部建在专业教研室上、设立党建经费、建立"三对接"、建设雷锋园地、与雷锋生前所在团建立军校共建等，将育人工作贯穿教育教学全过程，全面推进"八育人"工作，实现全员、全过程、全方位育人。

六、体会与思考

学院通过扎实开展"1368"工作，形成了一套完整的现代办学治校新体系、构建了科学的发展模式、形成了一条内涵式发展道路。

(一)科学的理论体系指明了学院发展方向

(1)发展目标明确：坚持举生态大旗，加强生态文明建设，落实绿色发展理念，弘扬林业精神，培养绿色人才。

(2)办学理念先进：学生为本、人才强校、质量保障、突出特色、服务社会。

(3)发展定位准确：以学生为本，人才培养为中心，立德树人为根本任务。

(4)"三步走"发展战略明确：建设"省内示范、行业一流、全国特色"高职院校。

(5)办学特色鲜明：前校后场、产学结合、育林树人。

(6)林业精神令人振奋：吃苦耐劳、无私奉献、团结协作、有为担当。

(二)形成了"三有三成"绿色人才培养体系

坚持立德树人根本任务，坚持实践能力培养，大力开展就业创业，真正实现成人、成才、成业。

(三)"1368"工程有力推动学院内涵发展

学院办学特色鲜明，示范院建设成绩斐然，教育教学改革走在前沿，集团化办学形成引领，人才培养水平大幅提升，师资队伍建设成效显著，教科研服务社会能力逐步提升，国际交流扎实推进，内部治理规范完善，党建亮点突出，走出了一条内涵式发展道路。

(本文成稿于 2017 年 5 月)

第七章 "前校后场 产学结合"的基地建设特色实践与探索

成果十四：以人才培养和社会服务为落脚点 充分发挥实训基地载体功能 走"前校后场、产学结合、育林树人"特色发展道路

【成果由来及特色解读】

成果由来：本文为辽宁省教育科学规划"林业类高职院校特色发展模式研究"项目及学院一级战略项目"'前校后场、产学结合、育林树人'特色高职院建设研究与实践"关于特色实训基地建设专项研究的核心成果。

该子项目负责人：王巨斌；本文主旨凝练及执笔人：徐岩。

成果特色及应用推广：2012年11月，本文内容在高等职业技术教育研究会农林牧渔专业协作会上做典型经验交流，宣讲地为浙江丽水。实训基地是高职院校发展建设的重要支撑载体，其建设成效直接影响到人才培养质量及社会服务水平高低。辽宁林业职业技术学院以人才培养和社会服务为"出发点、落脚点"，全面加强"生产性、开放式、共享型、多功能"实训基地建设，并以实训基地建设为重要载体，形成了"前校后场、产学结合、育林树人"的鲜明办学特色，全面提升了人才培养水平和社会服务能力，值得同类院校借鉴推广。

作为示范院建设的重要项目和人才培养、社会服务、科研创新的支撑载体，实训基地具有鲜明的职业岗位场景特征、实用技能强化特征、循序渐进教学特征、体现能力本位特征、能力迁移适应特征、基本平台共用特征、产教结合特征、突出行业及地域经济特征，是实践教学体系最为重要的要素之一，是解决学生实践能力的物质基础，其建设成效直接影响到人才培养质量及社会服务水平的高低。

按照产学研一体、内外兼顾、资源共享的原则，在长期的教学与实践中，

辽宁林业职业技术学院以人才培养和社会服务为"出发点、落脚点",全面加强"生产性、开放式、共享型、多功能"实训基地建设,并以实训基地建设为重要载体,形成了"前校后场、产学结合、育林树人"的办学特色,实现了办学水平的新跃升。

一、学院实训基地建设的模式特征及其基本内涵

(一)"前校后场、产学结合、育林树人"特色发展模式的内涵

"前校后场"是学院承担人才培养、社会服务核心使命,实现人才培养、科研创新、社会服务、文化传承四大社会功能的载体和环境;"产学结合"诠释了学院校企合作的办学模式、工学结合的人才培养模式、教学做一体的教学模式;"育林树人"是学院办学的根本出发点和最终落脚点。

(二)"前校后场、产学结合、育林树人"实训基地的模式内涵

为了适应"前校后场、产学结合、育林树人"特色发展模式需求,学院建设了"生产性、开放式、共享型、多功能"实训基地。其内涵指学院校内、外两类实训基地多为融生产、教学、科研、服务"四位一体",具有市场运作、自主经营、对外开放和资源共享"四个特征",能够同时实现实践教学、生产经营、师资培训、技能鉴定、科研创新、社会服务、就业协作、示范辐射等"八项功能"的现代化高职特色实训基地。

二、学院"生产性、开放式、共享型、多功能"实训基地构建的基本途径和举措

(一)场校融合、产学一体——建设"场中校"主导型、生产性、企业化实训基地

学院实验林场是具有独立法人资格的林业企业,位于辽宁东部的清原县境内,是全国林业高职院中规模最大、效益最好、管理水平最高、与教学结合最紧密的实验林场,也是学院最大、最有特色、生产性最强的一座"后场"。林场总经营面积 4030.6hm^2,森林面积达 4000hm^2 以上,林场蓄积量 56 万 m^3。自然资源丰富,植被保存完整,植物种类 900 多种。林场实行企业化经营,每年承担了大量的造林、采伐、抚育、更新、育苗等生产任务,年采伐量 11 500m^3,年造林面积 1000 亩,幼林抚育面积 3000 亩,年抚育采伐面积 3000 亩。作为学院育林树人的核心"后场",实验林场基础设施完备,建筑总

面积逾7000m^2，建有实训楼、餐饮中心、行政管理中心，专业实验室7个，体育活动场地10 000m^2，设施、设备先进。实验林场承担了林学专业和园林专业的实践教学任务，每年还接纳近200人次的沈阳农业大学的学生和60人次的东北林业大学的学生进行生产实践，同时还承担着技术培训、技术指导等对外业务。

教学实习区位于实验林场的海阳工区，面积262.5hm^2，其中针叶林为244.4hm^2，阔叶林为18.1hm^2。实习区内建有植物园、果园、日本落叶松种子园，建立了森林资源动态检测系统。可安排测量、森林调查、森林作业设计、森林植物与树木、森林防火、森林病虫害防治、土壤调查，造林设计等实习项目。可以同时安排1000名师生实习实训。

实验林场的主要领导由学院选派，技术人员由学院培养，主要的技术工作由学院专业教研室负责，如年主伐1万m^{3}木材、投资近200万元建设日本落叶松种子园等重大生产项目和研究项目由学院提报和审批，实行企业化管理，实现了"生产、教学、科研、服务四位一体"。在完成学院实践教学任务，保证人才培养质量的前提下，还要完成林业生产任务、保证林场建设投入和职工工资福利。近几年，由于教师的积极参与，林场深化各项改革，实行科学管理，积极发展生产，增产增收，仅通过采取刨根采伐、原条下山、合理造材、山下销售等措施，每年就增收10多万元。为了实现森林永续利用，教师带领学生进行森林抚育的科学设计，加大了幼林抚育力度，每年幼林抚育面积由3年前的500亩增加到1000亩，提高了林分质量。

辽宁林业职业技术学院实验林场在全省国有林场中产业化水平一直处于领先地位，在同类院校当中是绝无仅有。

(二)校域合作、区校共建——建设"校中场"生产性实训基地

学院与沈阳市苏家屯区林盛镇政府达成了合作意向，签订了租赁合同，租用其苗圃地20hm^2，租用期限30年，作为实训基地，即辽宁林业职业技术学院林盛教学基地。林盛教学基地由学院独立运作，很好地弥补了学院实验林场路途较远的不足，能够承担一些短期的教学实习，成为学院实习实训基地的重要组成部分，为实现学院"前校后场、产学结合、育林树人"的办学特色形成发挥了重要作用。这也是我院校内校域共建实训基地的典型代表。

林盛实践教学基地，是园林植物繁育实践教学基地，经营面积300亩，全部的管理人员和技术人员由学院选派。林盛教学基地是苏家屯区最大的苗木繁育场，基础设施齐备，配有各种苗圃作业机械等设施。建有温室大棚、

喷灌育苗区、保护地栽培区、苗木生产区、经济林引种区、果园区。可以满足组培繁育、苗圃设计、花卉生产、病虫害防治等项实训要求。

1712m^2 的植物材料繁育基地，是园林技术、花卉培育和生物技术产学研基地。装配有国内先进的组培设备，可供师生进行科学研究和植物新品种繁育技术的开发和推广工作。目前，植物材料繁育基地承担了辽宁省科技厅重大科研课题"优良树种引进、选育及快繁技术研究"、辽宁省教育厅立项的资源枯竭型城市经济转型课题"彩色观赏树木优新品种繁育及推广技术的研究""阜新地区主要经济林良种的引种栽培及其推广技术的研究"和学院课题"陆地栽培园林植物新品种的引种试验及栽培推广"等课题的组培试验、快速扩繁任务。

生物技术(园艺)实训基地除满足教学、实习需要外，还面向市场生产蝴蝶兰、红掌、仙客来、凤仙、常春藤、一品红等十余个品种高中低档盆花，以及菊花切花和百合切花等商品花卉，此外还生产蝴蝶兰、红掌等组培苗。每年生产各类盆花 10 万盆，鲜切花 10 万枝，各类种苗 10 万株，年销售收入 87 万元。盆花产品主要辐射东北三省，百合切花主要面向北京、上海、沈阳、杭州等全国大中城市花卉市场，菊花产品主要面向北京、沈阳、长春等北方市场以及部分周边国际市场。

(三)校政联手、四方联动——建设"政、校、企、协"四方合作创新型实训基地

充分发挥政府的引领与支持功能，学院木材工程学院以与行业龙头企业、名优企业(如圣象集团、德国威力)、行业协会合作为基点，深化与鞍山市政府的"校、政、企、协"合作、探索董事会制和股份制，筹备组建木材工业职业教育集团。目前由鞍山市政府投资 560 万元购置各种木材加工设备，同时投资建设 2160m^2 建筑面积的实训车间。主要包括板式家具实训中心、实木家具实训中心等，满足了我院木材工程学院主体实习实训项目的教学需求。

(四)校店共育、校场牵手——创新"订单式"稳定型校场紧密合作实训基地

该类实训基地主要设置在学院的酒店管理类专业群、木材加工类专业群以及计算机应用专业群。学院同高登酒店、金都饭店、兴瑞木业、中国圣象集团、大连佳洋木制品有限公司、北京科宝博洛尼公司等几十家名优企业进行了合作育人、合作培训、合作研发、合作就业的实质性"订单"合作，建立了广泛、典范的订单合作基地。

（五）上下内联，院系携手——创建"教学企业"院内新兴经营型、教学做一体实训基地

如旅游管理系校内实训基地新建了林苑旅行社、茶艺实训中心、调酒实训中心、餐饮一体化教室、客房一体化教室。其中，林苑旅行社、茶艺实训中心、调酒实训中心都是教学、经营、实训合一型实训基地，教师和学生即为旅行社及实训中心员工，旅行社根据教学需要和旅游市场需求灵活设计各种主题的国内游项目，以辽宁省内游为主要对象，小批量接待国内游客；茶艺实训中心、调酒实训中心主要针对学院及校区周边的休闲文化市场需求，以师生为主要经营对象，开展相应的项目服务。通过这种"教学企业"的建立和运作，既满足了实训教学需要，也锻炼了师生的综合职业能力，还为助学扶学、以企养学做出了贡献。

此外，学院组培繁育中心等实训基地也能够做到教学生产两不误，在完成学生实训任务的同时，每年生产组培苗木20多万株，经济效益显著。

（六）校企合作、工学结合——建立广泛、强大的校外顶岗、就业基地群

为了拓宽实践教学空间，使"后场"能为学院提供强有力的实践教学基础保障，学院先后与上海佘山索菲特大酒店、阜新农业高技术园、北京万富春森林资源发展有限公司、辽宁花卉基地成美园艺中心、辽西生态实验林场、辽宁省森林经营研究所等67家技术先进、经济状况良好、热心于高等职业教育的大中型龙头企业、林场、园林公司、科研院所、酒店、旅行社等单位签订了校企合作协议，建立了校外顶岗和就业基地，形成了优势互补、资源共享的保障机制。

（七）积极拓展其他模式的实训基地，成为基地建设的有力补充

除以上6种主体建设模式外，学院还积极拓展其他模式的实训基地。例如，学院与加拿大亚冈昆学院合作办学，通过校校合作探索海外教学实训基地建设；利用现代化手段，建设木工机械实训室、木材加工实训室、导游模拟实训室、园林工程与施工管理等校内模拟仿真实训基地，具有模拟、仿真功能，完成课堂实验、课程设计、教学实训等教学项目。

三、学院实训基地载体作用的发挥和取得的主要成效

通过几年的建设，学院进一步完善了生产性、开放式、共享型、多功能的八大校内实训基地和44个实验（实训）室；新建了契合教学做一体的林业技

术实训中心等 19 个高标准、高水平的实训基地和实训室并已全部投入使用；先后建立了近百家长期稳定的校外实训基地。以校内、外实训基地为载体，学院深入实施体制机制创新、专业建设和人才培养模式改革，迈入了内涵发展、特色发展、科学发展、快速发展的轨道。

（一）创新了校企合作体制机制

依托校企合作实训基地，实施"校企合作 2 + 1"模式，"订单培养 1 + 1 + 1"模式、"产学结合 2 + 0.5 + 0.5"模式，推进了学院与企业无缝对接；行业协助，各专业与几十家行业协会长期合作；与鞍山市政府合作，把木材加工技术专业群建成鞍山市职教城中的木材工程学院，鞍山市政府投资助学，资源共享，形成"优势互补、技术协作、共同培养、合作共赢"的"政校企协"四方联合新型办学模式。

（二）形成了专业群建设新格局

各专业以实训基地为支撑载体，以市场需求为导向，紧扣现代林业发展脉搏，优化专业布局，强力打造林业、园林品牌专业和木材加工、森林生态旅游等特色专业，专业综合实力全面提升，专业品牌效应不断增强，形成了"市场定位准确、产学结合紧密、林业特色鲜明、整体架构协调、发展稳健有力"的专业群新格局。

（三）全面推动了人才培养模式创新和教学改革

一是构建了"校场共育、产学同步、教学做一体化""两主两强""订单式411 全程职业化""工学一体、项目教学、订单培养""板块移动，随工随学""三平台多出口课证融通"等具有我院专业特色的人才培养模式。二是与企业全程合作，以真实的生产任务构建教学内容，开发任务驱动的项目教学课程，探索了"校企融合、任务驱动、项目导向的教学做一体的教学模式。三是推进了与教学做一体化项目教学相配套的教学资源库建设，编制了 21 门课程的项目化特色校本教材，形成了 114 门课程的项目化改造课程改革整体设计方案，完成了含国家、省、院 3 级精品课程的 83 门课程网站建设，为学生自主、交互式学习提供了坚实保障。现有 58 门课程系统开展了教学做一体化课改成果推广实施，产学研一体化程度和教育教学水平明显提升。

（四）全面提高了学生的综合素质

以"前校后场、产学结合"实践教学为主线，构建了以社会素质教育为基础、职业素质培养为核心的学生综合素质培养模式。我院毕业生魏京龙和于晶晶两名同学分别荣获 2011 届和 2012 届全国林科十佳优秀毕业生;多名学生在国家和省职业技能竞赛中获得一、二、三等奖。

（五）有效提升了教师团队的执教水平和实践能力

为加快师资队伍和实训基地两翼载体建设,学院自 2009 年 9 月起分 3 批开展了以课程项目化为抓手的"教师职业教育教学能力培训与测评"工作,经过严格、系统的培训、评审,170 名教师全部通过了测评,涉及课改课程 114 门。全面更新了教师的职教理念,提高了教师的职业教育教学能力;极大地激发了广大教师参与教学改革的积极性、主动性和创造性。

（六）质量工程建设水平跃居省内高职前列

拥有省级以上品牌专业 6 个,省级示范专业 4 个,院级示范专业 12 个;拥有国家级精品课 1 门,国家林业局精品课程 1 门,省级精品课 11 门,院级精品课 28 门;省级优秀教学团队 4 个,院级优秀教学团队 8 个;省级教学名师 2 人,院级教学名师 4 人,省级专业带头人 4 人,院级专业带头人 53 人;拥有国家级立项建设实训基地 2 个,省级立项建设实训基地 5 个。

（七）教科研工作硕果喜人

我院被评为辽宁省教育科学规划第二批重点研究基地,获得"高职课程模式及教学内容改革研究基地"称号。近 5 年来,主持及参加省部级以上教、科研课题 82 项,先后获得省部级一、二、三等奖 30 项,科技成果转化为企业创造效益近千万;在省部级以上学术刊物上发表了专业论文和教学研究论文 700 余篇;在 SCI 上发表论文 2 篇,实现了零的突破;公开出版专著及各类实用教材 110 部。

（八）人才培养水平和社会服务能力日益增强

一是人才培养质量和毕业生质量在全省居于前列。毕业生 3 年平均首次就业率达到 90%,就业率连续 3 年超过 95%,在全省高职院校中排在前列。我院毕业生在辽宁省林业行业中享有良好的声誉,用人单位评价毕业生工作称职率和满意率达到 90% 以上。二是形成了"辐射作用明显、社会影响广泛"的辐射圈。我院被沈阳市政府认定为"沈阳市 2010—2012 年度中小企业示范服务机构",被评为"沈阳高校十大社会服务贡献奖",是辽宁省林业行业培训基地,是国家林业局确定的全国林业行业关键岗位培训基地,是国家劳动和社会保障部批准设立的林业、园林行业特有工种鉴定站。几年来，特别是示范院建设以来，学院围绕林业生态建设和地方经济发展，积极参与社会服务，举办了各类省级培训班 150 余期，培训人员 20 000 余人次。三是开展"百千万科技富民工程"，突出社会和区域服务能力。即选择 100 个林业重点乡镇，进行集体林权制度改革后《森林经营方案及产业发展规划》编制的培训工作，选择部分乡镇组织开展林地经济开发项目建设工作，为林区培养 100 名大学生；选择 1000 个林区典型村屯，开展科技成果推广、技术咨询与服务，培育 1000 名农村科技致富带头人；选择 10 000 个林户进行实用技术普及、发放实用技术手册，带动广大林农科技致富。

（本文成稿于 2012 年 11 月）

第八章 "四双＋四为"型就业创业工作体系建设特色实践与探索

成果十五：林业类高职院校就业创业特色工作机制研究与实践

【成果由来及特色解读】

成果由来：本文为辽宁省教育科学规划项目"林业类高职院校特色发展模式研究"及学院一级战略项目"'前校后场、产学结合、育林树人'特色高职院建设研究与实践"中子项目"林业类高职院校就业创业机制创新研究"研究报告，是总项目关于林业类高职院校特色就业创业机制建设专项研究的核心成果，是争创"全国高校就业50强"时的汇报文稿。

子项目负责人：王巨斌；本文主旨凝练及执笔人：徐岩。

成果特色及应用推广：学院是辽宁省高校大学生就业创业示范校，多次荣获全国林业职业院校就业创业工作先进集体；2014年，学院被教育部评为全国高校毕业生就业工作典型经验50强，即"全国高校就业50强"。本成果所实践和探索的"人才培养与就业工作双融合、就业服务与就业指导双贯通、就业工作与创业工作双举措、毕业生与用人单位双满意"的"四双"就业创业工作理念，"保障为重、德育为先、成才为要、立业为根"的"四为"就业创业工作实施模式，以及创新形成的"三有三成"（有德成人、有技成才、有职成业）就业工作路径，特色鲜明、成效显著，通过实践，全面实现了毕业生就业创业质量双提高，使毕业生和用人单位双满意，非常值得全国同类院校甚至各高校借鉴推广。

辽宁林业职业技术学院不断深化教育教学改革，创新人才培养模式，积极探索就业工作新途径、创新就业工作新思路，在促进毕业生就业，服务地方经济建设和满足社会需求中做出了突出贡献，学校先后多次被辽宁省和国家有关部门表彰，荣获了全国林业职业院校就业创业工作先进集体、辽宁省高校大学生就业创业示范校、辽宁省普通高校毕业生就业工作先进集体等荣誉称号。

一、就业工作整体思路

(一)科学前瞻的顶层设计

以社会需求为导向,以全面深化教育教学改革为动力,以人才培养为核心,以创新体系与模式为重点,以毕业生就业"三率一薪"为抓手,完善工作机制,拓宽就业渠道,提升服务水平,切实保障人才培养质量和毕业生就业创业质量;

为社会培养、输送"素质高、技能强、后劲足"的高素质技术技能人才,使学生"有德、有技、有职,成人、成才、成业",不断满足学生就业与职业生涯可持续发展的需要,满足行业企业及区域经济社会发展的需求。

(二)"四双"支撑的体系架构

——人才培养与就业工作双融合;

——就业服务与就业指导双贯通;

——就业工作与创业工作双举措;

——毕业生与用人单位双满意。

(三)"四为"打造的实施载体

(1)保障为重——党委重视,实施"一把手"工程,保障就业工作轴心地位;

(2)德育为先——"三全八育人"大学生综合素质培养体系强元固本,打造人才培养与毕业生就业质量的灵魂;

(3)成才为要——人才培养模式与教育教学改革强化学生能力培养,夯实就业创业工作根基;

(4)立业为根——创新就业模式,提升就业工作水平,提高就业主体和用人主体双满意率。

二、就业工作状况

学校按照就业工作指导思想及整体思路,构建"四双"大就业工作体系,实施"四为"就业工作模式,取得了显著成效。

（一）保障为重——党委重视，实施"一把手"工程，搭建"七到位"管理体系，保障就业工作的轴心地位

定位决定地位。学校实施就业工作"一把手工程"，通过强大的领导力和科学、前瞻的顶层设计，推动"七到位"，保障了就业工作的轴心地位，成为就业工作取得显著成效和形成特色的首要条件。

1. 领导指挥到位

学校党委书记和校长高度重视就业工作，将其作为"三步走"战略发展的重要牵引和着陆点，亲自挂帅抓就业；将就业工作作为学校每年的重点工作，重点规划、重点管理、重点考核；通过党委会、校务会联席会议共同研究就业对策，书记、校长全程指挥，并与分管副校长不定期召开碰头会，保证了就业工作的前瞻性、科学性；通过领导联系院（系）制度、调研制度、听课制度等，学校主要领导经常下院（系）了解人才培养和就业工作，及时解决就业的重、难点问题，突破了就业工作瓶颈，有力提升了就业工作成效。

2. 组织保障到位

在"一把手"工程框架下，构建了强有力的就业工作组织保障体系，先后成立了由党委书记、校长牵头的毕业生就业工作领导小组、大学生就业创业培训中心和大学生就业创业指导中心。构建了校、院（系）两级就业管理体系，除校级专门机构外，每个院（系）党总支书记亲自抓就业，设一名专职教师具体负责就业工作，形成了就业工作立体化组织机构。高度重视并定期开展就业指导队伍业务培训，积极组织支持参加辽宁省教育厅、北森等举办的各项业务培训活动，不断提升各级就业指导队伍的建设水平。目前学校共有 22 人次分别取得国家高级职业指导师、国家二级心理咨询师、全球职业规划师、KAB 及 SIYB 创业导师和教育部 CCEP 职业素养培训师等证书。

3. 制度管理到位

学校加大了就业工作的制度体系建设，先后出台了《关于进一步加强我院毕业生就业工作的意见》《毕业生就业工作考核评估及奖励办法》《毕业生日常就业咨询服务管理办法》等一系列管理制度，实施了目标管理，将就业工作纳入到学校绩效考核总体目标中，将就业政策的贯彻落实度、毕业生和用人单位对就业工作的满意度以及"三率一薪"，作为考核标准，实施一票否决制，通过制度建设极大地调动和激发了就业工作人员的积极性。

4. 政策倾斜到位

学校把就业工作同人才培养一并作为办学的两道生命线，开通了就业工

作绿色通道，享受"特区"政策。明确了"三个必保"特殊政策：一是经费必保；二是人员必保；三是物质必保。确定了两个重要会议必开：一是每年必开一次就业工作专题会；二是每年必开一次全校性的就业工作总结表彰大会。通过这些刚性政策使就业工作有了可靠的保障。

5. 资金支持到位

学校目前按毕业生生均 600 元标准划拨就业工作专项经费，主要用于毕业生跟踪调查、就业市场开发、举办校园招聘会、就业指导和业务培训等方面。与此同时，加大就业工作奖励力度，通过对毕业生质量跟踪调查与回访，以就业政策的贯彻落实度、毕业生和用人单位对就业工作的满意度以及"三率一薪"等作为主要指标，对各系开展制度化就业工作考核。近两年投入专项就业经费以及为就业工作先进集体和个人发放奖金共计 200 余万元。

6. 硬件落实到位

学校设置了独立的就业办公室、一个就业分市场（逾 300m²）；一个企业远程面试工作室（逾 40m²）；一个就业服务网站（www. lnlzy. cn/zhaoshengjiu-ye）；1 个大学生创业项目（"卉声卉色花艺"淘宝店逾 100m²）；4 个大学生创业孵化项目（沐人工作室、砺石工作室、得意吧、巧匠俱乐部共计逾 800m²）；3 个大学生创业实践基地（沈阳林苑旅行社、沈阳佳贝爱童教育咨询有限公司、辽宁兴科中小企业服务中心共计逾 700m²）；4 个大学生创业培训基地（实验林场、林盛基地、板式家具车间、组培中心共计 50 万 m²）。为就业创业基地配备了电脑，创建了网站。

7. 软环境营造到位

实施"三全八育人"，全员育人文化浓郁，全员参与就业工作机制成熟，就业工作考核到专业；引导全体师生员工主动参与大学生就业指导服务；加强就业工作研究，出版了 2 部《大学生就业创业指导》教材，完成了校级和省级立项课题 5 项，发表论文多篇。

（二）德育为先——"三全八育人"大学生综合素质培养体系强元固本，打造人才培养与毕业生就业质量的灵魂

学校始终坚持立德为先、育人为本的理念，全面加强大学生思想教育，实施了全员育人、全过程育人、全方位育人以及教书育人、管理育人、服务育人、环境育人、文化育人、实践育人、雷锋精神育人、党建育人。通过"三全八育人"大学生素质教育特色体系构建实施，教学生学会做人做事，全面提升学生的诚信品质、敬业精神、合作意识、创新和就业创业能力，发挥育人

功能，夯实就业基础。

（三）成才为要——人才培养模式与教育教学改革强化学生能力建设，夯实就业创业工作根基

1. 专业对接产业，专业品牌优势助推就业

学校对准市场需求，建立专业动态调控机制，加大对市场反响好、专业质量高、服务产业能力强的重点和示范专业建设力度。重点打造了国家重点专业 2 个、行业重点专业 2 个、省级示范专业 4 个、省级品牌专业 6 个、辽宁省对接产业集群示范专业 3 个。这些重点专业及特色专业，市场竞争力强，毕业生就业前景好，打通了专业与产业、学业与专业、专业与岗位的对接通道，极大促进了学生整体就业质量。

2. 校企合作创新人才培养模式，增强毕业生就业竞争力

深入推进产教融合，校企合作，探索了"全程项目化""两主两强""订单式 411 全程职业化""板块移动、随工随学""三平台、多出口、课证融通"等工学结合的人才培养模式，全面促进了人才培养质量提高，增强了毕业生就业竞争力。推进生产任务与实践教学有机统一，先后开展了全省森林资源二类调查、森林资源连续清查、园林工程设计与施工等生产项目 10 余项，累计参加学生约 5000 人次，极大地促进了学生岗位适应能力的提高。

3. 全面加强课程改革，大幅提升教育教学质量

率先在全省高职院校中开展"全员职业教育教学能力培训测评"和"百强课改"，历时 5 年，全面推行能力本位、教学做一体的项目课程改革，成绩突出、效果显著，极大地提高了教学质量和学生能力素质，人才培养水平在省内高职院校和全国同行业院校中走在前沿，成为学生就业竞争力提升的核心支撑。上述两大整体教改项目实施期间，219 名专兼职教师全员参与完成了项目化课程改造 154 门，教学做一体化课程实施 72 门，完成验收 59 门，校企共同开发课程标准等教学软资源 146 万字，建立课程网站 56 个，合作开发出版教学做一体化特色教材 21 部，3000 余名学生直接受益。

4. 构建技能大赛与双证融通体系，强化学生实践能力和职业素质

加强实践教学过程管理，强化顶岗实习质量监控和学生岗位实践能力培养；推进双证融通，将职业岗位技能标准纳入教学标准，学生职业技能证书考核培训纳入专业教学计划，学生双证书获取率逐年提高，重点专业学生双证书获取率实现 100%。

创新学生专业职业技能大赛制度，连续 6 届规范化、系统化开展了全院

学生参与的院级职业技能大赛，承办了全国职业院校首届林业职业技能大赛，推动了考、评、学、训、赛、用六位一体，促进了学生实践能力和职业素质提升。

5. "教授 + 大师"的教师队伍形成引领，推进名师带高徒

重点引进企业技术骨干作为专业带头人，构建"教授 + 大师"的优秀教学团队，形成了人才培养和教学改革的强大人力支撑，推进名师带高徒。

6. "前校后场"办学特色和实训基地建设，打造学生就业创业广阔平台

学校与行业企业联手，共建生产性、开放式、多功能、共享型实训基地，拥有校内外实训基地 170 个，其中，国家重点建设实训基地 3 个，行业重点建设实训基 1 个，省级实训基地 8 个。

清原实验林场是全国林业"森林资源调查与监测"示范性实训基地，占地60 000 余亩，是全国林业高职院中面积最大、条件最好、生产性、示范性最强的实训基地，成为学生能力培养和就业创业的最大"后场"。

以后场为依托，形成了"场校融合、产教一体、学训同步、道技兼修"的实践教学体系，积淀了"前校后场、产学结合、育林树人"的办学特色，强化了林业人吃苦耐劳、热爱林业、低碳环保的行业精神和职业情操，为学生综合职业能力素质提高和就业创业能力培养打造了广阔平台。

7. 健全教育教学质量保障体系，形成了有效的人才培养质量保障机制

引进 ISO 9000 质量管理理念，建立了"校院两级、四位一体""内外双层、四元统合"的教育教学质量保障体系，有力推动了人才培养质量提高。

(四)立业为根——完善就业指导、服务双体系，贯通就业、创业双渠道，提升就业工作水平，提高就业主体和用人主体双满意率

1. 创新"五服务"的就业创业服务体系，全面提高毕业生就业竞争力

一是培育开发就业市场，服务到"面"。注重就业市场巩固和开发，先后与近百家龙头企业、重点企业及省内外 30 余个行业学会协会及区域政府合作，已有省内外 200 多家企业成为长期的就业市场和企业群，就业市场稳定、平台广阔。坚持从校内向校外延伸，省内向省外拓展的就业市场"双开发"策略，特别是与鞍山市政府合建鞍山市职教城中的木材工程学院，牵头组建中国(北方)现代林业职业教育集团，为就业市场提供了广阔空间和良性机制。

此外，"圣象家具订单班""希尔顿酒店订单班""宏图创展订单班"等订单式培养的毕业生供不应求，学校成为企业人才的"蓄水池"。

二是全方位提供就业供需信息，服务到"线"。大力开展企业进校园送岗

位、学校进企业送人才、毕业生专场招聘会等活动，坚持小型化、专场化、持续化，做到"周周有招聘会议，天天有招聘信息，时时有招聘服务"。加强就业信息化建设，完善校园就业信息网，每天发布就业信息；搭建便捷的就业信息高速公路，建立了优秀校友博客群；以班级和专业为单位建立 QQ 群，定期向学生发布就业岗位以及相关就业信息。每年开展校园集中招聘、季节专项招聘、系部专业招聘和企业专场招聘等 300 余场招聘会，每年为学生提供岗位 3000 余个，5 年累计为学生提供就业岗位 16 000 多个，校友博客圈和 QQ 点击量咨询量 6 万余条。

三是强化就业指导，服务到"点"。着力加强就业指导课程建设，将职业生涯规划、就业创业教育课程纳入必修课，规定就业创业课程不少于 38 学时，贯穿人才培养全过程。一年级开展职业生涯规划和创业启蒙指导，二年级开展就业技能、职业素养等方面指导，三年级开展就业政策、择业心态、面试技巧等方面指导。在第二课堂结合专业特色，开设了 12 学时的大学生就业创业实践课程，实施了第二种就业能力提升计划，将职业生涯规划、就业指导、求职面试、沟通表达、创业教育有机融合。目前已有近 300 人取得了林业职业经理人认证资质证书，这些举措为毕业生就业增加了重要砝码。

四是帮扶就业弱势群体，服务到"人"。关心经济困难和就业困难的"双困"群体，开展"双困"毕业生家访活动，送去人文关怀、物资资助和就业岗位，先后为 100 余名毕业生发放困难补助和实习补助 30 万元，学校被辽宁省教育厅评为家访活动优秀组织单位；针对困难学生，建立了中层干部与双困学生"一对一"的职业生涯规划教育帮扶制度和设置公益管理岗帮扶的"双帮扶"机制，通过设置公益岗解决了 5 名困难毕业生就业。

五是加强创业指导，服务到"项"。先后成立了大学生就业创业培训中心和大学生就业创业指导中心，指导学生的就业创业技能培训、就业创业项目以及理论研究工作。成立了学院兴科中小企业培训中心，依托中心专家资源，为学生创业提供专家与技术服务平台。

全力为创业学生提供资金、条件和政策支持。2013 年实施了"定点扶持，集中孵化，多元搭建，互动共享"的"1434 大学生创业支持计划"。2013 年共累计注入大学生扶持创业资金及相关创业经费 30 余万元。

学校每年组织的"兴林杯"大学生创业方案设计大赛，投入资金 20 万元，全程指导；先后组织开展了五届"兴林杯"创业大赛，创业模拟大赛、YBC、KAB 教育、"嘉汉杯"全国林科创业大赛等活动，参与学生 12 000 余人次。王大伟自主创办企业沈阳林苑园林有限责任公司；家政服务专业毕业生刘美玲，创建了北京美嘉和家政服务公司；建筑工程系电脑艺术设计专业毕业生杨玉龙创建了沈阳印虫复印社。学校被评为辽宁省大学生创业教育示范校。

2. 坚持"五导制"的专业化就业指导，提升就业服务专业化水平

构建了以院(系)专职就业工作人员为基础，就业指导教师为骨干、辅导员为主体、校内专业教师为导师，校外职业指导专家广泛参与的就业指导服务模式，实施"五导制"。即招生就业处及各分院专职就业人员，围绕就业政策、市场开发、校园招聘会、指导服务等方面发挥导向作用；就业指导教师通过第一课堂与第二课堂有机结合，为学生开展就业创业求职指导；每个班级配备专职辅导员，负责学生的思想教育和就业指导；专业教师担任毕业班级的班导师，负责学生的专业指导和就业推荐指导；企业优秀人力资源经理担任校外辅导员，开展专题就业指导。目前，学院从沈阳博荣水立方有限公司、圣象集团、洲际酒店集团等 15 家优秀企业聘请 22 名企业经理，每年开展报告、座谈和求职指导等活动 100 余次。

3. 就业环节前置形成良性互动机制

一是就业环节前置，形成招生就业与专业建设良性互动。建立"绿牌活招，黄牌缓招，红牌停招"的内部专业建设和招生工作联动机制，通过招生三数(第一志愿报考数、报道数、新生退学数)和就业三率(就业率、专业对口率、稳定率)变化有机调控专业设置，使专业走向始终围绕就业需求发展建设。

二是就业环节前置，形成订单培养与就业对接。几年来共与 30 余个大中型企业订单培养 1500 余人。酒店管理、木材加工技术等专业是全省高职中订单最早、模式最成熟、吸引力最大的订单专业，学生入学即就业的机制日益成熟。

木材加工技术专业订单班学生供不应求；酒店管理专业则创下与企业一次性订单签约 83 名学生，成为中国东北区首家与希尔顿全球酒店集团建立战略合作关系的高校等多项订单培养记录。

三是就业环节前置，促进就业工作实现时时提早站位、环环赢得先机。学校紧跟不断变化的就业市场需求，紧紧把握就业工作规律，坚持提高定位、提早入手、提前改革的先进理念，将就业工作环节前置，实现了"四个超前"，即：国家未明确提出考核就业率，我校就已经开始抓就业率；国家开始明确抓就业率，我校已开始抓就业质量；国家开始重点抓就业质量，我校已开始

抓"三率一薪"；国家开始抓就业的全面工作，我校已开始抓毕业生个性化的就业服务指导和学生职业生涯可持续发展。"四个超前"形成了"唯有源头活水来"式的就业工作机制，极大促进了我校就业工作上水平、出成效。

三、就业工作成效

几年来，学校在实际中不断探索和实践，就业工作成效凸显：

（一）以就业和社会需求为导向的教育教学改革取得显著成效

我校魏京龙等 5 名同学荣获全国林科"十佳"毕业生称号，26 名学生荣获全国林科优秀毕业生称号，是全国林业高校中的唯一；64 个项目、199 人次在国家及省级专业技能大赛中获奖，学生的实践动手能力、职业素质和就业创业能力显著增强，人才培养质量大幅提升。

（二）招生、培养和就业联动机制建设取得显著成效

连年考生第一志愿上线人数居全省前列，形成了以招生促就业、以就业带招生、"入口旺、过程优、出口活"的生态联动机制，为学生成功就业提供了有力支撑。

（三）就业创业指导服务体系不断强化

通过强化就业指导教育模式改革，构建学院、企业、校友共同指导教育的"三大平台"，积极开展第二种能力即通用管理能力提升，大一职业生涯规划，大二职业素养训练，大三就业创业指导，着力就业资本储备，提升职业素质。

（四）促进毕业生基层就业成效显著

组织学生积极参加支援大西北和"辽西北"项目。2011 年以来，有 7 名毕业生入选"辽西北"项目，41 名毕业生参军入伍。

（五）提升创新创业教育和毕业生自主创业水平取得显著成效

在学校的全程指导下，园林专业毕业生王大伟自主创办沈阳林苑园林有限责任公司，2013 年度营业收入已达百万以上；家政服务专业毕业生刘美玲创建了北京美嘉和家政服务公司，面向高端家政护理，目前员工已达 20 余人，成为北京家政服务市场的一颗新星；电脑艺术设计专业毕业生杨玉龙创建了沈阳印虫复印社，年营业额达 25 万~30 万元，目前已开第二家分店，店铺面积逾 140m²。

(六)提高毕业生就业率和就业质量取得显著成效

通过特色就业工作体系实施，近三年毕业生就业率95%以上，就业单位满意率90%以上，专业对口率平均70%以上，稳定率在70%以上，实现了毕业生能力素质水平高、就业"三率一薪"水平高、职业发展预期高。

近年来，由于就业创业工作特色明显，社会影响显著，我校先后被评为全国林业职业院校就业创业工作先进集体、辽宁省就业分市场、辽宁省创业示范校、辽宁省普通高校毕业生就业创业工作先进集体、全国大学生就业创业工作优秀组织奖、"北美枫情杯"评选活动优秀组织奖等荣誉。《光明日报》《中国教育报》《中国青年报》《中国旅游报》《中国环境报》《中国绿色时报》、辽宁电视台等几十家新闻媒体的几百条新闻消息全方位报道了学院特色就业工作体系实施所取得的显著成效，引领作用突出，辐射影响广泛。

四、就业工作特色典型经验

多年来，学校不断创新就业工作，形成了"三有三成"就业工作特色，使毕业生"有德、有技、有职，成人、成才、成业"，全面实现毕业生就业创业质量双提高，使毕业生和用人单位双满意。

(一)突出打造特色"成人"体系，使学生"有德"

学校始终坚持立德为先，育人为本，通过构建和实施"三全八育人"体系，强化学生职业素质和行业精神培养，全面提升大学生综合素质和终生可持续发展能力，教学生学会做人，热爱行业和专业，懂得爱岗敬业、吃苦耐劳、合作进取，使学生"有德"继而"成人"，为就业创业打下良好的身心素质基础，成为学生成功就业、全面发展、可持续发展的第一砝码。

特别是学校立足生态，行业文化育人特色鲜明，成效卓著：学校牵头组建了全国文化育人与生态文明建设工作委员会；推行生态文明知识进课堂、进头脑、进教材；在全省高中生中设立"育林树人励志奖学金"；开展"育林树人杯"征文大赛；组织"迎全运 爱家乡 低碳环保我先行"大型公益活动，使区域内15 000余名大中小学生受益，获得梁希科普活动奖，是全国林业高职院中的唯一；牵头组织的"辽宁古树名木"大型科考活动吸纳了包括全省林业科研骨干、在校教师和大学生在内的150余人组成科研团队，历时6年，填补了辽宁古树名木修史纂志的空白，被《光明日报》追踪报道。这些有益的大型生态环保活动润物无声，强化了学生吃苦耐劳、低碳环保、奉献爱岗的行业素质培养，推动了学生优先选择涉林类绿色岗位就业，实现了学校"服务生态"的办学使命。

(二)重点构建坚实的"成才"体系，使学生"有技"

学校坚持走内涵发展道路，突出人才培养的核心地位，全面深化教育教学改革，创新人才培养模式、教学模式、评价模式，全面提高人才培养质量，教学生学会学习、学会生存，掌握专业知识，熟练应用专业技能，提高实践动手能力、创新能力和就业创业能力，使学生"有技"继而"成才"，为就业创业打下良好的知识能力基础。

特别是历时5年，全面开展"全员教师职业教育教学能力培训与测评"，实施"百强课改"；连续6年系统开展全院性的学生职业技能大赛，承办首届全国职业院校首届林业职业技能大赛；订单培养在全省开展最早、体系最成熟、成绩最显著。上述全员参与型、整体性、超前性的大型教育教学改革行动影响深远、特色鲜明，在全省、全行业乃至更广泛的职教领域形成示范引领，极大地提高了学生的专业核心技能、职业综合能力和实践动手能力，成为学生形成就业核心竞争力，能够顺利入职、成功就业、可持续就业的能力法宝。

(三)倾力实施科学的"成业"体系，使学生"有职"

学校将就业工作作为学校生存发展的生命线，看成是学校育人与服务双重使命的落脚点，全面创新就业工作机制，构建科学的就业工作体系，实施有效的就业工作途径，全面提高了学生的就业创业竞争力，使学生学会求职、学会工作、学会就业创业、学会敬业乐业，使学生"有职"进而"成业"，真正实现了学校为学生服务、为企业服务、为社会服务、为生态服务的根本使命。

"成业"体系构建实施的主要特色和经验主要体现在"六个一点儿"：

一是看得比别人重一点儿。就业工作"一把手工程"落实到位，具体表现在"七个到位"。

二是站得比别人高一点儿。就业工作理念先进。学校紧密结合林业行业特征和自身办学特色，坚持举生态旗，打绿色牌，走阳光路，率先提出"育人为本、立业为根、发展为要、服务生态"的大学生职业生涯绿色管理理念，重视学生成人、成才、成功，帮助学生有业、敬业、乐业，指导和引领学院就业工作高定位、高水准、高质量推进。

三是顶层设计别人优一点。"四双"就业体系和"四为"就业工作模式设计科学。

四是标准比别人严一点儿。我校要求"就业创业两手齐抓，三率一薪四项共管，成人、成才、成业三梦同圆"，用高标准、严要求全面满足学生、行业企业和社会的共同需求。再例如，在利用校企合作推进就业工作中，我们不是简单地低层次就业，而是设置标准，着力提高就业质量。如我院园林系明确规定要求园林企业进驻校园进行招聘必须具有国家二级资质，企业规模达到30人以上；旅游管理系要求校企合作酒店企业须为五星级酒店集团性质，这些标准的确立使就业质量和效果明显增强。

五是步子比别人快一点儿。"四个超前"和就业环节前置，使就业工作站位前瞻，提早入手，抢占先机。

六是做得比别人实一点儿。"五服务"和"五导"全方位提升就业指导和就业服务能力。

五、未来就业创业工作的思考

未来几年内，学校将在"三步走"战略引领下，着力在以下三方面重点用力，全面抓好就业工作：

（1）继续坚持"育人为本，德育为先"的素质教育理念，深入实施"三全八育人"工作体系，将文化育人与生态文明建设有机结合，着力培养高素质的绿色人才，全面提升学生的职业素质、专业素质、行业素质和综合素质。

（2）进一步加强学校内涵建设，全面深化产教融合、校企合作，不断探索订单培养、顶岗实习、现代学徒制等有效途径，以课程改革为核心拓展教育教学改革的深度、力度、广度和效度，着力提高人才培养质量，增强学生的就业竞争力。

（3）全面加强就业创业指导体系、服务体系、工作体系和保障体系建设，在继续实施"四为"就业工作模式，开展"五服务""五导"，完善一把手工程的"七到位"保障制度的同时，不断创新就业工作机制和举措：

一是加强就业创业队伍培养，提高就业创业课程实效性与针对性，构建全员化、专家型、职业性师资队伍，提高就业服务水平。

二是加大对大学生就业创业工作的"全员化、全程化、专业化、信息化"指导。

三是加强对毕业生质量跟踪调查研究，进一步完善和创新招生、就业、专业建设、人才培养四者联动机制，提高大学生社会认可度。

四是在国家关于"打通从中职、专科、本科到研究生的上升通道"的现代职教体系构建模式下，大胆探索毕业生多途径上升通道；在中国(北方)现代林业职教集团背景下加大现代林业职教体系构建，为政校企行多元合作招生、合作培养、合作就业探索新途径。

五是努力提高毕业生就业质量，在坚持提高就业率、专业对口率、专业稳定率"三率"指标体系外，加大对毕业生薪资水平、就业适岗能力、职业可持续发展能力考核，将就业创业溶于人才培养全过程；探索深化"毕业生毕业后就业服务计划"和"毕业生回炉"制度的新途径、新方法，关注学生终生职业生涯可持续发展。

学校将在"三步走"战略引领下，始终坚持以就业为导向，以服务为宗旨的办学方针，围绕地区经济建设、社会发展需求和就业工作的新形势、新要求、新变化，按照"有德成人、有技成才、有职成业"的总思路，强化大学生素质培养，全面提高人才培养质量，加大就业创业服务、指导工作力度，切实办好人民满意的高等职业教育，为全面实现建设"省内示范、行业一流、全国特色"高职院的美丽林院梦而努力奋斗。

（本文成稿于 2014 年 6 月）

第九章 "一轴七翼、服务三林"的教科研与社会服务体系建设特色实践与探索

成果十六：林业类高职院校社会服务特色研究与实践

【成果由来及特色解读】

成果由来：本文为辽宁省教育科学规划项目"林业类高职院校特色发展模式研究"及学院一级战略项目"'前校后场、产学结合、育林树人'特色高职院建设研究与实践"子项目"林业类高职院校社会服务特色研究与实践"研究报告，是总项目关于林业类高职院校特色社会服务模式研究的核心成果。

子项目负责人：王巨斌、王福玉；成果主旨凝练：邹学忠、王巨斌、王福玉；本文执笔人：王福玉。

成果特色及应用推广：学院通过建立"一轴七翼"大培训、大教育格局，以培训中心为主体，7 个二级院(部)为互动，以提升行业人才素质为核心，以企业职工技能提高为重点，以增强学生就业技能和文化素养为基础，坚持面向行业、面向企业、面向学生多角度、全方位开展技术培训、职业技能和资格鉴定、继续教育等，共同实施社会服务能力建设与终身教育工程，形成了林业高职院校社会服务工作的特色以及"百千万科技富民工程"这一亮点，在服务"三林"(林业、林区、林农)和为社会主义新农村建设中做出了重要贡献。2009 年，学院被评为"沈阳高校十大社会服务贡献奖"；2012 年，本项目入选辽宁教育民生与创新发展"双百项目"，非常值得同类院校借鉴参考。

一、建设概况

辽宁省乡村人口 1900 万，城市化率 58.7%，全省 44 个县(市)中有 24 个是山区县(市)，占 54%，山区面积占全省总面积的 64%。辽宁省是以集体林为主的省份，集体林面积近 9000 万亩，占全省林地面积的 88%。目前，辽宁省集体林权制度改革实践基本完成。从整体上讲，我省仍然是一个林业资源

缺乏的省份，森林资源总量不足，森林生态系统尤其是辽宁西北部的森林生态系统整体功能还非常脆弱，林业改革和发展的任务相当繁重。

辽宁林业职业技术学院是我省唯一的林业高职院，承担着培养林业发展建设人才的重任。切实加强学院的社会服务能力，对于加强我省生态建设、维护生态安全，守住辽宁的生态底线，促进经济发展与人口、资源、环境的协调，实现人与自然的和谐相处，意义十分重大。学院根据社会、企业、农村劳动力转移等需要，积极承担了全省林业行业、林农的职业技能培训和岗位培训任务，为全面提高我省林业系统管理人员、一线工程技术人员、广大林农的综合素质和业务、生产、技术水平以及为林农致富做出了较大贡献。

二、社会服务研究与实践

（一）加强体制机制创新，构建社会服务体系网络

学院紧密结合国家和辽宁发展战略，面向新农村建设，进一步探索学院发展与经济社会发展互动更为直接的切入点和更为有效的体制机制，加强体制机制创新，加强教育协作，构建社会服务能力建设与终身教育体系网络，为服务辽宁老工业基地振兴，推动辽宁林业发展、促进科研成果转化，推进继续教育，发挥学院自身优势，做出更为直接、有力的贡献。

建立"一轴七翼"大培训、大教育格局，以培训中心为主体，7个专业院、部为互动，以提升行业人才素质为核心，以企业职工技能提高为重点，以增强学生就业技能和文化素养为基础，坚持面向行业、面向企业、面向学生多角度、全方位开展技术培训、职业技能和资格鉴定、继续教育等，共同实施社会服务能力建设与终身教育工程。

根据不同地域、不同专业需求，建立起教育教学师资库，在科研院所、相关高校、行业内外企事业单位、行业基层单位等选聘专家、大师、行家里手、教授等作为开展社会服务与终身教育工作的师资，建立师资库，实现师资资源共享。

根据社会需求和学院的资源优势，统筹规划，合理安排，共同开发教育教学资源，研究制作网络教学课程，建立健全基于知识和能力结构相适应的网络教育教学资源库，开展远程教育活动，满足社会服务与终身教育的需求。建立健全林业类高职社会服务能力建设与终身教育体系建设制度，加强与主管教育的职能部门、劳动人事部门、行业主管部门、行业协会、相关企业等沟通与联系，强化统筹管理、规划和协调，科学合理制定社会服务能力建设

与终身教育体系工作规划，重点为行业发展、人力资源需求、行业从业人员就业、转岗、能力提高等提供相应服务。

整合学院的成人教育、培训教育、远程教育、社区教育等资源，在学习教育内容上加强与职业教育的联系，实施普通教育、成人教育、职业培训教育"三教统筹"。建立行业需求与学校培养、学历教育与职业资格教育培训"双证融通"的课程体系与培养体系。通过借鉴国内外其他院校成人教育和行业培训的先进做法，结合我国国情和本学院的实际，进一步创新教育服务体制，探索社会服务能力建设与终身教育体系建设新模式，实现全日制教育和继续教育的两条办学主线的有机协调、共同发展。

围绕行业改革中心工作及社会发展的需求，根据社会、行业、企业对行业培训、成人学历提高的需要，积极拓展继续教育功能，不断扩大行业培训、成人学历教育规模，加强与行业企业联合办学，真正实现合作办学、合作就业、合作发展。促进行业企业依托学院联合共建专业化、综合化的职工继续教育基地和产学研基地。及时跟踪地方支柱产业、优先发展行业、重点企业对专业高技能人才的需求变化，开设各类适合地方经济社会发展需要的成人学历教育专业和非学历社会技能培训、岗位培训等，满足各类人员知识更新的需要。

（二）加强培训工作，提升行业职业素质

通过示范工程带动林农致富，传播科技知识、服务地方经济，提高务林人素质、为林业保驾护航等途径，建立起了"培训基地＋龙头企业＋林农专业合作组织＋林农"的培训体系，不断开创学院社会服务工作的新局面。

我院是辽宁省林业行业培训基地。根据辽宁省林业厅《关于委托辽宁林业职业技术学院承担林业培训工作职责任务的通知》（辽林组字〔2004〕28 号）文件精神，成立了辽宁林业职业技术学院培训中心，承担了全省林业培训工作。一是负责拟定全省林业行业培训工作规划、计划；二是负责全省林业系统公务员、专业技术人员及经营管理人员的林业新知识、新技能培训；三是负责全省林农、林业工人及其他林业从业人员的职业技能培训和职业技能鉴定工作；四是负责全省林业人才情况调查、需求预测和培训工作调查、总结、统计、报表工作等。学院培训中心是辽宁省林业厅行业培训的职能部门，设有完善的组织领导机构，有培训专用公寓逾 $1000m^2$，学院清原实训基地拥有逾 $6000m^2$ 的实训楼以及 61 000 亩的林地资源，完全满足培训需要。

1. 围绕服务县域经济开展培训

学院经省教育厅立项为县域经济试点单位，重点是清原县、桓仁县、彰武县 3 个县区。学院在清原县、桓仁县等实施了"林业科技入户示范工程"。多次组织专家到村里、林农家里、林地现场、果园，为林农讲授林木经营管理、林地经济开发、食用菌生产、中草药种植等技术知识，做到了送知识到家里、送技术到地头、送服务到农户。仅桓仁县"阳光工程"为主题的系列活动"食用菌生产技术培训"，一次就为桓仁县华来镇培训林农 400 余人。学院还组织相关专家、教师，编写出版了《林业实用技术》，免费发放给清原、本溪、铁岭、彰武等地的林农共 10 000 余册。

2. 围绕服务新农村建设开展培训

在新农村建设中，学院与沈阳市林业局合作，先后开办了"果树栽培技术培训班""林果实用技术推广培训班""设施葡萄专题培训班"等。把农民请进学院免费培训，专家、教授亲自为农民学员上课传授知识，带领学员到林果基地实习，手把手地教林农生产实践技术。先后为新民市、辽中县、苏家屯区、新城子区、东陵区、康平县、法库县等培训林农 1200 余人。有针对性的培训不仅解决了林农的实际问题，也促进了现代林业的科技成果转化，促进林农增收致富。

2013 年，学院根据省科技厅文件精神，组织开展了"林农上大学、免费学技术"活动，成功举办了二期辽宁省农民技术员培训班。共培训学员 230 人，学员全部获得结业证书的同时，还有 151 人获得了农民科技经纪人证书，有189 人申办了劳动和社会保障部颁发的职业技能鉴定证书。

3. 围绕服务相关企业开展培训

学院是首批被省教育厅认定为高校中小企业服务中心，中心成立了近 30 名专家组成的咨询组，利用网络、电话、信函、接待来访或选派专家到现场与相关企业共同探讨林地经济开发、林农致富的新途径，进行优良苗木繁育、林木病虫害防治、经济林产品生产与深加工、园林工程施工等诸多方面进行技术咨询、技术服务，年咨询服务逾 2000 项次，为全面提高企业管理人员、一线工程技术人员的综合素质做出了较大贡献；学院还联合深圳市洲际人才管理有限公司合作开办高技能人才培养班、与省风景园林协会联合开展项目负责人培训班、与沈阳铁路局林业总场开展学历教育班，为企业人才储备贡献了力量。

4. 围绕服务林业主战场开展培训

结合我省林业的重点工作，学院与相关部门联合开办了全省林业工程系列专业技术人员培训班、沈阳市林果实用技术培训班、沈阳市森林经营作业设计软件培训班、辽宁省森林公安推进信息化建设暨警衔晋升培训班、辽宁省护林员培训班等，年培训人数达到 3000 人次。

5. 开展新进人员的入职培训

我省青山局成立以后，各市相应成立了办事机构。其中有部分新入职人员为非林专业毕业生，如何尽快提高他们的业务素质成为林业基层单位的首要任务，也是学院培训面临的一项新课题。经用人单位与学院联系，学院责成培训中心制订培训方案，将新入职学员安排到学院实验林场，进行为期近半个月的林业知识的学习。学员们重点参加了森林培育、森林资源管理、森林调查设计等课程的实习实训，并完成了内业作业。

(三)加强项目建设，凸显社会服务功能

学院紧紧围绕辽宁省委、省政府"实施生态立省，建设绿色辽宁"的战略构想，发挥学院的人才资源优势和科技创新能力，服务"三林"(林业、林区、林农)，以生态建设为中心，致力守住辽宁生态底线，为"林改"工作提供技术保障与人力资源支撑，为社会主义新农村建设服务，实施"百千万科技富民工程"。

选择 100 个林业重点乡镇，进行集体林权制度改革后《森林经营方案及产业发展规划》编制的培训，选择部分乡镇组织开展林地经济开发项目建设工作，为林区培养 100 名大学生；选择 1000 个林区典型村屯，进行林地经济开发、科技成果推广、技术咨询与服务，培育 1000 名农村科技致富带头人；选择 10 000 个林户进行实用技术普及、发放实用技术手册，带动广大林农科技致富。

选择 100 个林业重点乡镇，开展以编制《森林经营方案及产业发展规划》为主的专业培训，为林改后的森林在经营管理及产业发展方面提供技术支持与保障；在部分乡镇有针对性地组织开展林地经济开发项目的确定、实施、示范及推广，推进林地经济开发工作的进一步发展；每年为林区培养 100 名大学生，提高林业管理队伍及林业从业人员的整体素质。

培育 1000 名农村科技致富带头人，就是以技术培训和科技服务为主体，发挥农民主体作用，立足农民实际需求，增强农民应用科技的主动性和能动性，让农民享受科技带来的富民、惠民成果。培育新型农民，提高农村劳动者素质，重点开展面向农民的实用技术培训、职业技能培训，培养一批农村科技致富带头人、技术"二传手"、科技创业人才、科技经纪人等农村实用科技人才，普及科学知识，倡导健康、文明、和谐的生活方式，提高农村劳动者的科技文化素质。

选择 10 000 个林户进行实用技术普及，就是采取灵活多样和林农喜闻乐见的方式方法，将专业性强、理论知识深奥、操作过程烦琐的林业实用技术以通俗易懂、简单明了、条理化易操作的形式印制成实用技术手册或"明白纸"，发放到林农手中。通过林业专家下乡送科技服务，广泛收集和总结不同层次的科技致富典型和经验，树立林农致富的典型示范户，以宣传挂图、口袋书、"明白纸"等形式，积极引导推广，发挥辐射示范作用。发放"明白纸"，培养明白人，面向农村基层和广大林农，大力推广林业实用技术，提高林农从事林业生产和发展林业产业的实用技能，使广大林农快速掌握实用技术，并熟练应用到生产实际中，加快兴林富农步伐。

(四)加强科研技术转化，延伸社会服务功能

充分发挥学院的人才资源优势和科技创新能力，全面加强教科研工作，鼓励教师积极承担企业横向课题，立足林业主战场，面向行业企业开展高技能和新技术服务，积极探索建立校企合作的技术研发机构，参与企业技术创新和研发，为行业、企业的建设发展服务，为社会主义新农村建设服务。

挖掘学院教科研潜力，依托学院各学科专家、学科带头人、骨干教师队伍，立足辽宁林业职业技术学院兴科中小企业服务中心，与相关科研单位及行业企业组建校企合作的技术研发机构，进一步优化人才资源配置，建设教科研团队，完善教科研运行机制，改善教科研条件和环境，提高整体教科研能力，形成了一支具有一定影响的高质量的教科研学术队伍，立足于为地方经济建设和社会发展服务，围绕行业企业发展、社会主义新农村建设、林业生态建设，林业、林区、山区发展建设、林农发家致富的需要等，积极开展应用、实用技术的研究，服务于社会、行业及区域经济建设。

学院兴科中小企业服务中心 2005 年年底首批被省教育厅认定为高校中小企业服务中心，是全省仅有的两所高职院校之一。学院兴科中小企业服务中心，立足林业主战场，面向林业、城市园林绿化及涉林的"三产"企业开展技术开发、技术咨询、技术转让、技术服务、人才培训，为企业产品开发提供实验条件等。依托学院兴科中小企业服务中心，进行林地经济开发、科技成果推广、技术咨询与服务工作。为了全面做好实用技术普及工作，学院成立了"专家咨询组"，成员由学院内具有较高理论素养、丰富实践经验并在本行业享有一定声望、取得了一定成绩的专家及科技人员组成。"专家咨询组"通过与林户建立良好的合作关系，对林农提出的生产、经营、管理、技术等方面的问题，将根据具体情况以邮寄信函、电话、网络形式予以解答，设立林

业技术咨询服务热线电话，组织专家对广大林农提出的实际问题答疑解惑。实行科技特派员制度，选派专家、科技人员到基层具体指导，帮助农民发家致富。

为充分发挥学院的优势和潜能，加速高校科技成果转化和产业化，提高科技成果的转化率，体现教育自觉面向经济建设主战场，主动为经济建设和社会发展服务的宗旨，更好地为全省行业企业提供优质高效的"四技"服务，积极与行业企业生产实践相结合，使高校科技成果及与企业的直接对接，同时，收集、整理我院已有的教科研成果，促进这些科技成果的转化工作。

学院具有林业育苗、造林技术专家，植物病虫害防治专家，木材加工及家具制造专家，园林植物栽培、繁育专业人才，园林绿化设计与施工指导专业人才，经济林生产、食用菌优良菌种栽培专业人才，森林资源调查及信息管理、数字林业建设方面的人才，森林旅游及酒店管理专门人才等。作为具有林业行业专家、具有多项科技成果的学院，积极开展面向社会实际需要的应用技术研究与新产品、新工艺研发等科技服务，选择实用性强、技术应用广泛、社会效益和经济效益显著的教科研成果运用到教学和生产实践当中，使科研成果在行业企业内得到推广，为社会主义经济建设服务。

三、社会服务建设工作成果

学院一直非常重视社会服务工作，尤其是国务院《关于加快林业发展的决定》的颁布实施、全国林业工作会议及全省林业工作会议的召开，学院更是充分发挥人才资源优势和科技创新能力，切实加强高职院校社会服务能力建设，服务"三林"（林业、林区、林农），为社会主义新农村建设做出了应有的贡献。2009 年学院被评为"沈阳高校十大社会服务贡献奖"。2012 年入选辽宁教育民生与创新发展"双百项目"。

我院是辽宁省林业行业培训基地，承担着全省林业培训工作。1997 年，学院被林业部确定为全国林业行业关键岗位培训基地。学院先后被评为"省林业厅培训工作单项工作奖""全国林业行业培训先进单位"。2005 年学院被全国林业培训协作网推举为副主任单位。根据辽宁省科技厅《关于同意辽宁林业职业技术学院开展农民技术员培训工作的批复》的文件精神，我院自 2013 年开始在全省范围内开展"林农上大学、免费学技术"活动。

学院成人教育经过 20 多年的发展，以行业为依托，以林科为特色，以市场需求为导向，面向林业、服务社会。学院成人教育通过了省教育厅组织的函授站检查，总分列沈阳地区第 2 名。通过了成人教育教学水平评估，取得了优秀的成绩。评估组专家们对我院成人教育工作给予高度肯定,评价我院教学环境"风清、人和、气正,构筑起了良好的育人环境"。

学院兴科中小企业服务中心,立足林业主战场,面向林业、城市园林绿化及涉林企业开展"四技服务"。被沈阳市政府认定为"沈阳市 2010—2012 年度中小企业示范服务机构"。

学院不断加强与国际间的际交流合作,通过走出去、引进来,学习国外先进职教经验,扩大我国高职教育在国际上的影响等方面做出了较大贡献,推动了学院教学改革,有利地促进了学院职业技术教育向纵深发展。学院邀请了加拿大国家园林与苗圃专家等来学院进行培训讲学,2007—2011 年,学院成功举办了"朝鲜民主主义人民共和国坡耕地管理研修培训班""朝鲜营造林和苗圃研修培训班""中日技术合作中国西部地区林业人才培养项目研修培训班"等国际培训项目。

四、社会服务工作展望

以《国家中长期教育改革和发展规划纲要(2010—2020 年)》《辽宁省中长期教育改革和发展纲要》等为指导,以创新为主线,以项目为载体,以内部管理运行机制改革为动力,以合作共赢为目标,充分发挥地方政府、行业、企业的积极性,将政府、行业、企业、学院、科研院所五方紧密联系在一起,推进合作办学、合作育人、合作就业、合作发展,增强高职院校服务区域经济社会发展的能力。根据社会、行业、企业需要积极开展专业技能培养和岗位培训,培养区域产业发展急需人才;拓展继续教育功能,不断扩大成人学历教育规模,积极进行成人招生考试改革,为企业职工和社会成员提供多层次、多形式的继续教育,为行业企业在职人员接受高等学历教育创造条件;充分发挥学院的人才资源优势和科技创新能力,全面加强教科研工作,鼓励教师积极承担企业横向课题,立足林业主战场,面向行业企业开展高技能和新技术服务,积极探索建立校企合作的技术研发机构,参与企业技术创新和研发,为行业、企业的建设发展服务,为社会主义新农村建设服务。

(一)服务林业,建立辽宁林业从业人员终身教育体系

围绕林业改革中心工作及社会发展的需求,根据社会、行业对成人学历提高的需要,积极拓展继续教育功能,不断扩大成人学历教育规模,为行业职工和社会成员提供多层次、多形式的继续教育,全面建设并优化继续教育的函授、自学考试等办学形式,办好专科、本科、研究生 3 个层次的成人继

续教育立交桥，整合学院的成人教育、培训教育、远程教育、社区教育等资源，在学习教育内容上加强与职业教育的联系，实施普通教育、成人教育、职业培训教育"三教统筹"。建立行业需求与学校培养、学历教育与职业资格教育培训"双证融通"的课程体系与培养体系。将学校专业人才培养方案与技术工人的五个等级、工程技术人员的系列等级证书要求相匹配，构建行业用工、职业培训、继续教育相互衔接的终身教育体系。

（二）服务林区，全面建设科技培训与技术服务项目

建立"一轴七翼"大培训格局。以培训中心为主体，7 个二级院（部）为互动，共同建设科技培训与技术服务项目。以提升行业人才素质为重点，以企业职工技能提高为核心，以增强学生就业技能和文化素养为基础，坚持面向行业、面向企业、面向学生多角度、全方位开展技术培训活动。

充分发挥学院的人才资源优势和科技创新能力，全面加强教科研工作，鼓励教师积极承担林业科学研究与技术应用课题，与县区实行对接，使高校科技为县域经济服务，立足林业主战场，面向广大林区开展高技能和新技术服务，积极探索建立校企合作的技术研发机构，参与企业技术创新和研发，为林区的建设发展服务，为社会主义新农村建设服务。

根据社会、林区的需要积极开展专业技能培养和岗位培训，在中国（北方）现代林业职业教育集团范围内开展相关科学技术培训，在全省范围内建设农民技术员培训项目，继续开展"林农上大学、免费学技术"活动；充分调动和发挥教科研人员的创造性、积极性，紧紧围绕新农村建设、林业生态建设，积极开展应用、实用技术的研究；面向广大林区开展技术开发、技术咨询、技术转让、技术服务等"四技"服务。

依托学院兴科中小企业服务中心，继续开展好进行林地经济开发、科技成果推广、技术咨询与服务工作。充分发挥学院的优势和潜能，组建辽宁林业职业技术学院技术转移中心，加速高校科技成果转化和产业化，提高科技成果的转化率，体现教育自觉面向经济建设主战场，主动为经济建设和社会发展服务的宗旨，更好地为全省行业企业提供优质高效的"四技"服务，积极与行业企业生产实践相结合，使高校科技成果及县域经济的直接对接，同时，收集、整理我院已有的教科研成果，促进这些科技成果的转化工作。

开展林业工人岗位技能培训。坚持"先培训，后上岗"的原则，以企业培训为主体，按职业技能规范要求和岗位工作需要，重点抓好林业企业的班组长、技术骨干的技能培训，积极开展工人岗位技能培训。适应生态建设和林业产业结构调整的需要，切实抓好林业工人转岗培训。

开展林农培训工作。为培养"有文化、懂技术、会经营、善管理"的新型林农、农村科技致富带头人，培育新兴农民专业合作组织，紧紧围绕"推广一项技术，培训一批能手，带动一方经济"做文章，向农村传播科学知识，引导农民学科学、用科学，提高农民科技素质，为广大农村培养会加工、善经营的农村专业户、科技示范户，帮助农民致富。

（三）服务林农，继续实施"百千万科技富民工程"

继续实施"百千万科技富民工程"是学院增强社会服务能力、建设生态文明的重要举措，对于推进我省社会主义新农村建设意义重大。

我省集体林权制度改革工作基本完成，为认真贯彻落实《中共中央国务院关于全面推进集体林权制度改革的意见》（中发〔2008〕10 号），特别是对集体林权制度改革以后，森林如何经营管理，如何全面提高林业生产力，提高森林资源的经营水平，使之适应生产力的发展状况，实现林农增收、林农富起来的目的，尤其是集体林权制度改革后，实行家庭式经营管理，使管护好森林资源与林农的切身利益直接挂钩，变少数人管林为多数人管林，实现生态效益与经济效益兼得，调动各方面维护生态效益的积极性。

继续实施"百千万科技富民工程"，延伸教育功能，是切实贯彻党和国家的方针政策，坚持以人为本，为林农服务、为发展林区经济服务、为加快农村全面建设小康社会服务的保证。

（本文成稿于 2015 年 4 月）

成果十七：加强校本战略和教育科学研究 深入推动内涵建设与特色发展
——辽宁林业职业技术学院教育科研创新实践探索

【成果由来及特色解读】

成果由来：本文为辽宁省教育科学规划项目"林业类高职院校特色发展模式研究"后续发展性研究成果，是学院一级战略项目"'前校后场、产学结合、育林树人'特色高职院建设研究与实践"关于林业类高职院校特色教科研体系建设专题研究的重要成果，是 2015 年 12 月提交辽宁省教育科学规划领导小组的辽宁林业职业技术学院教育科研创新实践情况报告。

子项目负责人及本文执笔人：徐岩。

成果特色及应用推广：辽宁林业职业技术学院以校本战略研究和教育科学研究为切入点，在教育教学改革中充分发挥研究的先导作用，积极构建战略研究体系和平民化教研体系，特别是独树一帜，以战略研究为重点，以项目建设为抓手，聚焦高职教育和学院战略发展的重点、难点、热点开展超前性、应用性、专题性研究，实践并产生了集团化办学成果、全国文化育人与生态文明建设工作委员会平台构建等大量战略性研究成果，为学院提升人才培养质量和综合办学实力，实现"三步走"战略发挥了重要支撑作用。学院多次被评为辽宁省教育科研先进单位。

辽宁林业职业技术学院以校本战略和教育科学研究为切入，在教育教学改革中充分发挥研究的先导作用，坚持"问题导向，研究先行，学术民主，促进发展"的工作原则，以研究组织体系为基础，以资源整合为纽带，以战略研究为重点，以教学研究为重心，以职教资讯为媒介，以项目建设为抓手，以制度建设为前提，聚焦高职教育和学院战略发展的重点、难点、热点开展超前性、应用性、专题性研究，积极构建科学的战略研究和教育科学研究体系，创新研究模式，提升研究能力，推广研究成果，积淀学术文化，为学院提升人才培养质量和综合办学实力，实现建设省级示范、行业一流、全国特色高职院的"三步走"战略发挥了重要引领作用。

一、构建研究组织体系，开展"六个一"活动，创新研究工作运行机制

学院高度重视高职教育研究工作，于 2011 将高职教育研究职能从科研部门独立并将其定位为学院战略发展智库，吸纳优秀职业教育人才（教授 1 人，博士 1 人、硕士 3 人）作为研究骨干，全面加强了高职教学研究专职研究力量。2012 年 3 月，学院高职教育研究所发起成立了辽宁林业职业技术学院高职教育研究会，成为省内各高职院校中建有校内高职教育研究会的首家单位。研究会以"研究校本发展战略及高职教育教学政策理论，探索高职教育教学规律，提高教师研究水平，促进学院教育教学改革和特色发展"为宗旨，聘请于雷教授等 2 名知名职教专家为研究会顾问，吸纳有志高职教育教学研究的校内专兼职教师、教学管理人员和学生共 72 人作为研究会理事，形成了校内外结合、专兼结合的高职教育研究队伍，为学院教育教学改革和研究工作的深

入开展奠定了坚实的组织基础。

学院高职教育研究会分为 4 个研究小组，实行组长负责制，有序开展"六个一"活动，即每个研究小组围绕学院年度工作和教学改革，每年开展一次调研活动，组织一次教育教学研讨活动，为学院递交一份发展建议报告；研究会的每位理事会员每年主持或参加一项教研课题，撰写一篇学术论文，阅读一本关于职教书籍。通过"六个一"活动的开展，活跃了学院的研究文化，提升了广大教师和管理人员的整体研究能力，形成了良好的研究工作运行机制和浓郁的学术氛围。

二、创建学院校本战略研究体系，全面推进首批 6 个战略创新项目研究与实践，服务学院重大战略发展需求

根据学院战略发展的实际需求，学院制定了《战略创新项目指导性意见》，以关涉学院重大改革发展的重点、难点问题为切入，每年确定 2~3 个战略发展创新项目并积极组织推进实施，力求以重大项目为抓手，形成具有前瞻性、引领性的研究和实践成果，推动学院战略发展实现新突破。近几年来，学院先后设立了"林业特色高职院校建设研究与实践""林业职业教育集团化办学研究与实践""文化育人与生态文明建设研究与实践""社会服务与终生教育体系构建研究与实践""林业高职特色校园文化建设研究与实践""毕业制度与考核模式改革研究与实践"6 个战略创新项目，均由学院相关领导牵头，挑选相关职能部门的骨干管理人员组成项目团队，结合学院战略发展要求开展创新研究与实践，开创了高职校本战略研究的新模式。目前 6 个项目均已取得突破性进展，特别是学院依托"林业特色高职院校建设研究与实践"项目，全面深化了"五为创新"发展模式和"前校后场"办学特色；依托"林业职业教育集团化办学研究与实践""文化育人与生态文明建设研究与实践"两个战略项目，实现了集团化办学和生态文明建设工作的新进展，在全国高职院校和全国林业行业中搭建了一横一纵两大战略发展平台，对推动学院战略发展、科学发展发挥了重要的引领和推进作用。

三、加强一般教研项目和教研成果管理，积极推进服务型教研管理体系建设和职业教育教学改革

本着"教研服务教改、教研指导教改、教研教改一体化"的研究理念，学院在全面深化教育教学改革的同时，始终注重加强一般教研项目的立项、评审、验收、推广等各环节的规范化、制度化管理，几年来，教研项目管理为

学院教育教学改革提供了有力的前瞻服务和理论支撑。一是加强教研指导，提升课题立项和结题鉴定数量。"十二五"期间，学院高职教育研究所共组织申报各级各类教研课题236项，其中149项获批立项，包括省级83项，市级15项，院级51项，课题立项和结题的平均数量比照"十一五"期间翻了3倍有余。二是加强课题过程管理，保证课题研究质量。学院高职教育研究所对已立项课题在开题、实施、阶段检查、结题验收等各环节均进行规范管理，对重点课题进行全程跟踪管理，每年对全部立项课题进行严格的年度检查，确保课题研究进度和质量。三是加强成果管理，采用政策激励、制度引导、主动指导、重点辅导等多种途径鼓励、帮助教师积极参与教研成果评选活动，"十二五"期间，共获得省级教研成果及教学成果55项，其中，省级一等奖14项，省级二等奖18项。《高职林业类重点专业（群）人才培养模式研究与实践》成果荣获国家级教学成果二等奖，实现了我院独立主持完成的教研项目获国家级教学成果奖零的突破；《"前校后场、产学结合、育林树人"实践教学体系研究与实践》《创新与特色理念下高职教育教学质量保障体系建设研究与实践》两项成果获辽宁省教学成果一等奖，对推动学院和我省高职教育教学改革发挥了积极的辐射作用。

四、依托基地建设和重点项目的研究与实践创新"五为"发展模式，全面提升学院内涵水平和人才培养质量

学院是辽宁省首批示范性高等职业院校建设立项单位和首批职业教育改革发展示范校建设立项单位，是第三批全国林业科普基地，辽宁省高职课程模式及教学内容改革重点研究基地。近年来，学院依托两轮示范院建设中的"重点专业与专业群建设"等多个重点建设项目为载体，以两大重点研究基地为平台，以"林业特色高职院校建设研究与实践"校级战略创新项目以及"林业类高职院校重点专业（群）人才培养模式创新研究与实践""前校后场、产学结合、育林树人实践教学体系建设研究与实践""创新与特色理念下高职教育教学质量保障体系建设研究与实践"等获得国家级教学成果奖、省级教学成果奖的大型教研教改项目为抓手，通过实施"亦建亦改亦研亦创"的实践探索和创新研究，全面深化教育教学改革，形成了"五为创新"的内涵发展模式，办学特色日益凸显，技术技能人才培养质量显著提高。

一为：林业为根

坚持以服务辽宁现代林业、生态文明建设和区域经济社会发展为宗旨，依托"重点专业及专业群建设"省级示范项目，做精林业技术核心专业以守住

辽宁生态底线，做强园林技术主体专业以服务辽宁城乡一体化大园林绿化工程，做新木材加工技术强势专业以支撑辽宁林业产业大省建设，做优森林生态旅游特色专业以推进辽宁旅游强省进程，并以重点专业为龙头，推进相关专业及专业群协调发展，全面提升了专业内涵水平和服务社会、服务地区、服务"三林"的能力。

二为：内涵为核

坚持质量立校、内涵发展，以省级示范项目为重点，以中国职业技术教育学会重点项目"林业类高职院校重点专业（群）人才培养模式创新研究与实践"为有力促进，积极创新政校企行研多元合作办学体制机制，探索"全程项目化""订单培养"等校企合作、工学结合的人才培养模式，实施以项目化课程改造为主题的"全员教师职业教育教学能力培训与测评"和"百强课改"，构建了"教授 + 大师"为引领的双师教学团队，完善了以 ISO 9000 理念为引领，"内外双层、四元统合"的教育教学质量保障和评价体系，大幅提高了教师的职教能力和学院整体教学质量。

三为：特色为旗

走特色兴院之路，通过"前校后场、产学结合、育林树人实践教学体系建设研究与实践"等项目的助力和催化，学院"前校后场、产学结合、育林树人"办学特色日益凸显。"前校后场"是学院实现人才培养、科研创新、社会服务、文化传承四大功能的载体和环境；"产学结合"是学院校实施校企合作办学模式、工学结合人才培养模式、教学做一体教学模式的总体路径；"育林树人"是学院办学的根本出发点和最终落脚点。

四为：文化为基

以绿色、协调、可持续发展为文化理念，践行育人为本、德育为先，以"林业高职特色校园文化建设研究与实践"校级战略创新项目切入，着力构建了全员育人、全过程育人、全方位育人，教书育人、管理育人、服务育人、环境育人、实践育人、文化育人、党建育人、雷锋精神育人的"三全八育人"工作体系，学生职业综合素质显著提高。魏京龙等 5 名学生荣获全国林科"十佳"毕业生，26 名学生荣获全国林科优秀毕业生，是全国林业高职院校中的唯一。

五为：服务为魂

积极履行四大办学职能，突出以服务为落脚点，为区域及行业培养和输送了大批高素质的技术技能人才，并在"社会服务与终生教育体系构建研究与实践"战略项目的拉动下，围绕社会主义新农村建设开展以林业科技研发和项目成果转化为内容的技术服务，特别是根据社会、林业企业及农村劳动力转移等需要，构建了以培训中心为中轴，以教学院、系为辅翼的"一轴七翼"大培训格局，特别是在全省开展"百千万科技富民工程"，使万名林农受益，荣获沈阳高校十大社会服务贡献奖，在服务"三林"中发挥了引领作用。

五、依托"林业职业教育集团化办学研究与实践"战略创新项目，探索创建了横跨 15 省（自治区、直辖市）的北方林业职教集团发展新模式

集团化办学是现代林业职教体系建设的有力抓手，为推进集团化办学进程，进一步深化政校企行研合作办学的战略发展机制，学院于 2012 年 3 月启动了战略创新项目"林业职业教育集团化办学研究与实践"，由学院主要领导牵头推进，着力论证和启动了中国（北方）现代林业职业教育集团建设，并在国家林业局人事司的领导指导和我省林业、教育主管部门的积极支持下，于 2014 年 6 月牵头成立了中国（北方）现代林业职业教育集团。集团成立一年多来，重点加强了服务能力建设：服务行业，积极参与人才需求调研，为现代林业人才培养和现代林业职教体系构建提供支撑；服务企业，为涉林企业积极开展技术培训与社会服务，促进政校企行研多元合作；服务职业院校，引领全国 18 所涉林职业院校和多家企业成功申建全国林业技术专业教学资源库；服务教学改革，举办了集团首届微课大赛。此外，集团还全面加强了制度建设、网站建设、队伍建设以及校校交流、校企交流，对促进产教融合、校企合作，不断深化林业职业教育教学改革，提升技术技能人才培养质量起到了积极的推动作用，初步形成了林业职业教育集团化办学的新局面。

中国（北方）现代林业职业教育集团的成立，搭建了全国第一个行业性、横跨北方 15 省（自治区、直辖市）的大型林业职业教育联合体，标志着全国林业职业教育集团化发展进程实现了历史性突破，不但为实现学院"行业一流"高职院建设的第二步走战略奠定了坚实基础，更为推动现代林业事业和生态文明建设发挥了积极的促进作用。

六、延伸搭建研究网络和全国性研究平台，在全国高职院校中大力推进文化育人和生态文明建设

为增强在生态文明领域的引领带动作用和辐射影响，积极拓展和整合优势研究资源，学院加入辽宁省高等教育学会、辽宁省职业技术教育学会、辽

宁省教育评价协会等多个区域性研究团体，并成为全国高职高专校长联席会成员单位和全国高等职业技术教育研究会常务理事单位，初步搭建了多层次多主线的研究网络。

为进一步发挥在现代林业和生态文明建设方面的引领作用，学院于2012年组建了"文化育人与生态文明建设研究与实践"战略创新项目组，并依托项目组核心成员，通过大胆创意和积极论证申请，于2013年11月在辽宁沈阳牵头组建了全国高等职业技术教育研究会文化育人与生态文明建设工作委员会，其办会宗旨是"紧紧围绕生态文明教育与传承、绿色高职建设、校园文化创新、大学生素质培养等相关理论、经验及问题开展研究、探索和交流，促进全国职业院校文化育人与生态文明建设"，现有团体会员88家，个人会员38人。

在成立仅两年的时间里，文化育人与生态文明建设工作委员会主办，由我院和新疆农业职业技术学院分别承办，先后在沈阳和乌鲁木齐成功举办了两次年会和两届"全国职业院校绿色高职教育与生态文明建设论坛"，这也是第一个以"绿色高职教育与生态文明建设"为主题创建的全国性职业院校学术论坛，中国工程院院士尹伟伦教授、著名文化育人专家余祖光研究员、华南农业大学原校长骆世明教授、西安交通大学原副校长于德弘教授等全国文化育人与生态文明建设领域的知名专家分别在两次论坛上做了精彩报告，来自全国的100余所中高职院校的相关领导和管理骨干在两次论坛中做了关于文化育人、生态文明、绿色人才培养等方面的经验分享与论坛交流；2014年3～7月，由工作委员会主办、我院承办，又成功组织了"育林树人"杯全国职业院校"文化育人与生态文明建设"摄影大赛，全国49所职业院校推荐的277名（组）师生的422件作品获奖；8月16～17日，在辽宁省实验林场召开了摄影大赛颁奖仪式和索尼摄影特训营，大赛获奖师生及合作企业代表近70人参营。在历时近2天的生态主题摄影特训营活动中，著名摄影家梁达明等两位专家为营员们开设了摄影知识讲座，并实地指导营员们进行了生态摄影采风活动，对提升职业院校师生的生态精神和生态文化素养，营造绿色高职文化、加强生态文明建设产生了积极影响。

工作委员会的成立，首次在全国职业院校中建立了以"生态文明"为特色的学术研究团体，凸显了绿色研究平台的学术交流特色。工作委员会的成立和有序运行，为职业院校深化文化育人理论研究与实践，特别是为职业院校促进生态文明建设搭建了一个广阔的合作交流平台，树立了一面绿色的文化旗帜。

七、着力提升教师教育教学研究能力，重点加强学术研究团队建设和青年教师教研能力培养

学院高度重视教师教学改革和教学研究能力建设，在每个专业遴选了首席专家、专业带头人和骨干教师，并以专业带头人和骨干教师为中坚力量，打造老中青结合和梯队式发展的学术研究团队。在教研团队建设中，青年教师教研能力培养是重点，也是难点，因为在教学研究方面，青年教师往往经验不足、能力有限。为解决这一问题，学院采取了有效措施：一是改革课题立项评审制度，改单纯的"评审"为"评议论证指导为主，评审为辅"；二是通过电话、邮件、面谈等多种形式，针对课题申报、开题、过程研究、成果凝练等各环节对青年教师实施一对一指导；三是通过学院高职教育研究会的"六个一"活动实施教研能力以老带新的青蓝工程；四是不定期对全院教师开展如何做好教研课题研究的主题讲座。通过多措并举，近年来，学院教师特别是青年教师的教研能力显著提升，有 2 名中年教师分别被评为辽宁省教育科研先进个人和沈阳市科研骨干，1 名青年教师被评为辽宁省优秀科研人才支持计划，4 名青年教师被评为辽宁省教育科学优秀青年骨干教师。

八、积极发挥高职教育研究部门的智囊咨询作用，打造学校战略发展的新型智库

学院高职教育研究部门在学院战略发展建设中发挥了重要作用，包括为学院领导和各部门开展职业教育政策信息的常态化咨询服务，参与学院发展规划和《章程》制定，系统凝练学院办学特色和核心办学成果，参与学院省级示范院建设、争创全国就业工作 50 强高校、全国林业技术专业资源库申建等核心工作和重大工作，高职教育研究部门提出的关于加强学院制度建设、加强校企合作等多项建议被学院采纳推行，逐步成为学校战略发展的新型智库和信息支持系统。

由于学院积极发挥教育科研的强校兴校作用，坚持以建设"省内示范、行业一流、全国特色"高职院的"三步走"战略为指引，以人才培养为核心，以科学研究为先导，以文化传承为己任，以社会服务为落脚点，通过多措并举的科研教改和实践创新，为区域及行业培养和输送了大批高素质的技术技能人才，毕业生质量连续多年位居全省前列。学院高职教育研究所先后荣获辽宁省职业技术教育学会优秀研究机构、辽宁省高等教育学会优秀研究机构，文

化育人与生态文明建设工作委员会被全国高等职业技术教育研究会评为优秀分支机构，学院被辽宁省教育科学规划领导小组和辽宁省教育厅授予教育科研先进单位荣誉称号。学院在全国林业行业和全国高职院校中的地位影响显著增强，成为辽宁省首批职业教育改革发展示范校、辽宁省高校就业创业教育示范校、全国毕业生就业典型经验50强高校、全国林业职业教育教学指导委员会副主任单位、全国林业森林资源类专业教学指导分委员会主任单位、中国(北方)现代林业职业教育集团理事长单位、全国文化育人与生态文明建设工作委员会主任单位等，学院办学特色日益凸显，办学综合实力和辐射影响能力明显提升，对林业行业、生态文明建设和区域职教改革、经济社会发展的贡献作用不断增强。

（本文成稿于 2015 年 12 月）

第十章 "三大版块有机对接"的教育教学质量保障体系建设特色实践与探索

成果十八：林业类高职院校特色质量保障体系构建研究与实践

【成果由来及特色解读】

成果由来：本文为辽宁省教育科学规划项目"林业类高职院校特色发展模式研究"及学院一级战略项目"'前校后场、产学结合、育林树人'特色高职院建设研究与实践"子项目"林业类高职院校特色质量保障体系构建研究与实践"研究报告，是总项目关于林业类高职院校特色教育教学质量保障体系建设专题研究的核心成果。

子项目负责人及本文执笔人：徐岩。

成果特色及应用推广：以该成果为核心内容的"特色与创新理念下高职教育教学质量保障体系建设研究与实践"荣获辽宁省教学成果一等奖，并成为国家级教学成果奖遴选的入围成果。学院以全面质量管理理念和高职教育教学管理理论为指导，将教育教学质量视为人才培养全过程、学院办学全维度的产品，从"宏观视角＋高职独特视角"两个维度观测，创新性地将高等职业院校的教育教学质量保障体系创设为"质量内涵保证体系""质量活动管理机制保障体系""质量特色强化保障体系"三大版块，并使三大版块能够有机对接，形成了全面质量管理的闭合环；特别是重点创新以实践教学质量管理为核心的"质量特色强化保障体系"，突出高等职业教育和辽宁林职院校本质量保障特色，切实为学院人才培养质量提升发挥了保驾护航作用，非常值得同类院校借鉴推广。

本文以辽宁林业职业技术学院为例，具体说明林业类高职院校特色质量保障体系构建研究与实践的内涵、举措及成果。

一、辽宁林业职业技术学院质量保障体系建设的背景

质量是高等教育的生命线。《国家中长期教育改革和发展规划纲要

(2010—2020 年)》明确指出，"树立以提高质量为核心的教育发展观，注重教育内涵发展……建立健全教育质量保障体系。"《国务院关于加快发展现代职业教育的决定》（国发〔2014〕19 号）将"提高人才培养质量"作为加快发展现代职业教育的重要任务独立成章、重点阐述，并明确要"完善职业教育质量评价制度"；同时，随着职业教育规模发展和高等教育大众化进程的推进，高职教育暴露出的一些问题长期以来难以解决，严重影响教育教学质量。为此，建立科学可行、凸显高职特色的质量保障体系，是高职院校提升人才培养质量，推动内涵发展的重要途径和必然选择。

（一）我国高等职业教育质量、内涵发展的历史和现状

中国的高等职业教育兴起于 20 世纪 80 年代初期，经历了 90 年代初的探索发展阶段后，于 90 年代末期，在国家法律与政策的大力推动下，进入了以规模扩张为特征的快速发展阶段。到 2006 年年底，全国高等职业教育在办学规模上已占据整个高等教育的一半以上，教育部适时采取了稳定高等教育招生规模的政策性措施，我国高等职业教育随即进入质量、内涵发展时期。

自 20 世纪末至 21 世纪以来，国家和教育主管部门先后出台一系列政策文件，对高等职业教育的质量保障体系建设进行规范。1998 年，教育部颁布《面向 21 世纪教育振兴行动计划》，提出职业教育要"适应就业市场的实际需要，培养生产、服务、管理第一线需要的实用人才"；2002 年，全国职业教育工作会议提出职业院校要"积极推进课程和教材改革，开发和编写反映新知识、新技术、新工艺和新方法"；2003 年，教育部启动了《高职高专院校人才培养工作水平评估》试点工作，并于次年在全国正式启动，标志着以教育行政主管部门引导的高等院校外部质量保障体系建设全面启动；2004 年，教育部颁发《关于以就业为导向，深化高等职业教育改革的若干意见》，对高职教育的教学建设与教学改革都提出了明确要求；2005 年，国务院颁布《关于大力发展职业教育的决定》，是我国高等职业教育迈向内涵建设阶段的标志性政策；2006 年，教育部颁发了《关于全面提高高等职业教育教学质量的若干意见》，并启动了国家示范性高职高专院校的遴选与建设工作；2010 年，《国家中长期教育改革和发展规划纲要（2010—2020 年）》明确，"把提高质量作为教育改革发展的核心任务"；2011 年，教育部副部长鲁昕在全国职业教育与成人教育工作视频会议上指出，教育事业步入了以提高质量为重点的新阶段；2014 年，习近平总书记在给全国职教工作会议的批示中指出，职业教育要"着力提高人才培养质量……努力培养数以亿计的高素质劳动者和技术技能人才"。这一

系列政策文件和指示精神，表明我国高等职业教育由规模扩张向以质量为核心的内涵发展模式的深度转变，作为内涵建设的重要内容和载体，教育教学质量保障体系建设继而成为提高高等职业教育教学质量的题中之意。

（二）我国高职教育教学质量保障体系的建设现状

随着高等教育大众化进程的加快以及职业教育发展前期的规模扩张，高等职业教育难免暴露出一些发展性问题，而其中最主要、最表层化的就是教育教学质量问题，包括：人才培养目标缺乏鲜明的职业岗位针对性；专业建设、课程改革、师资队伍、实训基地等内涵建设水平仍有待提高；全员、全面、全程质量管理的理念还没有完全形成；以课堂为中心而非以职业岗位能力为中心的传统教学模式仍占高职教学组织的主导；传统的以教学督导为主的教育教学质量管理机制与工学结合的人才培养模式已不能完全适应，教育教学质量管理的组织保障、制度保障等不够健全；教学质量监控机制不完善，特别对实践教学、学风建设、顶岗实习等凸显高职特色的教学重点环节缺乏重点监控；教学评价仍然没有建立多主体参与、内外适统一、能力素质全面考量、开放灵活的科学评价体系；质量预防与质量改进机制不成熟，质量持续上升闭合环关闭不严等。这些问题的存在致使培养的人才从数量、层次、技术与素质上不能完全适应经济、科技及社会的发展要求，高职教育教学质量下滑。为解决上述问题，切实促进高职人才培养质量提高，进一步加强高职教育教学质量保障体系建设势在必行。

（三）高职教育教学质量保障体系建设的意义

首先，从外部因素看：

——保障质量是实施科教兴国战略的必然要求。在全面建设小康社会的新形势下，教育必须进一步落实优先发展的战略地位。高职教育肩负着培养高素质高技能人才的重要使命，保障人才培养质量，推进科教兴国是必然选择。

——保障质量是大众化教育阶段的必然要求。我国自 1999 年开始扩招以来，2002 年便进入了高等教育大众化阶段，由扩招所导致的教育质量整体下滑已成为一个不争的事实。为此，今后一个时期，高等教育发展的重心必然转向提高教育质量，培养高素质劳动者和高质量人才，以满足经济社会发展需要和人的全面发展需要。

——保障质量是高等教育内涵发展的必然要求。在高等教育规模发展的进程中，存在着生源质量下降、优质教育资源不足、办学模式滞后等影响高职教育教学质量提升和内涵发展的诸多因素，使得社会对高等教育关注的重点从规模增长转移到以质量建设为核心的内涵发展轨道上来。加强质量保障体系建设，是高职院校的必然选择。

其次，从内部因素看：

——构建更加完善科学的质量保障体系是增强高职学院顾客满意度及社会竞争力、持续发展力的客观需求。面对日益激烈的教育竞争和日益成熟的市场经济，以提高教育教学质量为核心，以满足顾客需求为关注焦点开展各项工作，培养符合社会需求和专业人才培养规格的高职人才，是各高职院校发展的必然选择。

——构建更加完善科学的质量保障体系是各高职院校适应新的教育教学改革需要的客观需求。随着高职教育教学的不断发展以及改革的不断深入，目前相当多的高职院校教育教学质量保障体系与工学结合的人才培养模式实施等还不能完全适应，特别是全员、全面、全程质量管理的理念还没有真正形成，以顾客为焦点和教育教学服务的意识还不够，质量管理体系还有待进一步规范化、制度化、系统化，质量保障的内外紧密程度、社会参与度、质量效能等仍需不断提升。

——构建更加完善科学的质量保障体系是各高职院校行业办学特色及自身特色的必然要求。以辽宁林职业技术学院为例，随着生态建设、"三农"建设的快速推进，依托行业、适应市场、服务社会的办学定位要求学院必须加强人才培养质量保障体系建设，以质量求生存，以品质显特色，输送符合行业需要的高素质高技能林业类高职人才，更好地服务于行业主战场。

基于以上背景，辽宁林业职业技术学院(以下简称辽宁林职院或学院)遵循高职教育发展规律，本着特色实践、创新探索、理论与实践相结合的原则，将关注的核心视角放在了深入探讨适应未来发展需要的高职教育教学质量保障体系建设上，在理论层面依托辽宁省"十一五"教育科学规划课题(创新与特色理念下高职教育质量保障体系建设研究，编号职8-8)，在实践层面依托省级示范性项目(辽宁林业职业技术学院教育教学质量保障体系建设)，基于高素质技术技能人才培养的目标需求和全面质量管理理念，引入 ISO 9000 族质量管理标准，以突出高职特色，切实解决质量问题为切入，以辽宁林业职业技术学院为试点平台开展了 5 年的创新实践，建立了一套适应开放办学与工学结合人才培养模式，凸显高职特色，主体多元、内外结合、预防为主、持续改进的教育教学质量保障闭合升环体系，对解决目前高职教育质量观念陈旧，缺乏鲜明的高职特色，教学内容、课程体系等影响高职教学质量的主要内部因素改革成效不佳，校本教育教学质量监控机制不尽健全、合理，高职人才培养质量下降，内涵建设乏力等实际问题具有重要的理论和实践意义。

二、辽宁林业职业技术学院质量保障体系构建实践

教育教学质量保障体系建设是个宏观概念，其内涵包括两个层面：一个是核心层面，即质量"保证"体系建设，主要包括专业（群）建设、课程建设、师资队伍建设、实训基地建设；另一个是保障层面，即质量"保障"体系建设，主要包括组织保障系统以及教育教学活动设计、活动运行、过程监控、质量评价、信息反馈、质量改进6个环节的管理机制建设。

学院以全面质量管理理念和高职教育教学管理理论为指导，将教育教学质量视为人才培养全过程、学院办学全维度的产品，从"宏观视角 + 高职独特视角"两个宏观维度观测，创新性地将高等职业院校的教育教学质量保障体系分为3个中观维度，即"质量内涵保证体系""质量活动管理机制保障体系""质量特色强化保障体系"三大版块。其中，"质量内涵保证体系"是构成学院整体教育教学大质量保障体系的根本，"质量活动管理机制保障体系"是质量活动运行的机制保障，"质量特色强化保障体系"是突出"高等职业教育"这一特殊层次、类型保障体系自身特色和辽宁林业职业技术学院校本质量保障活动特色的独特亮点。

（一）【第一版块】高职教育教学"质量内涵保证体系"建设内容与实践探索

该体系（以下简称"内涵保证"体系）是"内部核心基础保障"，这个层次是由专业（群）建设、课程建设、师资队伍建设、实训基地建设4个核心要素及其他相关要素所构成的高职教育教学质量"内涵保证"体系。这是质量保障体系的核心。

学院"质量内涵保证体系"建设的主要实施策略包括：

1. 优化开放办学体制机制，激活教育教学质量保证体系的主导功能

学院积极推进产教融合、校企合作办学模式，先后与近百家龙头企业、重点企业及省内外30余个行业学会协会、科研院所和中职院校开展产学研合作，实施"校中厂""场中校""订单式培养"，多元化合作办学体制机制创新形成引领；特别是学院与鞍山市政府深化校域合作，在鞍山市职教城中共建辽宁林职院木材工程学院，开创了校政企协四方合作新典范，为鞍山市区域经

济发展做出了新贡献；订单培养成效显著，10 年间在 3 个系 5 个专业实施订单，共与 30 余个大中型企业订单培养 1500 余人；牵头组建中国（北方）现代林业职业教育集团，为推进北方 15 省（自治区、直辖市）林业职业教育的跨区域产学研合作，建设现代林业职业教育体系搭建了有力平台；积极开展国际交流与合作，先后与加拿大、英国、俄罗斯等 10 余个国家的高等学校、教育机构建立了交流合作关系；与加拿大亚岗昆学院联合培养高素质技术技能人才，开启了国际合作新篇章。

2. 全面加强重点专业（群）建设，强化教育教学质量保证体系建设的重点

按照专业设置与产业需求对接的总体要求，建立专业动态调控机制，形成了以林为根、多专业协调发展的专业（群）建设特色和各专业协调、可持续发展机制。集中优势力量加大对产教融合程度深、市场反响好、专业质量高、服务产业能力强的重点专业建设力度，做优做强 5 个重点专业（群）：一是为守住辽宁生态底线服务，做精林业技术专业这一核心专业（群）；二是为服务辽宁城乡一体化大园林绿化工程建设服务，做强园林技术专业这一主体专业（群）；三是为支撑辽宁林业产业大省服务，做实木材加工技术专业这一强势专业（群）；四是为打造辽宁旅游强省服务，做优森林生态旅游这一专业特色专业（群）；五是为服务"幸福辽宁"建设，做新环境艺术设计这一朝阳专业（群）。这五大重点专业（群）及特色专业（群），市场竞争力强，产学结合紧密，林业特色鲜明，品牌效益突出，毕业生就业前景好，打通了专业与产业、学业与专业、专业与岗位的对接通道，极大提高了人才培养质量和就业质量。

3. 创新了场校融合、校企互动、工学结合的人才培养模式，凸显教育教学质量保证体系建设的中心主线

林业技术专业依托全国高职最大的生产性实训基地，占地 60 000 亩的我院清原实验林场的"后场"优势，共建了"场中校"校企合作运行机制和"校场共育、产学结合、岗位育人"的人才培养模式。由专业教研室和学院实验林场以及校外实训基地共同承担林业技术专业的人才培养任务，实现"校场共育"；根据林业生产的季节性要求，安排教学计划，实现"产学同步"；学生在第三学年以学生和员工双重身份顶岗，实现"岗位育人"。

木材加工技术专业主动对接市场需求，依托鞍山职教城深化校域合作和政校企行四方合作办学，与中国圣象集团等 30 余个规模企业成功实施"2 + 1"订单式、"1.5 + 1.5"订单式、"先招生、后订单""集散式订单"等多种灵活的订单培养模式，以木材行业典型产品为载体构建专业课程体系，实现了产教

融合。

园林技术专业以园林行业对人才发展需求为依据，与园林行业企业共建"两主两强"人才培养模式。即课程体系以岗位课程为主体，教学模式以教学做一体为主体；强化某一具体岗位的能力培养，强化学生职业素质培养，做到了零距离上岗，同时也保证了学生可持续发展能力。

森林生态旅游专业深化"订单式411全程职业化"人才培养模式改革。"4"即前4个学期学生校内学习与实践；前一个"1"即第五学期学生生产综合实训；后一个"1"即第六学期学生顶岗实习并实现顶岗与就业对接。订单企业全程参与学生录取、人才培养方案制定、项目课程体系开发、优质核心课程建设、企业顶岗实践，接纳学生就业。

园林工程技术专业根据园林工程的施工季节性和时间、项目的变动性，随时随地、随着项目进行学习与实践；随着园林工程施工的时间不同、园林工程项目不同而移动不同的学习能力版块，突破固定时间必须固定教学内容的传统模式，创建了具有园林工程技术岗位群特点的"随工随学、版块移动"人才培养模式。

通过场校共育、工学结合人才培养模式实施，全面增强了人才培养的针对性，逐步实现了"五个对接"，有力保证了教育教学质量提高。

4. 重构"大课程"体系，全面深化教学内容及模式、方法改革，突出教育教学质量保证体系的核心载体作用

一是按照职业技能和职业素质培养统一的原则构建了显性和隐性相结合的"大课程"体系。即根据工学结合人才培养模式要求，各专业以工作过程和林业生产过程为导向，校企合作，积极构建基于生产过程、双证融通的项目化显性课程体系，动态优化、完善了重点专业人才培养方案和几十门优质核心课程标准，开发了21本教学做一体化特色教材，建立了覆盖各教学环节的制度规范、质量标准；坚持育人为本、德育为先，着力学生综合素质培养，构建了全员、全程、全方位育人和教书、管理、服务、环境、实践、文化、党建、雷锋精神育人的"三全八育人"隐性课程体系，学生综合职业能力和职业素质显著提高。

二是结合林业行业企业岗位的典型工作任务，着力开发基于生产过程的项目化课程。重点加强精品课程建设、精品资源共享课建设和重点专业优质核心课程建设，增强教学内容的适应性、培养途径的实践性、教学情境的职业性和教学评价的科学性；加强课程资源建设，建立数字化的工作任务项目

库，提高教学信息化水平，其中林业种苗生产技术被评为全国为数不多的国家级精品资源共享课。

三是集中开展"百强课改"，先后遴选重点专业优质核心课程共计 72 门，分 3 批系统实施了工学结合、教学做一体的项目教学课程改造，大力推行行动导向教学、项目教学、任务驱动式教学，59 门教学做一体化课程验收合格，覆盖 21 个专业(方向)51 个教学班，近 3000 名学生直接受益，极大地促进了教学质量提高。

四是加强实践教学过程管理，强化顶岗实习质量监控和学生岗位实践能力培养；推进生产任务与实践教学有机统一，先后开展了全省森林资源二类调查、森林资源连续清查、园林工程设计与施工等生产项目 10 余项，累计参加学生约 5000 人次，极大地促进了学生岗位适应能力的提高。

五是积极推进双证融通，将职业岗位技能标准纳入教学标准，学生职业技能证书考核培训纳入专业教学计划，学生双证书获取率逐年提高，重点专业学生双证书获取率实现 100%。

六是创新学生专业职业技能大赛制度，连续 6 届规范化、系统化开展了全院学生参与的院级职业技能大赛，承办了全国职业院校首届林业职业技能大赛，推动了考、评、学、训、赛、用六位一体，促进了学生实践能力和职业素质提升。

5. 加强全员领导力与"六支队伍"建设，提升教育教学质量保证体系建设的人力资源保证能力

重点加强领导班子、中层干部、教师、党员、学生管理人员、学生干部等"六支队伍"建设，全面提升全员领导力。特别是以全院 337 名专兼职教师为培训对象，自 2009 年 5 月起，历时 4 年，先后分三期在全国林业院校中率先开展了全院性的"教师职业教育教学能力培训与测评"，系统完成了重点专业(群)154 门课程的项目化改造和整体教学设计、单元教学设计，突破了教师"三力不足"(动力不足、能力不足、精力不足)的人才培养制约瓶颈，极大地提升了教师的职教理念和课程建设能力，逐步造就了一支以"教授＋大师"为引领，专兼结合的"双师型"教学团队，发挥了核心支撑作用。

6. 加强生产性、开放式、多功能、共享型实训基地建设

学校与行业企业联手，共建生产性、开放式、多功能、共享型实训基地，建成了"主干万兆、百兆接入"的校园信息化运行平台，不断改善实训条件和教学环境。拥有校内外实训基地 170 个，其中，国家重点建设实训基地 3 个，行业重点建设实训基1个，省级实训基地8个。

清原实验林场是全国林业"森林资源调查与监测"示范性实训基地，占地60 000余亩，是全国林业高职院中面积最大、条件最好、生产性、示范性最强的实训基地，成为学生能力培养和就业创业的最大"后场"。

以后场为依托，形成了"场校融合、产教一体、学训同步、道技兼修"的实践教学体系，积淀了"前校后场、产学结合、育林树人"的办学特色，强化了林业人吃苦耐劳、热爱林业、低碳环保的行业精神和职业情操，为学生综合职业能力素质提高和就业创业能力培养打造了广阔平台。

上述各项有利举措全面、深入地推进了学院的教育教学整体改革，学院内涵发展和人才培养工作水平大幅提升，这成为学院提高教育教学质量的核心途径和根本保证。

(二)【第二版块】高职教育教学"质量活动管理机制保障体系"建设内容与实践探索

本体系(简称"管理保障"体系)包含教育教学资源保障、教育教学策划与设计、教育教学过程运行、教育教学诊断评估、教育教学信息反馈、教育教学质量有效改进6个子体系。

"质量活动管理机制保障体系"建设内容如图10-1所示。

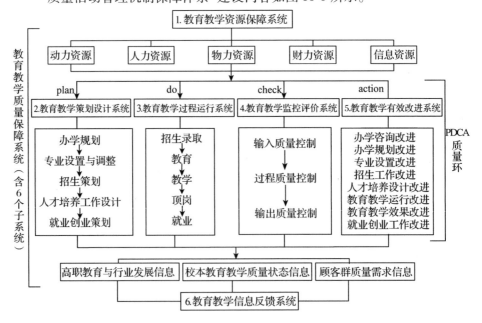

图10-1　教育教学质量保障体系示意图

子系统一：教育教学资源保障系统建设（图 10-2）

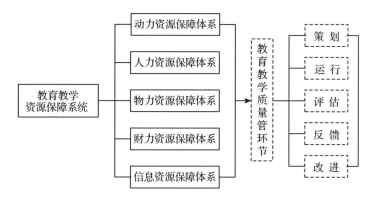

图 10-2　教育教学资源保障系统示意图

子系统二：教育教学策划与设计系统建设（图 10-3）

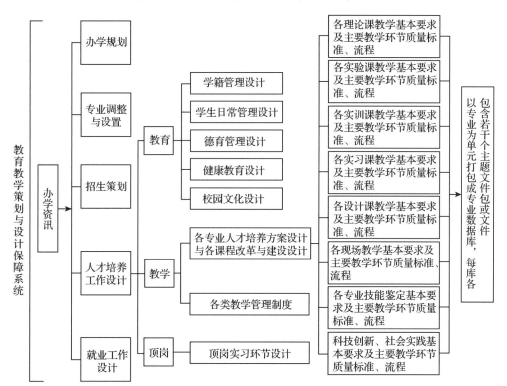

图 10-3　教育教学策划与设计保障系统示意图

子系统三：教育教学过程运行系统建设（图 10-4）

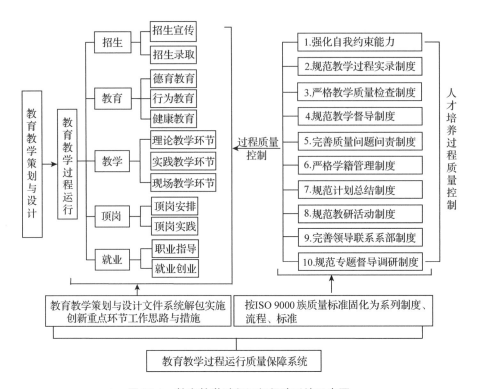

图10-4　教育教学过程运行保障系统示意图

子系统四：教育教学诊断评估系统建设

重点完善了以顾客群(学生、企业、教师)为主体的教育教学效果评估体系，保障了以政府为主体的人才培养工作诊断评估体系，建立了以学校为主体的专项工作(专业、课程、队伍、教风、学风、课堂教学环节、实践教学环节等)质量管理诊断评估体系，健全了以用人单位为主体的质量认证诊断评估体系，形成了多主体、多维度的教育教学诊断评估系统，严格控制不合格产品的产生。

子系统五：教育教学信息反馈系统建设

健全了3类信息反馈系统，即高职教育与行业职业发展信息系统、校本教育教学质量状态信息系统、顾客群质量需求信息系统，通过网上评教评学实现了信息科学统计分析，及时准确反馈各类有效质量信息，形成了畅通的质量信息链。

子系统六：教育教学质量有效改进系统建设

明确输入环节、活动过程环节、输出环节质量改进的重点，强化质量改进措施，保障了质量改进效果。

以上6个子系统是相互关联而又相对独立的有机统一的整体，体系实施中注重在设计、运行中监控评价，在监控评价中反馈，在反馈中改进。

（三）【第三版块】高职教育教学"质量特色强化保障体系"

本版块（简称"特色强化"体系）的设计与实践基于高职教育教学质量管理的特色与创新理念，基于高职人才培养的独特性和教育教学改革的实际需求，共包含以下4个核心子体系：

（1）适应高等职业教育突出学生实践能力培养需要，设计了实践教学质量管理标准，建立了高职实践教学质量保障特色强化体系，制度化开展了实践教学专项质量督导。

（2）针对高职生源结构和素质的实际，创新开展了学风建设调研和督学实践，形成了高职学风建设保障特色强化体系。

（3）针对高职人才培养的毕业设计、订单培养、顶岗实习等重点环节，调查分析了重点环节存在的质量问题和原因，实施重点环节专项质量监控，建立了高职教育教学重点环节质量保障特色强化体系。

（4）针对高职校企合作、工学结合人才培养模式的需求，调动行业企业参与质量评价的积极性主动性，设计了社会评教管理制度和系列标准，组织开展了企业评教，建立了高职教育教学社会评教（校、学）特色强化体系。

三、辽宁林业职业技术学院质量保障体系构建的成效

（一）通过体系建设，学院在人才培养、综合能力建设方面取得了重要成效

1. 形成了具有高职和校本特色的教育教学特色保障体系

构建并完善了以专业建设为龙头，以课程建设为主体，以双师团队和实训基地建设为两翼，龙头带主体，主体携两翼，两翼促整体的"三载体有机互动"式"内涵保证体系"；全面优化了教学活动设计、活动运行、过程监控、质量评价、信息反馈、质量改进各环节管理机制；在提高校外主体参与度，完善教学标准与管理制度，增强顶岗实习等重点环节监控力度，创新质量评价体系，强化学风督导与社会评教（校、学），提高质量改进与预防纠正效果等关键点上有较大突破；形成了凸显高职教育与学院自身办学特色，多元主体参与、校内校外结合、预防为主、科学评价、质量持续改进的教育教学质量保障闭合升环体系。

2. 大幅提升了学院质量工程和内涵建设水平

通过教育教学改革和质量保障体系建设，学院整体教学水平和质量工程建设水平位居全省高职院校和全国行业院校前列。目前，学院拥有教育部、财政部支持专业提升服务产业能力重点专业2个，行业重点专业2个，省级示范专业4个，省级品牌专业6个，辽宁省对接产业集群示范专业5个；拥有国家级精品课程1门，国家级精品资源共享课1门，国家林业局精品课3门，省级精品课11门；拥有国务院政府特殊津贴专家2人，省级优秀专家1人，省级教学名师3人，省级专业带头人7人，省优秀青年骨干教师7人；省级优秀教学团队4个；拥有国家重点建设实训基地3个，行业重点建设实训基地1个，省级实训基地8个。

3. 有效提高了人才培养质量和办学满意率

通过实践探索，学院"技能强、素质高、后劲足、肯吃苦、能顶用"的人才培养目标得到实现，学院招生第一志愿报考上线率、毕业生年终就业率居省内高职院校前列，学生评教满意率连年上升，用人单位评价毕业生工作称职率和满意率平均达到95%以上，学院被评为辽宁省高校大学生就业创业示范校；魏京龙、于晶晶、王亚楠、李作权、梁旭5名同学荣获全国林科"十佳"毕业生称号，26名学生荣获全国林科优秀毕业生称号，是全国林业高校中的唯一。

4. 切实增强了学院办学综合实力和辐射影响

通过成果实施，学院内涵水平和核心竞争力不断增强，两度成为省级示范院和省级职业教育改革发展示范校榜首单位，在全省同类院校和全国林业职业院校中引领带动能力突出，辐射作用显著。

(二)通过体系建设，重点解决了高职教育教学质量保障体系建设存在的实际问题

(1)立足高职特色纵深展开实践，解决了一般保障体系具有较强"高等教育"普适性而缺乏"高职教育"针对性的问题；

(2)科学建构了"质量内涵保证体系""质量活动管理机制保障体系""高职特色强化体系"三大版块，解决了对"质量保障"体系内涵及范畴模糊不清、把握不准的问题；

(3)突出学生、企业主体，解决了组织保障体系中学生及社会评教参与度不足的问题；

(4)建立了适应工学结合人才培养和教学做一体化教学需要的质量管理制

度、教学环节质量标准等，解决了评价标准和体系不适应校企合作机制和新一轮课程改革需要的问题；

（5）突出"质量改进"环节，解决了教学督导过程中"只督不导、只导不改"等质量环路闭合不严的问题；

（6）探索建立了相对完善的社会评教标准和操作模式，解决了社会评教（校、学）制度和评价体系缺失，保障体系的"外适"能力弱，开放度不强的问题；

（7）构建了相对独立、成熟的实践教学质量保障体系，解决了实践教学质量保障体系不完善，高职教学过程的实践性、开放性、职业性不突出的问题；

（8）实施节点式专题督导，对顶岗实习、毕业设计等重要质量节点进行专题监控，解决了高职教育教学重点环节质量监控机制不健全的问题；

（9）强化学风建设，变"督教"为"促教"，变"督学"为"励学"，解决了一般保障体系偏重督教，忽视督学，督学体系不成熟的问题。

四、辽宁林业职业技术学院质量保障体系建设思考及应对策略

随着现代职教体系构建和职业教育教学改革步伐的逐步加快，高等职业教育对质量保障体系建设提出了更加科学、完善的要求。通过多年内涵发展和质量保障体系建设，学院教育教学质量保障体系建设已形成特色、成效显著，但同时也仍然存在一些问题和不足，包括：全员参与质量建设的理念和意识有待进一步提升；以专业、课程、队伍、基地建设为核心元素的质量保证体系有待进一步深化；对市场需求、产业需求、企业需求、学生需求等顾客需求的动态把控、现代化管理和实时落实能力有待进一步提高；实践教学、学风建设等重点环节质量监控机制需要进一步成熟；行业、企业共同参与的社会评价体系亟待完善；质量预防和改进机制需要不断完善等。

学院将从以下方面重点强化质量保障体系建设：

（一）全面深化教育教学改革，全面提升质量保证体系内涵水平

进一步解放思想，加强管理理念培训，提升全员、全程、全方位参与质量建设与管理的能力；突出现代化办学特色，由常规内涵式发展向现代内涵式特色化发展转变；加快集团化办学进程，推进现代林业职教体系构建，深度推进产教融合，以产带教，校企合作，突破影响人才培养质量提升的外部机制瓶颈；加快推进二级院建设，创新内部管理机制；全面深化教育教学改革，创新人才培养模式、教学模式和评价模式，不断提高教育教学水平；继

续推行"三全八育人"工作体系，提升学生综合素质和就业创业能力；加强领导力和六支队伍建设，落实人才强校理念；增强资源整合能力，改善办学条件，凸显生态特色和办学特色，增强示范辐射作用。

（二）进一步优化质量保障体系的 6 个子体系建设，增强质量保障能力

以学院牵头建设的中国（北方）现代林业职教集团为平台，建设专业和人才培养信息平台，动态掌控市场需求、产业需求、企业需求、学生需求，并以顾客需求为逻辑起点，不断完善学校、行业、企业、研究机构和其他社会组织共同参与的质量评价机制，将毕业生就业率、就业质量、企业满意度、创业成效等作为衡量人才培养质量的重要依据；校企合作，全面深化教学标准建设和教学计划管理，增强质量预防能力；进一步转变督导职能，从"督导"的外部观察角色转变为"引导、指导、辅导"的内部参与角色，从重点"励教"转变为重点"促学"。

推行精细化质量管理，重点强化质量改进环节管理，推进质量持续改进和循环上升。

（三）强化实践教学等重点环节质量管理，突出高等职业教育的类型特色和学院保障体系的自身特色

实践教学质量管理是高职教育教学质量保障体系建设的重要环节，也是高职区别于普通大学质量保障体系建设的核心环节，未来将成为学院教育教学质量体系建设的重点：进一步加强实践教学制度和质量标准体系建设；强化顶岗实习、综合实训、生产实训等实习实训教学环节以及毕业设计、社会实践等实践类教学过程的质量检查及质量监控，突出质量管理的动态调控和改善提高功能；加强实践教学质量内部评估体系建设，把好输出质量控制关；强化实践教学质量信息及反馈机制建设，建立内适和外适相互呼应的灵敏质量信息链；进一步加强双师队伍、实训基地建设等实践教学质量的保障体系建设，增强内涵支撑。

（本文成稿于 2015 年 4 月）

第十一章 "党建领航"的新时代林业高职院校党建工作特色实践与探索

成果十九：抓党建促发展 努力实现学院三步走发展战略
——辽宁林业职业技术学院党建工作成果

【成果由来及特色解读】

成果由来：本文为辽宁省教育科学规划项目"林业类高职院校特色发展模式研究"后续发展性研究成果，是学院一级战略项目"'前校后场、产学结合、育林树人'特色高职院建设研究与实践"关于林业类高职院校特色党建工作模式及领导力专题研究的重要成果，是学院向沈阳市高校工委所做的党建工作汇报文稿。

成果主旨凝练：邹学忠、徐岩、荣静等；本文执笔人：荣静、徐岩。

成果特色及应用推广：本成果已在全省高校党建工作会议上做典型经验交流。学院有效实行党委领导下的院长负责制，重点发挥党委的核心领导作用、党员干部队伍的先锋模范作用以及基层党组织的战斗堡垒作用，特别是通过扎实创新党建工作，发挥"党建领航"重要作用，促进学院各项工作上水平上台阶，真正做到了"抓党建明方向、抓党建识机遇、抓党建添活力、抓党建调布局、抓党建带示范、抓党建促改革、抓党建强实力、抓党建提质量、抓党建出成果、抓党建树品牌"，促进了学院又好又快发展，值得同类职业院校及各高校借鉴参考。

一、学院概况

辽宁林业职业技术学院 1951 年建校，2003 年 1 月独立升格，是一所公办全日制普通高等学校，是辽宁省唯一的一所林业高职院校，是辽宁省示范性高职院。

学院占地 477 031m^2，建筑面积 14.46 万 m^2。现有全日制在校生 6546 人，教职工总数 459 人，其中专兼职教师 283 人。学校设有七院二部，开设林业技术、园林技术、木材加工技术、森林生态旅游、环境艺术设计等 37 个专业及 9 个专业方向。

高职办学 12 年来，学院以建成"省内示范、行业一流、全国特色"高职院的"三步走"战略为引领，全面加强内涵建设，教育教学改革走在前沿，在两轮省级示范校建设中均力拔头筹。目前拥有国家重点专业 2 个，全国林业重点专业 2 个，辽宁省示范专业 4 个，辽宁省品牌专业 6 个，辽宁省对接产业集群示范专业 5 个；国家级专业教学资源库 1 个，国家级精品资源共享课 1 门，国家级精品课程 1 门，全国林业精品课程 3 门，辽宁省精品课程 11 门；国务院政府特殊津贴专家 2 人，辽宁省优秀专家 1 人，辽宁省教学名师 3 人，辽宁省专业带头人 7 人，二级教授 4 人，辽宁省优秀教学团队 4 个；国家重点实训基地 3 个，全国林业重点实训基地 1 个，辽宁省实训基地 8 个。人才培养质量居于全省高职院校和全国行业同类院校前列。

学院是全国林业行业教育指导委员会副主任单位、全国森林资源分委员会主任单位、全国就业 50 强先进典型经验高校、中国（北方）现代林业职教集团牵头组建单位、全国文化育人与生态文明建设工作委员会主任单位、中国林学会职教分会就业协作会主任单位、首届全国职业院校林业职业技能大赛承办单位，是全国林业行业类紧缺人才培养基地、全国林业行业关键岗位培训基地、全国林业科普基地、辽宁省教育科学规划高职课程模式及教学内容改革研究基地等。学院办学历史悠久，特色鲜明，是全国同行业院校的排头兵，辐射影响广泛，作用不可替代。

学院实行党委领导下的院长负责制，共设有 16 个党总支（支部），其中 11 个党总支中有 8 个党总支分别下设教工党支部和学生党支部。党总支和党支部的设置主要遵循工作性质和业务范围就近原则，以便于党务和行政工作有机结合。5 个党支部分别为行政党支部、党务党支部、教务党支部、新校区党支部和离休党支部。学院共设有 8 个学生党支部。学生党支部的书记均为学院的学管工作人员，其中学管副院长 1 人，其余均为学管干事或辅导员。学院现有党员 375 人，其中教工党员 275 人，学生党员 100 人。几年来，学院不断加强党的建设，荣获省林业厅"先进党委"荣誉称号、沈阳市委教科工委创先争优"先进党委"，连续 20 年荣获省林业目标责任制先进单位。

二、党建工作状况

(一)思想建设不断深化

认真落实思想建党任务,认真开展党委理论中心组学习,主要从习近平总书记系列讲话精神、习近平总书记"四个全面"、党的群众路线教育、十八届中央纪律检查委员会第三次全体会议精神、积极培育和践行社会主义核心价值观、先进人物事迹、师德师风建设、党的十八届四中全会精神、党风廉政建设等专题进行学习,学习面宽、范围广、内容与时俱进,有效提升思想理论水平。5 年来,开展了 67 次集中学习先进理论、先进典型等学习教育活动,不断营造思想引领氛围,用强有力的理论武装夯实了广大师生的思想基础,发挥了政治核心作用。

(二)组织建设明显加强

1. 领导班子队伍建设

学院党委高度重视加强领导班子建设,认真贯彻党委领导下的校长负责制,努力构建"务实、民主、高效、开拓"的战斗集体,我院领导班子成员 7人,都具有本科及以上学历、高级技术职称,其中,博士生导师 1 人、二级教授 2 人,三级教授 4 人,最高年龄 59 周岁,最低年龄 47 周岁,平均年龄在54 周岁,是一个党性强、作风硬、思想统一、观念先进、视野开阔、开拓进取、团结奋进、师生拥护的领导班子。学院领导都能结合实际展开工作,以深入、务实的工作作风,切实有效地推进了学院各项工作的稳步发展。与此同时,学院领导班子以党员的标准严格要求自己,加强党性修养,以身作则,自觉接受师生监督,形成良好的校风和行业正气。除在教代会上对党政领导干部进行民主考评外,还结合党员评议和民主生活会、组织生活会等形式,建立全方位、立体式的评议、考核与监督体系,以发现问题,查找不足,促使班子成员都做到严于律己,自律自警。

2. 中层干部队伍建设

学院共有中层干部 74 人,其中有 63 人为中共党员,为进一步加强中层干部队伍建设,学院每学期组织一次全体中层干部校内培训,与此同时还委派中层干部参加校外培训,进一步提升了中层干部的整体水平,学院党委不断加强中层干部队伍建设,严格中层干部选聘标准与程序,进一步优化了干部队伍结构,中层干部的最高年龄 59 周岁,最低年龄 27 周岁,平均年龄在

41 岁，是一支年轻化，有朝气，有想法的开拓进取的队伍。与此同时，学院更加注重党支部书记教育培训，主要采取校内和校外、定期和不定期相结合的方式对党支部书记和支委干部进行培训。学院在党支部换届选举产生新一轮支委干部后组织开展一次系统的支部书记和支委干部培训，不断提高支部书记和支委干部的服务水平和业务能力。同时，学院在参加上级党组织开展的各项培训中向党支部书记倾斜。自 2012 年至今，我院先后参加省委党校、市委党校培训(除思想政治理论课教师外)12 人，其中党支部书记 7 人。

3. 党员队伍建设

5 年来，共发展党员 568 人，举办培训班 20 期，培训积极分子 3400 余人。基层党组织战斗堡垒作用和党员先锋模范作用不断凸显，特别是 2013 年"8·16"抗洪救灾，充分展示了实验林场广大党员的风采。学院在发展党员的过程中，严格按照《中国共产党章程》和《中国共产党发展党员工作细则》等有关规定执行，严格要求，加强管理，规范程序。

一是学院不断加大对党员和入党积极分子的教育和培训力度，提高党员和入党积极分子的整体素质。党委书记带头讲党课，每年至少开展 2 次，党课内容主要结合学院实际，结合党员干部的思想和工作实际，如 2014 年做了主题为"继承传统，坚持群众路线；端正作风，保持党员本色；三严三实、改革正能量"和"加强作风建设"等专题党课；2015 年做了"党风廉政建设""深入开展三严三实专题教育推动学院各项工作又好又快发展"专题党课，党课内容贴近实际，抓住实质，具有感染力、穿透力和说服力，进一步统一思想、深化认识、激发自觉。学院每年定期开展对青年教工和学生的入党启蒙教育，邀请校内外专家为青年教工和学生做关于理想信念、党的光辉历程等方面的专题报告。学院业余党校每年分别举办两期入党积极分子和发展对象的培训班，帮助积极分子和发展对象进一步明确入党动机，提高思想政治素质和理论水平。同时，学院在发展党员的过程中，在发展计划数逐年递减的情况下，确保青年教师和高级知识分子发展党员的数量。近 3 年来，学院共发展青年教师和高级知识分子党员 28 人。

二是充分发挥广大党员作用，进一步增强了党员的服务意识、责任意识、奉献意识。

——战斗堡垒作用充分发挥。在学院的改革发展建设中，在学院党委的号召下，党支部充分履行主体责任，带动党员积极为学院的发展建设献计献策，在省级示范院建设、教育教学改革、专业建设、学生培养等方面发挥了示范引领作用。学院向党员发出"一个党员一面旗帜"号召，组织开展了"党员亮身份"主题活动，在教职工党员中开展"共产党员先锋示范岗"。同时，党支部认真做好群团工作，发挥思想政治优势，不断提升党支部的凝聚力和战斗力。

——党建育人作用不断凸显。近几年来，学院在开展"共产党员工程"和"创新党日"的过程中，紧紧围绕"立足岗位、发挥党建育人作用"这一主题，引导教职工党员积极参与大学生思想政治教育工作中，帮助在学习、生活和就业中存在困难的学生。先后开展了"关注孤儿成长爱心工程""爱我林园、助立梦想""结对帮扶强培训 党员教师显身手""发挥支部优势 抓好队伍建设 促进育人工作"等特色活动。同时，学院还组织开展了"党建带团建，党风带学风，党员联系班级"活动，实现 3 个对接，即学院领导与各教学院部对接、教工党支部与学生党支部对接、党员与特殊群体学生对接，牢牢抓住"服务师生办实事，解决问题谋发展"的根本落脚点。通过活动的开展使教师在教学上有新的突破，学生在学习上能有新的起色，师生感情更密切，师生关系更和谐，让学生从党员联系人身上学到脚踏实地、吃苦耐劳、勇于创新的精神品质，从而培养和提升责任意识、团队意识和法制意识，在耳濡目染、潜移默化中使学生的综合素质得到整体提高。

——密切联系群众形成长效机制。学院在学习型、服务型和创新型党组织建设中，不断提升党支部的服务功能，提高党员服务意识。学院制定了《辽宁林业职业技术学院党员联系群众、服务群众制度》，建立了党员联系群众、服务群众的长效机制。党员能够定期深入到师生群众中去，了解师生群众心声。尤其在党的群众路线教育实践活动过程中，党支部发挥了重要作用，以解决问题为突破口，以转变作风为主线，以联系、服务群众为落脚点，切实提升了党支部的服务功能。

——为群众办实事、解难事落到实处。作为一所林业高职院校，学生多数来自林区，存在家庭生活困难学生，学院积极号召党支部帮助贫特困学生解决学习、生活困难，党委书记邹学忠亲自资助生活困难同学，使每一名学生都不因为贫困而退学，学院相继开展了"亮点洗衣""爱心超市"以及扶贫助弱等系列捐资助学活动，校院相继建立了"雷锋存折""筑梦基金"，为贫困学生开通了绿色通道。

同时，学院党委多次组织党员和入党积极分子开展普法宣传、美化环境、病虫害防治等"在职党员进社区"，进行义务奉献。通过"在职党员进社区"活动的开展，广大党员在活动中奉献了自己的爱心和力量，更加深入社区群众，切实发挥了党员的骨干带头作用，展示了共产党员的风采，赢得社区居民的好评，进一步增强了党员的服务意识和责任意识，展示了林职院人的奉献精神。

4. 教师队伍建设

学院把教师队伍建设摆在进一步促进教育可持续发展的重中之重位置，下大力气抓好、抓实，务求抓出实效。学院通过从师德建设、业务素质、管理机制三个方面的建设，进一步增强了教师的道德责任感和健康的心理素质。具有了广泛的文化修养、精通了大量的业务知识、提升了综合素质，建立了一支优质、高效、充满活力的师资队伍，保证了教育教学的质量。

(三)作风建设不断强化

学院党委不断加强和改进作风建设，特别是深入开展党的群众路线教育实践活动以来，认真贯彻中央八项规定，围绕"四风"开展集中整治，党委班子带头转变作风，针对查找出的问题，制定整改措施，坚持以踏石留印、抓铁有痕的劲头纠正和解决"四风"问题，学院"四风"问题和群众反映的突出问题得到了有效整治，先后解决师生提出的问题60余项，进一步密切了党群干群关系。全院广大党员干部受到了一次深刻的马克思主义群众观教育；恢复和发扬了批评与自我批评的优良传统，党内政治生活的严肃性得到进一步增强；作风建设的制度体系得到了健全完善，制度执行力和约束力得到增强，作风建设长效机制正逐步构建。

(四)党风廉政建设日益加强

学院党委坚持教育为主、预防为先，深入开展反腐倡廉教育，不断完善党风廉政建设的领导体制和工作机制，大力推进教育、制度、监督并重的惩治和预防腐败体系建设。进一步强化制度建设，规范干部从政行为。学院加大对大宗物资采购、招生、信息公开等工作的监督。积极推进"三重一大"制度的落实，进一步完善和规范了反腐倡廉制度，认真开展了内部审计和招投标的监督工作。进一步健全和完善了《辽宁林业职业技术学院党风廉政建设责任制实施细则》及《辽宁林业职业技术学院中层领导干部党风廉政建设责任制考核办法》(以下简称《考核办法》)等制度，全面规范和明晰了党委班子、党政一把手和班子成员以及中层干部各自承担的责任，做到责任分解到人，任务明确到事，并依据《考核办法》认真进行考核。此外，还制定了《辽宁林业职业技术学院中层领导干部廉洁自律暂行规定》《辽宁林业职业技术学院廉政谈话实施细则》和《辽宁林业职业技术学院党风廉政监督员管理办法》等制度，出台了《辽宁林业职业技术学院廉政风险防控管理规定》和《辽宁林业职业技术学院廉政风险排查防控工作实施方案》。

(五)制度建设扎实推进

学院在《党总支、党支部工作目标管理及考核办法》等原有制度的基础上,全面梳理了党建工作相关制度。近期建立并完善了《辽宁林业职业技术学院发展党员工作实施细则》《辽宁林业职业技术学院基层组织工作条例》《辽宁林业职业技术学院党员联系服务群众制度》《辽宁林业职业技术学院民主生活会制度》《辽宁林业职业技术学院组织生活会制度》《辽宁林业职业技术学院党员学习教育制度》和《辽宁林业职业技术学院党员管理、监督和考核制度》等 10 余项制度,严格了党内的组织生活,规范了工作程序,加强了党员的教育管理和考核工作。

三、抓党建促发展

学院以党建工作为保障,有效实行党委领导下的院长负责制,重点发挥党委的核心领导作用、党员干部队伍的先锋模范作用以及基层党组织的战斗堡垒作用,通过扎实创新的党建工作,明确发展方向,稳健发展步伐,丰富发展成果,促进了学院又好又快发展。

(一)抓党建明方向,形成了科学的发展战略和办学理念

在学院党委的顶层设计和正确指引下,学院始终坚持走"以服务为宗旨,以就业为导向,产学研结合发展"的办学道路,按照"林业为根、内涵为核、特色为旗、文化为基、服务为魂"的发展方针,秉承"学生为本、人才强校、质量保障、突出特色、服务社会"的办学理念,设计确定了建设"省内示范、行业一流、全国特色"高职院的"三步走"发展战略,积淀形成了"前校后场、产学结合、育林树人"的鲜明办学特色,成为学院科学发展、可持续发展的总指南。

(二)抓党建识机遇,促进学院实现了跨越式发展

在党建工作指引下,学院紧紧抓住发展机遇期,自 2003 年至今,短短 10 余年时间,实现了独立升格、人才培养工作水平评估工作取得"良好"成绩,两次争办省级示范院力拔头筹的"三级跳"跨越式发展。

(三)抓党建添活力,多元合作办学体制机制形成引领

在党委的正确决策和带领下,学院创新校政企行多元合作办学模式,与

294 家校内外企业紧密合作，与省内外 30 余个行业学会协会、科研院所和中职院校开展产学研合作，牵头成立了中国(北方)现代林业职业教育集团和文化育人与生态文明建设工作委员会，在全国建立了校政企行多元合作和校校横向合作的重大战略平台，形成了人才共育、过程共管、成果共享、责任共担的办学机制，为培养高素质的技术技能人才提供了开放自主的育人环境。

(四)抓党建调布局，专业对接产业的优势发展格局稳步形成

在党委制定的"三步走"战略指引下，学院坚持以林为根，面向生态建设主战场，重点打造了林业技术专业、园林技术专业、森林生态旅游专业、木材加工技术专业等一批市场反响好、综合水平高、市场竞争力强、学生就业前景广的国家及省级品牌和示范专业，专业服务区域经济和产业能力日益增强。现有国家重点专业 2 个、全国林业重点专业 2 个、辽宁省示范专业 4 个、辽宁省品牌专业 6 个、辽宁省对接产业集群示范专业 5 个。

(五)抓党建带示范，学院内涵建设和人才培养水平大幅提升

在党委的正确决策领导下，经过一年多的戮力拼搏，2008 年 12 月，学院以排名第一的身份被辽宁省教育厅批准为第一批省级示范院建设立项单位。自筹资金 1900 余万元，重点建设了重点专业群建设、实训基地建设、教学质量保障体系建设、社会服务能力建设、数字化校园建设、学生综合素质建设等"1 +5"个示范项目，取得了丰硕成果。

2014 年 12 月，经辽宁省教育厅、辽宁省财政厅审批立项，学院再次以排名第一的身份被辽宁省教育厅、辽宁省财政厅确立为辽宁省职业教育改革发展示范校建设立项单位，启动了林业技术重点支持专业建设等 5 个重点项目以及"和谐共赢的现代林业职教集团建设""科学引领的文化育人与生态文明建设"两个自选项目。

在党委带领下，学院紧紧抓住两次省级示范院建设契机，全面深化教育教学改革和内涵建设，人才培养质量显著提升。

(六)抓党建促改革，学院教育教学改革走在前沿

创新工学结合的人才培养模式，率先开展全员职教能力培训测评和"百强课改"，历时 3 年，全面推行能力本位、"教学做"一体的项目课程改革，取得显著成效。219 名专兼职教师参与全员职教能力培训测评，校企共同开发课程标准等教学软资源 146 万字，建立课程网站 56 个，合作开发出版教学做一体化特色教材 21 部，完成项目化课程改 254 门，教学做一体化课程实施 95 门，

112 个教学班共计 5000 余名学生直接受益，学院教学质量显著提升。

（七）抓党建强实力，队伍建设和办学条件不断改善

坚持党管队伍原则，加强领导班子、中层干部、教师、学管及辅导员队伍、学生干部和党员共"六支队伍"建设，重点引进企业技术骨干作为专业带头人，构建了"教授＋大师"的优秀教学团队。改善办学条件，校企共建" 开放式、共享型、生产性、多功能"校内外实训基地 294 处，新校区建设稳步推进，办学条件不断改善。

（八）抓党建提质量，大学生能力素质培养成效显著

学院坚持党建育人，形成了以党建育人为特色的"三全八育人"（全员、全程、全方位育人，教书育人、服务育人、管理育人、环境育人、文化育人、实践育人、党建育人、雷锋精神育人）工作体系，学生的实践动手能力、职业素质和就业创业能力显著增强，人才培养质量大幅提升。

魏京龙等五名同学荣获全国林科"十佳"毕业生，26 名学生荣获全国林科优秀毕业生，是全国林业高职院校中的唯一。111 个项目、950 人次获得国家级、省级专业技能大赛一、二、三等奖。毕业生初次就业率年均 90% 以上，年终就业率 95% 以上，用人单位和社会满意率 97.5%，学院被评为全国高校毕业生就业典型经验 50 强，辽宁省高校就业创业教育示范校，毕业生就业质量和用人单位满意度在全省乃至全国高职院校中排在前列。

（九）抓党建出成果，质量工程和内涵建设水平逐年提高

由于党建工作的保驾护航，学院质量工程和内涵建设水平逐年提高，很好地发挥了省内示范和行业辐射作用。目前拥有国家重点专业 2 个，全国林业重点专业 2 个，辽宁省示范专业 4 个，辽宁省品牌专业 6 个，辽宁省对接产业集群示范专业 5 个；国家级专业教学资源库 1 个，国家级精品资源共享课 1 门，国家级精品课程 1 门，全国林业精品课程 3 门，辽宁省精品课程 11 门；国务院政府特殊津贴专家 2 人，辽宁省优秀专家 1 人，辽宁省教学名师 5 人，辽宁省专业带头人 7 人，二级教授 4 人，辽宁省优秀教学团队 4 个；国家重点实训基地 3 个，全国林业重点实训基地 1 个，辽宁省实训基地 8 个。

（十）抓党建树品牌，学院社会服务能力和辐射影响全面增强

学院承担全省林业培训职能，是全国林业行业关键岗位培训基地、（国家）林业、园林行业特有工种鉴定站、辽宁省林业行业培训基地、沈阳市 2010—2012 年度中小企业示范服务机构。10 余年来，在党委正确领导下，构

建了以培训中心为中轴，以教学院、系为辅翼的"一轴七翼"大培训格局；服务"三林"成效显著，年培训 8000 余人次。在全省开展"百千万科技富民工程"，使万名林农受益，荣获沈阳高校十大社会服务贡献奖，在服务"三林"中发挥了引领作用。

在党建工作引领下，学院"前校后场、产学结合、育林树人"办学特色不断凸显，办学效益更加显著，学院被确立为全国林业行业类紧缺人才培养基地、全国林业科普基地；学院是全国高校毕业生就业典型经验 50 强、辽宁省首批职业教育改革发展示范校，是全国林业职业教育教学指导委员会副主任单位、全国林业森林资源教学指导分委员会主任单位、中国（北方）现代林业职业教育集团理事长单位、全国高职教育研究会文化育人与生态文明建设工作委员会主任单位、首届全国职业院校林业职业技能大赛承办单位，成为全省示范高职院和全国同类行业院校的排头兵，辐射影响广泛，作用不可替代。

四、经验与启示

1. 围绕中心抓党建是前提

牢牢把握学院党建工作的中心，完善创新工作载体，激发基层党建工作的内在活力，强化责任、加强领导、精心组织抓落实，使党建工作的效果体现在中心工作之中。

2. 创新思路抓党建是亮点

牢牢把握学院党建工作的活力点，创新工作思路，按照支部书记抓重点、抓落实、抓协调的要求紧紧围绕加强党的执政能力和先进性建设这条主线，积极探索、大胆实践、立足创新抓特色，把亮点体现在工作当中。

3. 完善载体抓党建是关键

必须精心设计载体，切实找准基层党建工作着力点，精心设计载体，搭建平台，是推进基层党建工作的重要方法。从学院实际出发，找准符合实际的工作载体，突出重点、细化目标、明确措施，用载体凝聚人心，用载体推动工作。

4. 规范制度抓党建是保障

党的建设是一项伟大的历史工程，没有制度保障是难以为继的，因此必须要把制度建设贯穿党建的各个方面。在保持制度统一性、延续性的基础上，紧密结合实际，及时进行了修改、完善，同时更加注重制度的执行和监督，不断提高党建科学化水平。

5. 促进发展抓党建是目的

树立"抓党建就是抓关键"的观念，积极探索新形势下发挥党组织政治核心作用的实现途径。只有不断加强党的建设，努力把党的组织优势转化为政治优势、把党的组织资源转化为发展资源，谋全局、把方向，转观念、求创新，才能不断开创经济社会各项事业的新局面。

五、未来思考

1. 党建工作要与学院发展相辅相成

在社会发展不同的历史时期，基层党组织面临着不同的历史使命，党组织建设只有抓住主要矛盾，有针对性地开展学院党建工作，才能使党建更好地为学院发展建设服务。

2. 充分尊重党组织的首创精神，依靠党组织和党员群众的力量推进基层组织建设

党的基层组织是党的全部工作和战斗力的基础，广大党员群众是经济社会发展和基层组织建设的主体，也是最富有创造性的力量。新时期加强基层组织建设，要继续尊重基层的首创精神，积极发挥党员群众的主动性、积极性和创造性，特别是要坚持从群众中来、到群众中去的根本工作路线，虚心向基层、向党员群众学习，以"三个有利于"为标准，及时总结经验，加强指导，对的就坚持，不对的就纠正，努力把基层组织建设不断推向前进。

3. 党建工作要始终保持思想建设、组织建设、作风建设、反腐倡廉建设和制度建设的同步推进

回顾高职建院以来的发展历程，与学院始终以思想建设为先、同步推进党的组织建设、作风建设、反腐倡廉建设和制度建设的做法有很大联系。

4. 党建工作必须抓好党员发展

抓好党员发展工作是扩大党的群众基础，提高党的执政能力的迫切需要，是保持党员队伍生机和活力的迫切需要。

5. 党建工作要把密切党群干群关系作为可持续发展的基础

适应学院快速发展中深刻变化的社会环境，努力践行党的根本宗旨、加强党的作风建设和反腐倡廉建设是当今党建工作的重点。

6. 注重用制度建设来巩固和深化组织建设的成果

制度建设带有根本全局性、稳定性和长期性。完善的制度是党的先进性的重要体现，也是加强基层组织建设的可靠保证。抓住了制度建设这个中心

环节，用制度将党内生活和组织工作的方式、规则和程序确定下来，并使这些制度具有统一性、完整性和规范性，不因人而异，不随人而变，也就抓住了基层组织建设的根本。

总之，解放思想永无止境，改革创新不能停步。在新的历史条件下，基层党组织的建设与经济社会发展的联系越来越紧密。因而，必须紧紧围绕中国特色社会主义的伟大实践，以更加开阔的视野、更加创新的思路、更加有效的方法，认真研究事关党的建设全局的关键性重大问题，开创基层党的建设工作新局面。

（本文成稿于 2015 年，收录时徐岩对原文有部分修订）

第十二章 "三姓合一"林业高职院校文化建设特色实践与探索

成果二十：文化育人为引领的"三姓合一"特色高职文化实践探索

——以辽宁林业职业技术学院为例

【成果由来及特色解读】

成果由来：本文为辽宁省教育科学规划项目"林业类高职院校特色发展模式研究"及学院一级战略项目"'前校后场、产学结合、育林树人'特色高职院建设研究与实践"子项目"林业类高职院校特色文化研究与实践"研究成果，是总项目关于林业类高职院校特色校园文化建设专题研究的核心成果，是辽宁林业职业技术学院特色校园文化建设成果综述。

子项目负责人：陈育林；成果主旨凝练及本文执笔人：徐岩。

成果特色及应用推广：本文于2015年6月获辽宁省高等教育学会"十二五"高等教育研究优秀学术成果一等奖。高职院校的文化内涵决定了院校培养人才的质量，也决定了院校的发展定位和办学特色。辽宁林业职业技术学院坚持以文化育人为引领，创新构建了姓"林"、姓"职"又姓"高"的"三姓合一"特色高职文化，形成了育人无形的"大课程"，促进了"全人"培养，具有鲜明特色，取得了显著成效，非常值得职业院校、各高校，特别是林业类高职院校借鉴参考。

高职院校文化是高职院校全体师生员工在共同的教育活动中自主生成的、被全体员工所共同接受的、可发展的价值观念和行为方式，是学校群体共同创造和形成的校园精神风貌和文化气氛，是学校在长期的发展过程中逐渐形成的价值取向、精神追求、行为模范的综合反映。"文化育人"是一个极其重要的时代教育思想，是教育的最高境界，因为它无所不包、无所不在。文化育人的实质是在知识教育中，通过文化价值等因素的介入，打破各种知识人为的分离，沟通人与自然的人为屏障，消解科学知识造成的人与社会的分裂，让教育搭起知识、文化与人格完善的桥梁，以文化的有机整体，实现"文而化之"。"全人教育"则是汲取孔子、陶行知、马克思、毛泽东等古今中外哲学家、教育家、政治家的教育思想，强调在健全人格的基础上，促进学生的全面发展，让个体生命的潜能得到自由、充分、全面、和谐、持续发展的重要教育理念。全人教育的目的就是培养学生成为有道德、有知识、有能力、和谐发展的"全人"，即"培养又红又专、德才兼备、全面发展的中国特色社会主义合格建设者和可靠接班人"。在高等职业教育服务经济发展方式转变、支撑现代产业体系构建、引领职业教育科学发展的时代背景下，吸收和借鉴社会主流文化，融入时代文化，结合高职自身的独有属性和特征，形成底蕴丰富、富于生命力、特色鲜明的高职文化，并以文化为载体，深化文化育人，实践全人教育，已成为高职院校科学发展的重要主题。辽宁林业职业技术学院（以下简称学院）长期受林业行业文化、生态文化、绿色文化的熏陶，加之企业文化、职业文化、高等教育文化的浸染，多种文化交汇融合，形成了兼有林业文化、职业文化、高等教育文化等特征，姓"林"、姓"职"又姓"高"的"三姓合一"特色高职文化，构建了润物无声、育人无痕，以文化人、以文育人的"大课程"，形成了大音希声、大象无形的隐性教育体系，通过探索和实践"三姓合一"的优秀校本文化建设，全面深化了文化育人和"全人"培养。

一、姓"林"——汲取林业行业文化精髓，塑造底蕴丰富的绿色精神文化，形成全人培养的"大课程"之"根系"

从文化层次理论结构来看，精神文化居于物质文化、制度文化、行为文化之首，相当于人的精神食粮，孕育人的精神家园，决定人的精神状态、精神生活、精神本质。对于一所学校而言，精神文化是校园文化的灵魂，是全校的旗帜，具有引导全校师生共赴使命的价值导向功能，激励师生共同奋进的精神源泉作用，同时更具有凝聚组织之魂的重要功能。而学校精神，就是一种团队精神。学校精神一旦形成，就会展示出强大的内聚力。为此，学院高度重视精神文化铸造，60余年的文化积淀，形成了具有较强林业文化特征的独特精神文化，引领广大师生紧紧围绕学院共同的发展愿景奋力前行。

（一）形成特色鲜明的发展理念文化

理念文化是精神文化的内核。具有前瞻性、科学性、时代性、特色性的办学理念，往往承载着一所学校的终极办学价值和根本道路选择，是一所学校的顶层设计和宏观发展战略的高度浓缩和集中体现。辽宁林业职业技术学院充分利用自身特有的生态位，找准了姓"职"、姓"高"更姓"林"这一"三姓合一"的特色办学定位，以建设"省内示范、行业一流、全国特色"高职院的"三步走"发展战略为引领，秉承"学生为本、人才强校、质量保障、突出特色、服务社会"的办学理念，坚持"林业为根、内涵为核、特色为旗、文化为基、服务为魂"的"五为"发展方针，构建"有德成人、有技成才、有职成业"的"三有三成"绿色人才培养体系，积淀了"前校后场、产学结合、育林树人"的鲜明办学特色。

正是这些先进的办学理念，使学院坚定不移地举起生态"大旗"，始终紧握辽宁区域经济社会发展的"土壤"，坚定立足生态建设及现代林业的"根基"，着力打造职业教育的"魂魄"，不断凝聚高等教育的"神韵"，经过60余年砥砺前行的成长变迁和底蕴丰厚的文化孕育，形成了"木气十足、林气旺盛、职味浓郁、三姓合一"的精神文化特质，成为指引学院科学发展的核心精神磁场，推动学院绿色、科学、可持续发展，树立了林业高职教育的品牌。

（二）积淀和谐共生的绿色价值文化

森林的生存法则是和谐共生。在长期的文化孕育中，学院不断融入以绿色、和谐、共生、环保为特征的生态文化，形成了学院特有的绿色价值选择特征。

一是走近榜样，军校共建，形成了奉献精神。学院与雷锋生前所在旅（原雷锋生前所在团）共建23年，传为美谈。雷锋生前所在旅每年9月派出教官团队义务为学院新生开展军训，不定期为学院学生宣讲雷锋生前事迹，指导学雷锋树新风活动开展；学院免费承包了雷锋生前所在旅驻地的园区绿化美化工作；双方23年如一日保持密切联系，形成了血浓于水的军校情谊；学院修建了雷锋园地，经常在这里开展各种生动活泼的雷锋主题教育活动；全校师生多年坚持开展"雷锋存折续存"以资助贫困学子完成学业，园林系学生秦博杰拾到两万元现金多方寻找失主并最终完璧归赵，青年教师程春雨自己舍不得买冬衣却用微薄的工资义务资助多名贫困生，皆是雷锋精神育人的文明硕果，学院奉献之风蔚然形成。

二是走近一线，党群互动，形成了互助精神。学院实行院领导进系部、共产党员进班级以及大手牵小手制度，即每名院级领导联系一个系部，每名5年以上党龄的党员教师联系一个班级，每名中层以上干部联系一个重点帮扶学生，打造了和谐互助的绿色发展环境。

三是走近贫困学生，师生携手，形成了爱心精神。针对占学校学生总数30%的贫困学生这一弱势群体，学院通过建立"绿色通道"，开展捐资助学活动、党员教师谈心活动，捐赠成立"爱心超市""亮点洗衣房"并向贫困学生免费开放等多种形式，用爱为贫困学生插上飞翔的翅膀，营建辽宁林业职业技术学院的爱心生态园。

这些倡导奉献、和谐的文化行为潜移默化影响着师生们的心灵，形成了润物无声的教育作用，促进了学院绿色、和谐校风的形成。

（三）建设以人为本的校园"家"文化

学院始建于1951年，在悠久的办学历史中凝聚了诸多中国传统文化和时代文化的优秀元素，其核心是以人为本、以学生为本、以职工为本。

一是建师生之家，给关爱给归属。学院常态化实施院领导值周值宿制度，即每个院领导每周带队轮值住校，深入二级院系和广大师生中，检查指导教学及学生学习、生活等各个环节，全方位调研师生对学校的需求，动态召开学生代表座谈会或随时随地与师生谈心，第一时间解决师生特别是学生中存在的问题和提出的建议，真正落实以学生为中心的人才培养定位；学院还通过工会建立职工之家，想职工所想、急职工所急，形成了"一人有事十人帮、一家有事百家忙"的优良传统，工会连续多年获得辽宁省优秀职工之家荣誉称号；学院浓郁的人情味道与和谐气息，正如树木成林、抱团生长，不断增加着职工的归属感和主人翁责任感。学院还通过校友会建林业人之家，形成了朴实厚重的行业情感文化和林业人同频共振的强大发展合力，增强了学院的社会吸引力和资源整合能力。

二是建激励机制，给福利给关怀。为了吸引更多的人才投身教育教学改革，学院坚持改革和发展同步，水平增长和福利提高同步。仅近5年来，学院就自筹资金近千万元为职工解决住房等重大福利待遇问题多项，解决了广大教职员工的后顾之忧；学院还制定了教学改革成果奖、科研成果奖、重大专项工作奖、专业技能竞赛奖、就业工作专项奖等各种奖励机制，鼓励优秀、宣传典型，推动了事业的改革创新。

三是建核心团队，给动力给能量。学院坚持人才强校，重点加强领导班子、中层干部、专兼职教师、辅导员（班主任）、党员和学生干部这6支核心团队建设。特别2009—2013年，学院率先在省内高职院校中先后分三期开展了全员参与、历时4年的"全员教师职业教育教学能力培训与测评"创新行动，更新了全体教师的职教理念，全面提高了教师的职教能力，极大地调动了广大教师参与教学改革的积极性、主动性，有力推动了学院整体教育教学改革和队伍能力素质提高，有力地推动了学院的内涵发展。

二、姓"高"——突出文化育人，打造优秀的大学校园文化，形成全人培养的"大课程"之"主干"

习近平总书记在 2016 年 12 月全国高校思想政治工作会议上指出，思想政治工作从根本上说是做人的工作，必须围绕学生、关照学生、服务学生，不断提高学生思想水平、政治觉悟、道德品质、文化素养，让学生成为德才兼备、全面发展的人才。做好高校思想政治工作，要更加注重以文化人以文育人。所以，"全人"培养的最高境界是营造一种文化，并以优秀育人文化为载体，构建"其大无外、其小无内"的文化"大课程"，高素质的技术技能人才培养的关键则是从知识教育和技能训练走向文化育人。辽宁林业职业技术学院抓住"三风"建设等有效载体，全面深化了文化育人，实现了"全人"培养。

（一）发挥"三于"林职院精神，营造良好校风

一所高职学院的精神风貌往往表征了这所学校的内在发展能力和发展趋势。多年来，学院始终保持林木自强不息、向光向上的独特气质和办学风貌。特别是 2003 年以来，学院克服了进入独立高职院校行列时间晚、高职办学经验不足、办学规模和条件有限、林业艰苦行业办学生源范围有限等一系列先天不足，激励全院教职员工抢抓机遇、迎难而上、团结拼搏、百倍努力，以"敢于争先、乐于实践、善于创优"的学院精神，实现了独立升格、创建省级示范院、建设行业一流高职院等"三级跳"跨越式发展，驶入了科学、高速发展的快车道。

（二）全面深化教育教学改革，营造良好教风

良好的教风、先进的教学水平是教书育人的关键要素。学院林业技术、园林技术等 6 个重点专业及专业群分别构建和创新具有本专业特色的"全程项目化""N21"及订单培养、现代学徒制等工学融合的人才培养模式，有效促进了学生实践能力提升和职业综合素质培养；学院狠抓教育教学改革，率先在省内高职中开展了教师职业教育教学能力测评，组织完成了 154 门课程项目化教学改革的整体设计和单元设计，并形成了系统的理论成果；学院开展"百强课改"，遴选重点专业优质核心课程共计 95 门正式实施了工学结合、教学做一体的项目教学课程改造，全部课程通过验收并取得可喜成果。

（三）构建了"三全八育人"工作体系，营造良好学风

为了深入贯彻育人为本、德育为先的教育理念，学院在全员育人、全过程育人、全方位育人的"三全育人"思想指导下，着力构建了教书育人、管理育人、服务育人、环境育人、实践育人、文化育人、党建育人、雷锋精神育人的"三全八育人"工作体系，把育人融入到教育教学和校园文化建设、党建工作全过程，贯穿到人才培养的每一个环节；特别是根据专业培养目标的要求，加强在实习实训中的育人工作，连续七届规范开展全院学生专业技能竞赛活动，连续承办两届全国职业院校林业技能大赛，全面提高了学生"爱技术、精技能、善动手、成能手"的专业技能学习热情和专业综合素质水平，突出了学院全人培养的特色。

（四）践行社会主义核心价值观"三进"，提升学生品德素养

培育和践行社会主义核心价值观，对于促进人的全面发展，实现中华民族伟大复兴中国梦，具有重要意义。习近平总书记在全国高校思想政治工作会议上的重要讲话中指出，要坚持不懈培育和弘扬社会主义核心价值观，引导广大师生做社会主义核心价值观的坚定信仰者、积极传播者、模范践行者。社会主义核心价值观从三个层面分别提出了国家价值目标、社会价值取向和公民价值准则。学院深入推进社会主义核心价值观"三进"（进教材、进课堂、进头脑），重点从社会主义核心价值观的第三层面入手，即从着力培养学生成为"爱国、敬业、诚信、友善"的社会主义合格公民入手，建立大学生诚信档案；构建大学生德育考核体系；以理想信念教育为核心，着力发挥思想政治教育课堂主渠道作用，构建了以第一课堂为主渠道，以"明理讲座"等丰富多彩的校园文化活动为第二课堂，以社会实践、"明理学社"等思政社团建设为第三课堂的"三维统合"式社会主义核心价值观教育体系，德育润化功能不断深化。

（五）全面实施生态文明"三进"，培育学生生态文化素养

生态文明建设在"五位一体"建设中具有突出位置，在生态文明时代和全人教育理念下，生态文化素养对于当代大学生而言已成为重要的必备修养之一，而对于林业职业院校的学生而言，强化生态文化素养的培育更是文化育人的重要任务和题中之意。学院率先提出和全面实施生态文明进教材、进课堂、进头脑。学院牵头组织全国林业行业院校骨干人员编制《生态文明教育读本》；率先倡导在全国林业类职业院校中开设生态文明教育必修课；党委书记

带头,在全校大一学生中全面开设和普及生态文明教育课;学院每一堂室外课的最后一项任务都是师生共同清理和带走身边的生活垃圾;在全省开展多次"育林树人杯"征文大赛,宣传环保意识;邹学忠教授组建了包括行业专家、学院部分骨干师生在内的150余人的林业科考队伍,历经6年,行程3.5万余千米,完成了辽宁省全部古树名木的调查,出版了《辽宁古树名木》,填补了辽宁省古树修史篆志的空白,并将《辽宁古树名木》引入大学课堂;学院组织成立了辽宁普通高中生态环保社团联盟,带领40个生态环保社团开展生态环保行动;学院组织开展了"迎全运 爱家乡 低碳环保我先行"大型公益活动,喜获全国梁希科普活动奖,是全国林业高职院校中的唯一。为深化生态文化育人,2013年,学院牵头组建了全国高职教育研究会文化育人与生态文明建设工作委员会,在全国1300余所职业院校中首次搭建了生态文化育人的新平台,并成功开展了两届全国绿色高职教育论坛和全国生态文明建设主题摄影特训营等活动,在全国高职院校中发挥了生态文化育人的辐射影响。

(六)大力弘扬林业精神,强化学生行业素养

近年来,我国林业事业发展迅速,但随之而来就是具有较强林业行业素养和技术技能的林业专门人才的匮乏和流失,主要原因是林业行业属于艰苦行业,具有建功慢、守岗难、留人难等客观特点,急需一大批热爱林业和生态,能耐得住寂寞、吃得起辛苦,负责任有担当、团结奉献、有所作为的优秀大学生充实林业人才队伍并提升其整体能力素质和从业水平。根据林业行业对高素质技术技能人才培养的实际需求,学院凝练并提出了"吃苦耐劳、无私奉献、团结协作、有为担当"的16字林业精神,并通过将行业素质培养融入人才培养全过程,对学生的行业素质水平实施重点考核,以"前校后场、产学结合、育林树人"为主线构建特色实践教学体系,坚持60余年无间断对全体学生开设劳动教育课等多项有效举措,着力培养和强化学生吃苦耐劳的林业人本色、无私奉献的林业人精神、团结协作的林业人智慧和有为担当的林业人品格,提早完成了林业院校学生和优秀林业人的角色转换与衔接,为学生毕业零距离上岗和在林业行业内对口就业、稳定就业奠定了坚实基础。

三、姓"职"——融合企业文化,营造浓郁的职业文化,形成全人培养的"大课程"之"枝冠"

职业教育是跨界教育,现代职业教育的显著特征是产教融合、校企合作,实现校企双主体育人。对于高素质技术技能人才的培养,除了来自校企的双

师队伍、校企双课程、校企双基地等重要因素在校企双主体育人的过程中发挥重要作用外，育人无形的企业文化对培养学生的敬业精神、质量意识、安全意识、团队合作能力、创新创业能力等优秀职业素质更加至关重要。辽宁林业职业技术学院将企业文化渗透到人才培养、教育管理、科研服务的每一环节，以保障学生形成优秀的职业能力素质，成为优秀的职业人和企业人。

（一）企业文化进管理，打造特色专业文化

学院紧密结合区域经济发展和生态建设对高素质技术技能人才的需求，以守住辽宁生态底线为立足点，做精"林业技术"核心专业；以服务辽宁城乡一体式大园林建设为指针，做强"园林技术"主体专业；以支撑辽宁林业产业大省建设为根本，做新"木材加工技术"强势专业；以打造辽宁旅游强省为依托，做优"森林生态旅游"特色专业；以重点专业为龙头，发挥整体拉动、联合牵动、典型带动作用，强力推进其他相关专业及专业群协调发展，形成了"市场定位准确、产学结合紧密、林业特色鲜明、发展稳健有力、品牌效益突出、社会服务显著"的重点专业及专业群建设新格局，全面提升了专业服务产业能力和服务"三林"（林业、林区、林农）水平。

（二）企业文化进课程，打造特色课堂文化

学院订单培养起步早、体系成熟、卓有特色，企业人员、企业标准、企业环境全要素融入人才培养全过程；特别是2015年，学院被确定为全国百所现代学徒制试点单位，以此为引领，有力促进了学校课程和企业课程的深度融合，学生优良的职业素质、专业技能在真实的企业环境和文化中潜移默化、孕育而成。开展全员教师职业教育教学能力培训测评后，全院教师普遍采用项目教学、情境教学、小组合作、角色扮演等模式方法改革课程教学，特别是"百强课改"中95门教学做一体化课改课程重点选取和引进真实的企业项目，促进了对学生合作精神、质量意识、创新创业能力等综合职业能力素质的培养；学院还不定期举办企业名人讲座、优秀校友在校互动沙龙等活动，使学生动态接受企业文化熏陶；建校60多年来，学院始终将劳动教育课设为必修课，真正培养了学生守纪爱岗、勤勉上进、能吃苦肯奉献的良好职业习惯和优秀职业品行。

（三）企业文化进林场，打造特色实践育人文化

学院以占地6万亩的清原实验林场为中心平台，打造了全国林业高职中面积最大，功能最全，生产性、企业化程度最高，示范辐射作用最强的"四

最"型核心"后场";以"后场"为"育林树人"的实践载体，教师是经理也是教师，学生是员工也是学生，基地是现场也是课堂，形成了具有林业职业教育特色的"场校融合、产教一体、学训同步、道艺兼修"的实践教学体系，突出了高素质技术技能人才的实践能力和职业素质培养，特别是强化了林业人吃苦耐劳、热爱林业、低碳环保的行业精神和职业情操，凸显了学院林业人才培养的职业特色，在大学生职业素质培养和实践育人中取得了显著成效。

四、三姓合一，孕育优秀的林业高等职业教育品牌文化，形成全人培养的"大课程"之"果实"

我们观察森林和树木，不难发现优良的乔木往往有着抱朴守贞、中通外直的素质，不断茁壮成长、努力寻求顶端优势，用果实昭示生命、用生命涵养生存空间的阳光形象。长期受林业行业文化熏陶，辽宁林业职业技术学院在多年的职业教育改革与内涵建设中不断融汇和升华这种以优良乔木为特征的质量文化和品牌文化，以人才培养、文化传承为内涵和底蕴，以科研创新、社会服务为辐射和影响，形成了"内强素质、外塑形象、优品良能、自强不息、服务社会"的优秀成果文化。

（一）质量工程建设水平日益提高

目前学院已拥有教育部、财政部支持专业提升服务产业能力重点专业 2 个，全国行业重点专业 2 个，省级示范专业 4 个，省级品牌专业 6 个，辽宁省对接产业集群专业 5 个；拥有全国专业教学资源库 2 个，国家级精品资源共享课 1 门，国家林业局精品课 1 门，全国行业精品课 3 门，省级精品课 11 门；国务院特贴专家 2 人，省级优秀专家 1 人，省级教学名师 3 人，省级专业带头人 6 人，省优秀青年骨干教师 7 人，省级优秀教学团队 4 个；拥有国家级实训基地 3 个，全国行业重点实训基地 1 个，省级实训基地 5 个，省级创新型实训基地 4 个。学院人才培养质量和质量工程建设水平居于全省和全行业同类院校前列。

（二）人才培养质量显著提高

近年来，魏京龙等 9 名同学分别荣获全国林科"十佳"毕业生，49 名学生荣获全国林科优秀毕业生，在全国林业职业院校中排名第一。1000 余人次获得国家级、省级专业技能大赛一、二、三等奖。学院招生的第一志愿报考上线率平均超过 100%；毕业生平均初次就业率达到 90%；毕业生年终就业率连年超过 95%，是辽宁省就业创业示范校；毕业生在辽宁省林业行业中享有良好声誉,用人单位评价毕业生工作称职率和满意率达到90%以上,学院被誉为"培养林业技术技能型人才和林业基层干部的摇篮"。

(三)服务行业及社会水平明显提高

14年的高职办学和内涵发展,特别是坚持以文化育人为引领,着力打造和创新"三姓合一"的高职特色文化,构建基于全人培养的"大课程",使学院在校企合作体制机制创新、重点专业与专业群建设、人才培养模式创新与全人教育体系建设、内涵发展与教育教学改革、社会服务能力建设与生态文化创新等方面走在了全国同类行业院校以及省内同类高职院校的前列;学院"前校后场、产学结合、育林树人"的办学特色更加鲜明,服务"三林"(林业、林区、林农)能力明显增强;为林业行业企业和区域社会提供的人才支持、科研创新、技术服务和文化供给进一步扩大;学院被评为辽宁省首批职业教育改革发展示范校,被教育部评为全国高校毕业生就业50强、国家首批百所现代学徒制试点学校、全国林业行业类紧缺人才培养基地等;学院成为全国林业职业教育教学指导委员会副主任单位、全国森林资源分委员会主任单位、中国(北方)现代林业职教集团理事长单位、全国文化育人与生态文明建设工作委员会主任单位、辽宁省生态环保产业校企联盟理事长单位、辽宁生态建设与环境保护职业教育集团理事长单位等,服务区域、行业及生态文明建设的作用不可替代,行业企业对学院的依存度逐年提高,学院在全省、行业乃至全国同类高职院校中的示范引领和辐射带动作用全面彰显。

(本文成稿于2015年6月,收录时徐岩对原文有部分修订)

附录　部分佐证性研究成果

附录一　外媒体报道学院新闻稿选编

【2012 年 12 月《中国教育报》报道】

"五为创新"奏响高职特色发展交响曲
——辽宁林业职业技术学院发展探秘

走进辽宁省沈阳市风景秀丽的浑河南岸，这里坐落着一所在全省同类院校乃至全国林业行业职业院校中发挥重要示范辐射作用的高等职业院校——辽宁林业职业技术学院。短短的 10 年间，该院实现了独立升格、人才培养、示范院创建的"三跨越"，成为了一所拥有六系、一院、两部，设有 33 个专业、8 个专业方向，在校生 5400 余人的"辽宁省首批示范性高等职业院校"。

是什么力量使辽宁林职院走上了内涵式特色发展的道路？带着疑问，我们深入这所辽宁省唯一的林业高职院校，挖掘其和谐琴音背后的秘密——

一、"林业为根"——根植区域发展的土壤

专业是职业院校办学的基本单元，也是学院生命力发展的根本所在。挖掘辽宁林业职业技术学院的"五为创新"的办学思路，主要内涵是：林业为根、内涵为核、特色为旗、文化为基、服务为魂。10 年来，该院本着"面向市场、对接产业、突出特色、打造品牌、协调发展"的专业特色发展理念，不断调整和优化专业结构，对接区域产业发展的专业体系，形成了"市场定位准确、产学结合紧密、林业特色鲜明、品牌效益突出"的重点专业及专业群建设新格局。

尤其是在校政企协合作，加强四个特色和重点专业建设上尤为突出：以守住辽宁生态底线为立足点，做精林业技术核心专业；以服务辽宁城乡一体化大园林绿化工程为指针，做强园林技术主体专业；以支撑辽宁林业产业大省建设为根本，做新木材加工技术强势专业；以打造辽宁旅游强省为依托，做优森林生态旅游特色专业；以重点专业为龙头，全面提升了专业整体建设水平和服务社会、服务地区、服务"三林"的能力。

也正是因为如此，2008 年，该院成为了辽宁省首批示范性高等职业院校建设立项单位。他们攻坚克难，全面推进"重点专业及专业群建设"等 6 个省级示范项目，及"师资队伍建设"等 2 个院级示范项目，取得了丰硕成果。对于"五为"创新之举，国务院特殊津贴专家、全国林业技术学术带头人、辽宁省优秀专家、院长邹学忠教授，于 2011 年，在全国林业行业协作会上，把"五为创新"的经验推向了全国。

二、"内涵为核"——学院发展的生命源泉

"内涵为核"是辽宁林业职业技术学院始终坚持的"质量立校、内涵发展"的办学特色。它主要体现在：

——办学体制机制创新。积极推进"校中厂""场中校""订单式培养"等校企合作办学模式，先后与北京万富春森林资源发展有限公司等 97 家大型龙头企业或重点企业合作，推进了校企无缝对接；与鞍山市政府、大连佳洋木业有限公司等合作，创建鞍山市职教城中的木材工程学院，探索了校政企协四方合作的新模式；与加拿大亚冈昆学院签订合作办学协议，与柬埔寨联合国际贸易发展有限公司联手合作 2 + 1"订单培养"留学生，开启了国际间校校、校企合作的新篇章。

——人才培养模式创新。林业技术探索了"全程项目化"人才培养模式，园林技术形成了"N21"人才培养模式；森林生态旅游创新了"订单式 411 全程职业化"人才培养模式；木材加工技术建立了"工学一体、项目教学、订单培养"人才培养模式；实现了"教学内容与企业任务的融合，教学过程与任务流程的融合，教学身份与企业身份的融合，教学成果与企业产品的融合，教学产品与企业需要的融合"。

——教学改革与教学模式创新。近年来，该院率先在全省高职中，开展了以全院 219 名专兼职教师为培训对象，以 156 门课程项目化改造为主题的"教师职业教育教学能力培训与测评"工作，在全省各高职院校中走在了前沿。学院还重点加强了国家、省（国家林业局）、院三级、四类精品课程建设；开展"百强课改"，遴选 59 门课程开展教学做一体化教学改革。目前，已有 30 门课程通过质量验收，并获得学校表彰。

——质量保障体系创新。完善了以 ISO 9000 理念为引领，督导委、督导室、系（部）督导组、学生信息员队伍"院系两级、四位一体"，学生评教、教师评教、领导评教、社会评教"内外双层、四元统合"的教育教学质量保障和评价体系，课堂教学质量和人才培养质量不断提升。

三、"特色为旗"——坚定不移走特色之路

几年来，辽宁林职院"前校后场、产学结合、育林树人"办学特色日益凸显。他们积极完善"前校后厂、产学结合、育林树人"特色的实训平台和实践教学体系，打造了全国林业高职中面积最大，功能最全，生产性、企业化程度最高，示范辐射作用最强的"四最"型核心"后场"；具有"生产性、开放式、共享型、多功能"四大特征；融"生产、教学、科研、服务"四功能于一体；形成了行业、职业、产业、专业、就业"五业衔接"的实训基地模式，成为该院人才培养和示范辐射的一大亮点。

在产教融合、学做一体的教学模式改革中，教师是经理也是教师，学生是员工也是学生，基地是现场也是课堂，理论与实践一体、生产与教学一体、技能训练与素质养成一体，形成了具有林业职业教育特色的"场校融合、产教一体、学训同步、道艺兼修"的实践教学新体系，凸显了学院培养高素质的林业技能型人才的育人特色。

四、"文化为基"——唱响可持续发展主题

为了深入贯彻育人为本、德育为先的教育理念，该院还着力构建教书育人、管理育人、服务育人、环境育人、实践育人、文化育人、党建育人、雷锋精神育人的"八育人"体系，涌现出了一大批优秀学生。如魏京龙、于晶晶、王亚楠、李作权4名同学分别荣获全国林科"十佳"毕业生，18名学生荣获全国林科优秀毕业生。

为找准学院姓"职"、姓"高"，也姓"林"的"三姓合一"的特色定位，他们立足辽宁社会发展的"土壤"，把握生态现代林业的"根基"、打造职业教育的"魂魄"、凝聚高等教育的"神韵"；连续四年获得辽宁省林业厅目标责任制"先进单位"的荣誉称号，打造了"三姓合一"的高职特色校园文化品牌。

五、"服务为魂"——为社会发展建功立业

该院作为辽宁省高校就业创业教育示范校、全国林业科普基地、省教育科学规划第二批重点研究基地、高职课程模式及教学内容改革研究基地。学院还积极围绕社会主义新农村建设，开展林业科技研发和项目成果转化，为企业创造效益数千万。如《森林资源三类调查数据管理信息系统》填补了我国林业调查信息管理网络化的空白，每年创造产值达9000万元；《彩色观赏树木新品种繁育及推广技术的研究》为阜新城市转型和东北地区的城市绿化，提供了重要理论依据和专业技术支持。此外，学院还承担全省林业培训职能，构建了以培训中心为中轴，以教学院、系为辅翼的"一轴七翼"大培训格局，

形成了"服务作用明显、社会影响广泛"的辐射圈。荣获沈阳高校十大社会服务贡献奖，在服务"三林"中发挥了引领作用。

目前，学院已拥有教育部、财政部支持高等职业学校提升专业服务能力重点专业 2 个，省级示范专业 4 个，省级品牌专业 6 个；拥有国家精品课 1 门，国家林业局精品课 1 门，省级精品课 11 门；拥有国家级立项建设实训基地 2 个，省级实训基地 5 个，质量工程建设水平居于全省高职院校前列，被誉为"培养林业技术技能型人才和林业基层干部的摇篮"。

（本文校内撰稿：徐岩）

【2016 年 8 月 15 日《中国绿色时报》报道】

辽宁林职院就业率为何居高不下？

在日渐严峻的就业形势下，毕业生就业成为学校发展的生命线。如何把好这条生命线的脉搏，成了学校之间的终极较量。

近年来，辽宁林业职业技术学院先后获评辽宁省示范性高等职业学校、国家首批百所现代学徒制试点学校、教育部"全国毕业生就业典型经验 50 强高校"、辽宁省教育厅"省高校创业教育示范校"，就业率连续 6 年保持在 95％以上，跻身全国高校就业 50 强之列。据教育部委托国家统计局对学院毕业生进行的第三方数据调查结果显示，辽宁林职院毕业生满意度排名第十位，用人单位满意度排名第二位。

作为一所林业行业高职类专业院校，辽宁林职院是如何在这场高校间的较量中胜出的？

《中国绿色时报》记者从采访中了解到，辽宁林职院自建院起就成立了毕业生就业工作领导小组，实施就业工作"一把手"工程，并建立了"学校领导包院系、院系领导包专业、专业教师包学生"的责任机制，把毕业生就业纳入重要的议事日程。为及时准确地了解各二级院毕业生就业工作开展情况，分管领导多次召开毕业生就业工作会，并深入二级院进行督导和调研，掌握情况、分析问题、研究对策、狠抓落实。

招生就业处作为就业工作综合主管部门，负责对全院就业工作进行部署、检查、督促和考核。各二级院成立毕业生就业指导中心，实行两级管理制度。定期听取各二级院毕业生就业情况汇报，及时讨论和解决有关问题。

对于就业工作所需资金、场地、设施等条件，学院均给予大力支持和保障。同时，加大就业工作的奖励力度，出台就业激励政策，仅今年就已投入就业资金 30 多万元。

广大教师充分利用各种机会，主动加强与用人单位的联系，多渠道收集企业信息，党员、干部率先垂范，提供有效的招聘信息或推荐学生就业。

从上到下，高就业率与完善的管理体制成正比例。

打铁还需自身硬。在保证就业率的同时，学院严格学生的知识掌握和能力锻炼，并注重打造名牌专业，家具设计与制造、雕刻艺术与家具设计、商品花卉、园林技术、旅游服务与管理等 10 多个专业连续多年实现 100% 就业。多名学生在参加景观设计、插花艺术、全国三维数字化大赛、电子商务、家具制造等省级比赛甚至全国大赛中获得特等奖和一等奖。

为引导毕业生创新创业，学院组织开展了 KAB 创业教育，由获得 KAB 资格证书的老师亲自授课，采取小班教学的方式定期教育，开展创业沙龙活动，参观企业，与企业老总面对面交流，提高创业理念。组织广大教师深化创业课程改革，采取项目教学方式，双线并行，提高学生的创业意识与能力。

同时，学院为学生提供资金、政策、场地，成立创业者协会。目前，学院已开展 4 届"兴林杯"创业大赛，并从创业方案设计大赛中选择市场前景较好的项目，进行资金、政策和技术扶持，提供全程创业指导。

为提高毕业生自荐能力，学院专门选派教师参加职业生涯规划指导培训，有针对性地对学生进行专项指导。聘请人力资源方面的专业人士为学生介绍各行业人才要求，让学生接受择业技巧培训、参加招聘活动，强化求职技巧、模拟面试等训练。

为提高毕业生综合素质，学院一方面把就业指导与专业课相结合；另一方面通过系列培训，引导毕业生转变角色，适应社会。通过举办"专家讲座""创业导师报告会""优秀毕业生事迹报告会"等，增强学生的市场意识及就业信心。

对于特困家庭的毕业生，学院登记造册实行重点推荐，开展"一对一"服务，由一位中层干部对接一位困难学生，从大一开始对学生进行职业生涯规划教育，大二为学生提供创业教育，大三为学生提供职业指导教育。各二级院党总支对就业困难的毕业生进行优先推荐，学院按照省里统一要求向困难学生发放求职补贴。

在此基础上，学院专门成立了实习实训管理科，制定实习实训管理办法，加强对学生实习实训力度，确保与用人单位无缝对接。目前，学院有自建清原县海阳林场和苏家屯林盛实习实训基地，并与辽宁省湿地保护中心、鸟类研究中心、固沙造林研究所、经济林所、杨树所、干旱所、实验林场、经营所和生态实验林场等多个单位共建实习实训基地。

学院积极开展毕业生就业市场建设，邀请用人单位来校招聘，仅 2016 年就举办 110 余场校园招聘会和企业宣讲会。针对不同专业特点和当前行业生产规律，学院举办了毕业生校园专场招聘会，由专业教研室与企业无缝对接，专业教师与企业经理共建联系，将企业请进校园与学生进行一对一招聘。针对毕业生自身特点，学院开展了岗位培训和职业素养提升工作，将学生的职业素质教育与企业推介有机结合，打造专业实习锻炼、专场宣讲推荐、专家指导交流的新模式。

为加强信息交流，学院投入专项资金改建校园网站，为招生就业处设立独立的子网站，积极打造"四网二群"网络教育模式。充分利用辽宁林业职业技术学院招生就业网、辽宁高校毕业生就业信息网、辽宁人才市场网、沈阳人才市场网"四网"，优秀校友博客群、QQ 咨询群"二群"。通过建立优秀校友博客群和就业创业博客，使学生零距离接触优秀校友，了解优秀校友的就业创业经验与教训；通过班级 QQ 群、毕业生 QQ 群，定期向学生发布就业岗位以及相关就业信息。

此外，学院大力加强就业率统计以及监管、核实工作力度，定期通过电话回访、企业交流等形式对就业协议进行核查。对有虚假就业的二级院实行一票否决制度，年终不能参评优秀，不能享受就业奖励政策，保证就业率统计工作的真实性。

2014 年 6 月，由学院牵头组建的中国（北方）现代林业职业教育集团在辽宁沈阳成立。作为具有鲜明林业行业特色和北方区域特征的全国首个大型林业职业教育联合体，集团现已拥有北方 15 个省（自治区、直辖市）的理事单位 164 家，其中涉林职业院校 35 所、行业企事业单位 111 家、科研院所 14 家、行业协会（学会）4 家。

成立两年来，集团不断深化产教融合、校企合作，以林业类重点专业（群）为切入点，集团层面及集团成员院校开展校企合作的企业总数超过 2400 家，其中紧密型合作企业 1200 余家。通过共同制定人才培养方案、开发课程、编制教材、共建订单班等多种形式，校企共建专业 97 个，合作制定林业类重点专业人才培养方案 26 套，合作开发教学做一体化项目课程 31 门、项目化教材 33 部。

集团以林业技术、园林技术、木材加工技术等林业类重点专业（群）为载体，以现代学徒制为切入点，创新场校融合、校企共育的人才培养模式。集团成员院校与多个大型龙头企业签订订单班 93 个，订单培养中高职林业技术技能人才 4000 余人。依托集团平台，仅 2015 年，辽宁林职院就与中国圣象集团等 20 余家企业（集团）签订了 40 多个订单班。

管理体制、学生素质、就业市场，辽宁林职院牢牢把住毕业生就业的三大关卡，多管齐下，成果显著。

（本文校内撰稿：方伟、徐岩）

附录二　特色报告、讲稿选编

【本文为 2016 年 7 月 28 日院党委书记邹学忠教授在全国农林高等院校教材建设工作会议上所做的报告文稿，宣讲地点为贵州省贵阳市】

弘扬生态文明　传承林业精神　培养绿色人才
辽宁林业职业技术学院党委书记　邹学忠

一、生态为旗——弘扬生态文明，建设美丽中国

（一）我国进入生态文明新时代

当今世界所面临的全球生态问题：①森林资源不断减少，热带雨林正以每年 17 万 km^2 的速度消失；②水土流失严重，全球土壤每年流失量高达 200 亿 t；③荒漠化加剧，每年全球有逾 21 万 km^2 农田被荒漠化；④生物多样性锐减，每天超过 70 个生物物种从地球上消失；⑤干旱缺水和洪涝等自然灾害频繁；⑥环境条件恶化，污染严重，温室效应加剧。

文明是指反映物质生产成果和精神生产成果总和，标志人类社会开化状态与进步状态的范畴。

大自然孕育了人类，人类则在认识自然、改造自然的过程中，创造了一个又一个光辉灿烂的文明：以石器为标志的原始文明，经历了 100 万年时间；以铁器为标志的农业文明，也有近 1 万年的历史；以蒸汽机为标志的工业文明，则是近 300 年的事。展望未来，21 世纪将是实现正在崛起的以高新技术为标志的生态文明的时代。

生态文明是指人们在遵循人类、自然、社会相互间和谐发展基本规律的基础上，所取得的物质与精神成果的总和。也是人与人、人与自然、人与社会和谐共生的文化伦理形态。

党的十七大提出了建设生态文明的战略任务，党的十八大正式写进党章，确定为政治、经济、文化、社会和生态文明五大建设之一，并且要贯彻始终。党的十八届五中全会又明确提出，"必须牢固树立并切实贯彻创新、协调、绿色、开放、共享的发展理念。这是关系我国发展全局的一场深刻变革。"2015年5月，中共中央、国务院发布《关于加快推进生态文明建设的意见》(以下简称《意见》)，明确指出：生态文明建设是中国特色社会主义事业的重要内容，关系人民福祉，关乎民族未来，事关"两个一百年"奋斗目标和中华民族伟大复兴中国梦的实现。要充分认识加快推进生态文明建设的极端重要性和紧迫性。《意见》通篇贯穿了"绿水青山就是金山银山"的基本理念，提出到2020年，实现资源节约型和环境友好型社会建设取得重大进展，生态文明建设水平与全面建成小康社会目标相适应的总体发展目标，体现了现代化建设的"绿色化"取向。中共中央国务院又印发了《生态文明体制改革总体方案》，为我国生态文明领域改革作出了顶层设计，全面提高了我国生态文明建设水平。这是我们党对共产党执政规律、社会主义建设规律、人类社会发展认识的深化和升华，是全面建设小康社会新的目标要求，标志着我国生态文明建设新时代的到来。

(二)生态文明是发展的必然

1. 生态文明是社会历史发展的必然

建设生态文明具有十分重要的政治意义、深远的历史意义和重大的理论意义。反映了中国经济社会的发展要求、广大人民群众的精神需求和民众诉求及中国共产党的执政追求。

2. 建设生态文明是落实科学发展观的必然要求

人类社会走过了原始文明、农业文明、工业文明时代，现在又迎来了生态文明时代。生态文明与工业文明相比，克服了工业文明的弊端，将人类发展与整个生态系统的发展联系在一起。突出了生态环境的重要，强调尊重和保护环境，强调人类在改造自然的同时，必须尊重和爱护自然，而不能随心所欲，为所欲为。生态文明所体现的是一种更广泛更具有深远意义的平等，即：人与自然的平等；当代人之间的平等；当代人与后代人之间的平等。当代人不能肆意挥霍资源，践踏环境，必须留给子孙后代一个生态良好、可持续发展的地球。可见，建设人与自然和谐统一的生态文明，就要既关心人，又关注自然，实现人与自然的携手，生物与非生物的共进，过去与现在的统一，现在与未来的对话，时间与空间的协调。这些都是落实科学发展观的重要内容，所以，建设生态文明是落实科学发展观的必然要求。

3. 生态文明是建设和谐社会的重要基础和条件

生态文明为建设和谐社会奠定基础保障。和谐社会的核心是人与人之间矛盾的真正解决。社会的政治、经济、文化发展是实现人与人之间和谐的保障。但是，如果没一个稳定和平衡的生态环境，社会的政治、经济、文化都难以提供人际关系和谐的保障。生态文明为建设和谐社会提供资源支撑，没有自然资源，经济发展就无法谈起，没有经济发展，和谐社会发展就失去动力。

(三)生态文明的基本内涵

生态文明就是指人类在物质生产和精神生产中充分发挥人的主观能动性，按照自然生态系统和社会生态系统运转的客观规律建立起来的人与自然、人与社会的良性运行机制、和谐协调发展的社会文明形式。主要包括生态意识文明、生态制度文明、生态行为文明 3 个方面。

生态意识文明。是人们正确对待生态问题的一种进步的观念形态，包括生态意识形态、观念、理念、心理、道德以及一切体现人与自然平等、和谐的价值趋向。

生态制度文明。是人们正确对待生态问题的一种进步的制度形态，包括生态制度、法律和规范。其中，特别强调健全和完善与生态文明建设标准相关的法制体系，重点突出强制性生态技术法制的地位和作用。

生态行为文明。是在一定的生态文明观和生态文明意识指导下，人们在生产生活实践中推动生态文明进步发展的活动，包括清洁生产、循环经济、环保产业、绿化建设以及一切具有生态文明意义的参与和管理活动，同时还包括人们的生态意识和行为能力的培育。

(四)生态文明的主要目标

建设生态文明的主要目标是使自然生态系统和社会生态系统达到最优化和良性运行，实现生态、经济、社会的可持续发展。

(五)生态文明的核心内容

建设生态文明的核心内容是在提高人们的生态意识和文明素质的基础上，自觉遵循自然生态系统和社会生态系统原理，运用高新技术，积极改善和优化人与自然的关系、人与社会的关系、人与人的关系。其中改善和优化人与自然的关系是基础，即把工业文明时代的人类对大自然的"征服""挑战"变为人与自然和谐相处、共生共荣、共同发展。

(六)生态文明建设的主要任务

生态文明建设的主要任务就是通过保护自然资源、节约自然资源、科学利用自然资源，维护自然生态系统的动态平衡。生态文明为建设和谐社会创造维护稳定的条件。生态灾难、生态危机、自然资源盲目开发和利用，已成为国际事务十分敏感的重大问题，关系国家根本利益，甚至由此引发战争。由于自然生态系统的整体性、资源的紧缺性，国内流域的上下游之间、地区之间也存在着矛盾。因此，自然资源的可持续利用、生态环境的公平享用，是国际和国内社会和谐的前提条件。

(七)生态文明的基本理念

生态文明哲学观认为，人与自然这一对立统一的矛盾体中，既有斗争性（人类向自然索取），又有统一性（人与自然同步发展），并且是以统一性占主导地位的，人类可以充分发挥自己的主观能动性，来达到统一性的目的。在统一性与斗争性之间，如果以统一性为主，既可以取得第一步的胜利，又可以取得第二步、第三步的胜利，实现可持续发展；可如果以斗争性为主，则虽然能够取得第一步胜利，但第二步、第三步会把第一步取得的成果全部抵消，更何谈可持续发展。

生态文明价值观认为，人的存在不但要对社会、对他人负责，还要对自然界的一切生命以及生命赖以生存的环境负责，承担义务和责任，而且因为人有主观能动性，所以对他所承担的义务和责任要做得更好些，这样才能体现人的价值的全面性。生态文明的价值观还认为，自然界中的一切生命种群对于其他生命以及生命赖以生存的环境都有其不可忽视的存在价值。

生态文明道德观认为，人们在生存和发展过程中，要把人类的道德认识，从人与人、人与社会的关系，扩延到人与人、人与社会、人与自然的关系，在充分认识自然的存在价值和生存权利的基础上，增强人对自然的责任感和义务感，增强人们对代内关系和代际关系的责任感和义务感，协调人与社会、自然的关系，达到三者共生共荣、共同发展。

(八)生态文明的特征

1. 范畴的广泛性

从内涵上看，生态文明包括生态意识文明、生态法治文明、生态行为文明。从外延上看，生态文明建设是具有多维性指向的有机整体。它的指向覆盖了政治、经济、文化、社会，在经济社会各个领域发挥引领和约束作用。

2. 形态的高级性

生态文明是人类文明的更高级形态。人类创造了农业文明和工业文明，历史表明，农业文明和工业文明是人类文明进程必须经历的历史阶段，都是以索取和破坏自然为代价换取的，不可能永续发展。世界工业化发展的成果包括造成了全球生态危机，严重威胁到人类自身的生存和发展。而生态文明，是人与自然共存共荣共进、和谐发展的文明，必然替代工业文明。

3. 建设的长期性

生态文明作为新的社会文明形态，必然经历一个长期的复杂的历史进程，我国生态文明建设任务尤其艰巨，其长期性更为突出。

(九)生态文明的产业发展模式

生态文明的产业发展模式是生态产业。生态产业是为促进全球性或区域型生态平衡，充分利用生物资源，以生物学为基础，以生态学为指导形成的产业经济类型。其意义不仅在于能恢复生态循环和减轻环境压力，更在于能确保人类物质支持系统的可持续发展。只有主动地大力发展生态产业，才能最终富民强国。发展生态产业是实现可持续发展战略的需要，是未来经济发展的主导模式。

在目前我国生态环境的严峻形势下，林业生态产业已成为我国生态产业建设的重要内容。林业生态产业是生态文明时代林业生产的最佳形态，是以科技为先导、以生态文明为目标、生态经济社会三大效益相统一的林业发展模式。国有林区的天然林保护、集体林区的速生丰产林建设、平原地区的农田林网化、中西部地区的退耕还林、三北地区的荒漠化防治、生物多样性地区的野生动植物保护等，都是典型的林业生态产业模式。我国的林业生态产业已有长足的进步，在促进生态建设和地区经济发展、增加就业和农民收入中，已显示出巨大的作用。

为此，弘扬生态文明，建设美丽中国，是林业职业院校贯彻十八大和十八届五中全会精神，推进"绿色文明"的鲜明旗帜，必须不辱使命。

二、林业为根——突出主体地位，服务现代林业

(一)林业在生态文明建设中的主体地位

森林是由多种多样的乔木、灌木、草本植物、昆虫、鸟兽、微生物等组成，占有巨大的空间，密集生长，并显著影响周围环境的生物群体。

森林是世界陆地生态系统中最大的生态系统，是陆地生态系统的主体，是地球化学的杠杆。森林影响环境，环境影响森林。森林维持着地球陆地上的生命。森林是自然界中功能最完善，最强大的资源库、基因库、蓄水库、碳贮库、能源库。森林具有调节气候、涵养水源、固碳释氧、保持水土、防风固沙、改良土壤、减少污染、保持生物多样性等多种功效。

林业是以森林资源为依托，利用先进的生产技术与管理手段，从事培育、保护、利用森林资源，发挥森林生态作用，即生态效益、社会效益和经济效益的产业和公益事业。

2003 年，《中共中央、国务院关于加快林业发展的决定》确定了生态建设在国民经济发展中的核心地位，确定了林业在生态建设中的首要地位、重要地位和基础地位，赋予了林业光荣而艰巨的使命。2009 年，党中央、国务院正式确立了林业的"四大地位"和"四大使命"。2013 年，国家林业局印发了《推进生态文明建设规划纲要（2013—2020 年）》（以下简称《纲要》）。《纲要》明确，要按照中央"把发展林业作为建设生态文明的首要任务"这一要求，构筑坚实的生态安全体系、高效的生态经济体系和繁荣的生态文化体系，切实担当起生态文明建设赋予林业的历史使命。

林业的核心任务是构建三大体系，即完善的林业生态体系、发达的林业产业体系、繁荣的生态文化体系。

林业的四大地位，即在贯彻可持续发展战略中林业具有重要地位，在生态建设中林业具有首要地位，在西部大开发中林业具有基础地位，在应对气候变化中林业具有特殊地位。

林业的四大使命是实现科学发展必须把发展林业作为重大举措，建设生态文明必须把发展林业作为首要任务，应对气候变化必须把发展林业作为战略选择，解决"三农"问题必须把发展林业作为重要途径。

森林、湿地是人与自然和谐的关键和纽带。我国林业肩负着森林保护和培育、湿地保护和恢复、防沙治沙、治理水土流失、木材生产、野生动植物保护和自然保护区建设的重任。林业在生态建设中处于首要地位，承担着提供生态产品、物质产品和生态文化产品的艰巨任务。在建设生态文明的历史进程中，林业既要承担起生态建设的重任，又要当好生态文化建设的先锋。林业在应对气候变化、防沙治沙、提供可再生能源、保护生物多样性等方面都具有重要的不可替代的作用，同时，林业对治理水土流失、促进降雨、维护粮食和水资源安全、推进新农村建设等方面都具有重要的作用。但是，我国森林资源总量严重不足，结构严重不合理。要实现生态文明、建设美丽中国，林业建设任务异常艰巨，任重道远。

（二）林业人才匮乏与生态文明及林业发展的矛盾

比照生态文明、五大发展理念和林业发展的总体要求，目前我国最短缺的不是资金、技术，而是生态产品。森林、湿地等生态产品已成为全社会的最大需求、最高渴望。20世纪以来，我国的工业化发展消耗了大量自然资源，付出了巨大的环境成本，造成东部水土流失严重，中部土壤退化和水体污染，西部草原沙化、碱化和荒漠化还在发展，严重阻碍生态文明建设。

在我国现代林业建设呈现出较快发展及良好势头的同时，我们也清醒地认识到，很多地区生态建设历史欠账多，工业污染负荷大，城市环境基础设施建设滞后，农村环境污染问题也很突出。现代林业建设任务还很艰巨，森林资源总量不足、质量不高、分布不均衡，自然环境脆弱，水资源日益匮乏，水土流失不断加剧，土地荒漠化日趋严重。林业面临着前所未有的考验，生态建设目前面临着诸多困难，其中最为突出的就是缺乏能够解决生态问题的高新技术和新型人才，林业人才和技术的缺乏已经成为生态建设和发展的瓶颈。

1. 林业技术人才缺乏

林业行业的技术性较强，当前从业人员总量不足，拔尖人才、科技致富领军人才的数量就更少，远远适应不了林业经济发展形势的需要。同时文化层次较低，具体表现在林业行业从业人员中，具有高级技术职称的人数还不足10%，而且具有中专以上学历的林业毕业生，大多在县级以上单位工作，在乡镇一级单位工作的只占9%，基层人才明显不足。全国平均每个乡镇只有1名林业大专或中专毕业生，每10个乡镇只有1名林业大学本科毕业生，再加上地区之间的差别，就使得县级以下基层的林业专业人才更加匮乏。

2. 缺技术、缺培训

总体看，我国林业企业的规模还不够大，产品的科技含量还不够高，企业自主创新能力还比较薄弱；林区剩余劳动力，由于缺乏培训、缺少技能，劳动力转移增效不够高、增收的渠道还不够宽，在一定程度上延缓了林区小康建设的步伐。林业内部大量的规模企业、中小企业、外资企业，缺乏熟练技术工人，甚至出现"技工荒"问题，"两者"的脱节已成为影响经济发展的瓶颈之一。林业工人的技能等级严重偏低，从业人员的整体科学素质较落后，提升滞缓，并普遍缺少受继续教育的机会。现有林业类从业人员中，专业技术人员只有20%左右，专科以上学历人员不到10%；兼职和跨行业技术人员占40%，本专业（中专或普通大专、本科毕业）真正接受过高职专业训练的人员占30%，难以适应现代林业发展的需要。

综上，生态文明建设，林业是主体，人才是关键，教育是基础。突出林业主体地位，培养适应生态文明建设和现代林业发展需要的绿色人才，服务生态文明建设和现代林业发展，是林业职业院校的重要职责，必须认真履行。

三、人才为本——培养绿色人才，实现"三有三成"

(一)绿色人才

我国著名教育家、中国科学院院士杨叔子率先提出，"科学求真，人文求善，现代教育应是科学教育与人文教育相融而形成一体的'绿色'教育！""科学人文，交融生'绿'"。我们认为，以服务社会主义和谐社会和生态文明为目标，以跨专业的环境教育和可持续发展教育为载体，把科学精神、人文素质、职业精神、职业素养有机融入受教育者意识、知识、技能、道德、行为培养之中，努力实现知识与能力、认识与实践、科学与人文、理性与情感、健康体魄与健全人格、职业技能与职业精神、职业素养的高度和谐统一，从而实现全面发展、和谐发展、可持续发展的人才，即可称之为"绿色人才"。

(二)绿色人才培养的重要性

培养绿色人才，使学生的智商和情商得到全面的发展，引导学生思考和关注一种符合人的价值与自然价值和谐统一的生存方式，使学生成为具有生态意识、生态情感、生态智慧、生态能力的新型人才，使他们成为环境保护和可持续发展战略的骨干和核心力量，有利于传承生态文明、建设"美丽中国"。因此，培养绿色人才，是各林业职业院校弘扬生态文明、建设绿色中国、美丽中国的共同目标和核心途径，是未来教育的必然走向和共同趋势，是林业职业院校的必然担当和共同使命。

(三)构建绿色人才培养体系，实现"三有三成"

多年来，辽宁林业职业技术学院不断创新人才培养工作，形成了"三有三成"绿色育人体系，使学生"有德、有技、有职，成人、成才、成业"，为生态文明建设和林业产业发展培养了大量高素质的绿色技术技能人才。

林业高职院校应树立以人才培养为中心的教育思想，积极构建"三有三成"的绿色人才培养体系，按照"有德成人、有技成才、有职成业"的总体人才培养定位深入开展教育教学改革和各项建设，为培养绿色人才、服务现代林业、传承生态文明做出应有贡献。

1. 突出打造特色"成人"体系，使学生"有德成人"

辽宁林职院始终坚持立德为先，育人为本，通过构建和实施"三全八育人"体系，强化学生职业素质和行业精神培养，全面提升大学生综合素质和终生可持续发展能力，教学生学会做人，热爱行业和专业，懂得爱岗敬业、吃苦耐劳、合作进取，使学生"有德"继而"成人"。特别是学院立足生态，行业文化育人特色鲜明，成效卓著：学院牵头组建了全国文化育人与生态文明建设工作委员会；率先推行生态文明知识进教材、进课堂、进头脑；在全省高中生中设立"育林树人励志奖学金"；开展"育林树人杯"征文大赛；组织"迎全运 爱家乡 低碳环保我先行"大型公益活动，获全国梁希科普活动奖，是全国林业高职院中的唯一；牵头组织"辽宁古树名木"大型科考活动，填补辽宁古树名木修史纂志的空白。这些有益的大型生态环保活动润物无声，强化了学生吃苦耐劳、低碳环保、奉献爱岗的行业素质培养，推动了学生优先选择涉林类绿色岗位就业，实现了学院"服务生态"的办学使命。

在未来的人才培养工作中，如何使学生真正实现"有德成人"？我认为主要途径有三：

一是社会主义核心价值观培养，分为国家、社会、公民 3 个层面，大学的任务重点应是从公民层面入手强化大学生社会主义核心价值观培养，并将其作为"有德成人"的教育主线贯穿始终。

二是生态文明"三进"。

——生态文明进教材。在国家林业局彭有冬副局长的大力支持和亲切关怀下，目前我们已经联合中国北方和南方林业职教集团骨干单位人员进行组织编制《全国生态文明教育读本》，计划 2017 年正式出版发行并在全国林业类职业院校中使用。

——生态文明进课堂。通过国家林业行政主管部门统一推进，计划在全国林业职业院校中将"生态文明教育"作为一门公共必修课列入各专业学生必修课程，要求所有林业职业院校学生无论修习何专业，均须修满"生态文明教育"学分方可毕业。

——生态文明进头脑。通过成立生态环保社团、建立生态文明教育基地、开展生态保护志愿者活动、营造生态校园文化等多种途径，使生态文明内化于心、外化于行，不断提升学生的生态素养和绿色环保理念。

三是强化林业精神和绿色职业素养。经过多年思考，本人将林业精神的内涵概括为"吃苦耐劳、无私奉献、团结协作、有为担当"。

2. 重点构建坚实的"成才"体系，使学生"有技成才"

学院坚持走内涵发展道路，突出人才培养的核心地位，全面深化教育教学改革，创新人才培养模式、教学模式、评价模式，全面提高人才培养质量，教学生学会学习、学会生存，掌握专业知识，熟练应用专业技能，提高实践动手能力、创新能力和就业创业能力，使学生"有技"继而"成才"，为就业创业打下良好的知识能力基础。特别是历时五年，全面开展"全员教师职业教育教学能力培训与测评"，实施"百强课改"；连续6年系统开展全院性的学生职业技能大赛，承办首届全国职业院校林业职业技能大赛；人才订单培养模式在全省开展最早、体系最成熟、成绩最显著。上述全员参与型、整体性、超前性的大型教育教学改革行动影响深远、特色鲜明，在全省、全行业乃至更广泛的职教领域形成示范引领，极大地提高了学生的专业核心技能、职业综合能力和实践动手能力，成为学生就业核心竞争力，是顺利入职、成功就业、可持续发展的能力法宝。

下一步，学院将以"三步走"战略为引领，以第二轮省级示范院建设为契机，以中国（北方）现代林业职业教育集团和全国文化育人与生态文明建设工作委员会为平台，以校政企行四方合作、全国林业技术专业资源库建设以及"互联网＋"为突破，以"百强课改"和"现代学徒制"为切入，全面深化产教融合和教育教学改革，通过校企一体化育人和集团化办学，不断强化学生的职业技能训导，突出实践动手能力和综合职业能力培养，使学生真正实现"有技成才"。

3. 不断筑牢扎实的"成业"体系，使学生"有职成业"

学院将就业工作作为生存发展的生命线，看成是学院育人与服务双重使命的落脚点，全面创新就业工作机制，构建科学的就业工作体系，实施有效的就业工作途径，全面提高了学生的就业创业竞争力，使学生学会求职、学会工作、学会就业创业、学会敬业乐业，使学生"有职"进而"成业"，真正实现了学校为学生服务、为企业服务、为社会服务、为生态服务的根本使命，2014年被教育部授予全国高校毕业生就业50强。

下一步，学院在强化毕业生"三率一薪"基础上，将创新创业作为就业工作改革的重大突破口，重点围绕培养学生创新能力开展就业服务能力建设，努力使毕业生不断适应经济社会转型、林业产业升级以及生态文明建设的新动态、新要求，从而真正实现"有职成业"。

综上，传承生态文明是林业职业院校必须要始终高高举起的一面鲜明的绿色旗帜；传承"吃苦耐劳、无私奉献、团结协作、有为担当"的林业精神，是林业人必须一直坚守的行业精神和执著信念；以人才培养为中心，按照"有德成人、有技成才、有职成业"的"三有三成"绿色人才培养定位培养适应生态文明建设和现代林业事业发展需要的优秀林业实用人才，是林业职业院校的核心使命和重要职责。

（本文撰稿：邹学忠、徐岩）

【本文为 2013 年 12 月 26 日院党委书记邹学忠在学院高职办学十年研讨会上的主旨报告】

十年砥砺　高职办学硕果累累　再鼓干劲　共圆美丽"林院梦"
——在高职办学十年研讨会上的主旨报告
邹学忠

同志们：

大家下午好！

今天我们在这里召开高职办学 10 年研讨会，由我代表学院党委和班子向全体与会人员做主旨报告。

报告分 3 个方面：

一是回顾过去高职办学十年取得的主要成绩和基本经验；

二是分析当前所处形势，明确学院发展定位；

三是梳理发展思路，找准未来前进方向。

重点报告第一部分。

第一部分：高职办学十年主要成绩与经验

一、成绩与亮点

回首过去 10 年，学院高职办学硕果累累。但归结起来，主要成就有 4 项重大开创性成果，8 项具有里程碑意义的成果和 8 项重要成果。

（一）4 项具有总纲性、开创性成果，展示学院高职 10 年总体办学的突出贡献和重大成就

1. 以"三步走"战略为指针，世界眼光，科学谋划，顶层设计，先进办学理念和科学办学定位形成引领

10 年来，学院立足辽宁，面向全国，紧紧围绕区域经济社会和现代林业产业结构调整升级的需求，解放思想，转变观念，用世界的眼光、宽广的胸怀、前瞻的站位科学谋划、顶层设计，坚持高职教育办学方向，以服务为宗旨，以就业为导向，走产学研结合发展道路；以"建成省内示范、行业一流、

全国特色高职院"的"三步走"战略为引领,明确了"培养生产、建设、管理、服务一线需要的高素质技术技能人才,为现代林业和区域经济社会发展服务"的总体办学定位;坚持"学生为本、人才强校、质量保障、突出特色、服务社会"的先进办学理念;坚持"林业为根、内涵为核、特色为旗、文化为基、服务为魂"的正确发展方针;形成了"前校后场、产学结合、育林树人"的鲜明办学特色。特别是随着内涵发展的逐步深入,学院以科学发展观为指导,创新性提出了"三步走"宏观发展战略,成为凝聚人心、指引方向、运筹帷幄、共施大计的发展风向标和强有力的规划保障,为学院坚定正确的办学道路,选择正确的办学模式,创造优异的办学成就发挥了重要引领作用。

2. 以"三级跳"跨越式发展为标志,戮力同心,攻坚克难,迅速崛起,办学规模翻两番

2003 年 1 月,在高等职业教育规模扩张的尾声阶段,学院审时度势、前瞻思考、长远谋划,独立申办高职,实现了办学层次的新跨越,也是学院历史上具有里程碑意义的"第一级跳";2006 年 6 月,学院主动申请提前接受人才培养工作水平评估,获得了"良好"的成绩,实现了办学水平的"第二级跳";2008 年 12 月,通过上下齐心、奋勇拼搏、苦心鏖战,学院以全省排名第一的身份,跻身辽宁省首批示范性高等职业院校建设立项单位行列,成功实现了办学的"第三级跳"。"三级跳"跨越式发展,推动学院从一所老牌中专迅速蜕变、崛起为一所特色鲜明、内涵突出、潜力巨大的林业高职院校,又经过几年的苦心经营和扎实稳健的内涵建设,学院如今已成功实现了办学规模翻两番的宏伟目标,可以说,"三级跳"跨越式发展是一项有目共睹的新创举,是一次具有历史意义的新变化,更是一种值得永久祝贺和歌颂的辉煌新业绩(附表 2-1)。

附表 2-1 高职十年办学主要数字对比一览表

序号	对比项目	2003 年	2013 年	翻番倍数
1	专业	5 个专业 3 个专业方向	35 个专业 8 个专业方向	专业 7 倍 专业方向约 3 倍
2	系(部)	3 系 1 部	6 系 1 院 2 部	2 倍
3	学生	2043 人	6048 人	3 倍
4	专兼职教师	109 人	337 人	3 倍
5	办学区划	一校一场	一校一区两场	
6	经费总额	2021.2 万元	8570.5 万元	4.2 倍
7	毕业生数	2.5 万/中专 50 年	1.5 万/高职 10 年	

3. 走内涵式特色发展的道路，锐意改革，务实创新，奋发图强，高等院校的四大功能得到充分体现

10 年来，学院紧紧把握高等院校四大功能，开拓进取、大胆探索、创新实践，全面深化教育教学改革，办学模式不断创新，全面地提高人才培养质量和社会服务水平，积极开展"立地式"自然科学研究和教育科学研究，传承生态文明，传播绿色文化，凸显办学特色。经过十年的发展和积淀，学院为区域及行业培养了 15 000 余名高素质的技术技能人才，人才培养质量优秀，被誉为"培养林业人才和林业基层干部的摇篮"；学院教科研水平日益提升，服务"三林"、服务社会能力不断增强，为生态文明建设，建设绿色辽宁、美丽辽宁、幸福辽宁做出了重要贡献，高等院校"人才培养、科学研究、社会服务、文化传承"四大功能真正得到充分体现，很好地履行和承担了作为辽宁唯一一所林业高校的光荣使命，体现了一所高职层次的大学不输于普通本科大学的那种对社会、对行业的神圣使命感、光荣责任感和作为生态文明建设者的巨大荣耀感、自豪感，是学院办学和发展史上值得浓墨重彩渲染和讴歌的一笔。

4. 以省内示范、行业一流、全国特色高职院建设为奋斗目标，提升水平，示范引领，辐射带动，服务区域经济社会和现代林业发展能力显著增强

10 年的内涵发展和综合建设，使学院在校企合作体制机制创新、重点专业与专业群建设、人才培养模式创新与课程改革、育人体系与校园文化建设、教科研与社会服务能力建设等方面均走在省内高职院校及全国同行业院校前列。两次省级示范院申建均拔得头筹，水平遥遥领先的质量工程建设成果以及优秀的人才培养质量、社会服务质量，确立了学院在省内高职院校中不可动摇的示范地位；学院为林业行业企业及区域社会提供的人才支持、科研成果、项目咨询、技术服务、培训教育等进一步扩大，服务"三林"和区域经济社会发展能力明显增强，行业企业对学院的依存度日益提高；学院被确立为全国林业行业关键岗位培训基地、全国林业行业类紧缺人才培养基地、全国林业科普基地；学院是全国林业职业教育教学指导委员会副主任单位、全国林业森林资源教学指导分委员会主任单位等，是全国同类院校的排头兵，作用不可替代，确立了学院在全国林业行业中绝对领先的骨干引领地位；学院还通过搭建全国性的横向平台，在 1200 余所高职院校中占据了重要的一席之地，办学的社会效益和经济效益显著增强，办学特色更加鲜明，示范引领、辐射带动作用日益凸显。这不仅仅是对辽宁区域经济、社会和对辽宁现代林业发展的贡献，是对辽宁职业教育、全国林业职业教育、全国高职教育发展

的贡献,更是对十八大提出的生态文明建设,建设美丽中国和实现"中国梦"的积极贡献。

(二)8 项具有划时代、里程碑意义的全局性工作,全面推进学院阶段性、跨越式大发展

1. 前瞻视野,过人胆识,抢抓机遇,人才培养工作水平评估成为学院常规发展向内涵发展转变的分水岭

2003 年升格之初,学院是省内高职业院校中的小老弟。为最短时间内加快发展步伐,把学校做强,2006 年,学院主动申请提前接受人才培养工作水平评估,获得了"良好"的评估成绩。评估后,学院按照专家组提出的改进意见,进一步调整办学思路,创新进取,励学促教,开启了学院内涵发展的新篇章,成为学院常规发展向内涵发展转变的分水岭,对学院办学水平提升发挥了重要的基础性作用。

2. 知难而上,艰辛奋战,勇夺第一,两轮省级示范院建设排名榜首的骄人战绩树立学院省内示范引领的卓越品牌

2009 年 3 月至 2011 年,学院自筹资金近 2000 万元,举全院之力全面推进第一轮省示范院建设,经过两年多的建设,圆满完成了"重点专业及专业群建设、学生综合素质培养体系建设、社会服务体系建设"等 6 个省级示范项目及 2 个院级示范项目的各项任务,取得了突出成效,对提升学院内涵发展水平和综合办学实力具有重大的决定性作用。

2013 年 6 月,省教育厅、省财政厅又联合启动了"辽宁省职业教育改革发展示范学校"建设项目,学院荣登榜首,正式获批为"辽宁省职业教育改革发展示范学校"。目前,新一轮省级示范校建设正在积极启动,并将为实现学院"三步走"战略发挥重要推动作用。

3. 找准瓶颈,抓住关键,全力突破,教师职业教育教学能力培训与测评工作,开创学院整体教育教学改革和内涵建设新局面

为突破教师"三力"(动力、能力、精力)不足这一制约学院内涵发展的主要瓶颈,自 2009 年 5 月起,学院以全院 337 名专兼职教师为培训对象,历时 4 年,先后分 3 期组织了全院性的"教师职业教育教学能力培训与测评",完成了项目化课程改造 154 门,教学做一体化课程实施并通过验收 59 门,3000 余名学生直接受益。

本次教师职教能力培训与测评是我院历史上参与教师人数最多、历时时间最长、影响最为强烈深广的一次教学整体改革行动,在我院广大教师中带

来了一场思想的革命，掀起了一轮课改的浪潮；为我院教学改革，特别是课程改革开辟了一片新天地，极大地激发了广大教师参与教学改革的积极性、主动性和创造性，提升了教师的职教理念和课程建设能力，真正发挥了重点切入、突破难点、整体拉动、提高质量、全面提升的全效作用。

4. 长远规划，科学发展，谋定大计，新校区建设开启学院综合办学形象和整体办学条件大幅跃升新空间

为突破办学条件制约，推进学院内涵、外延和谐发展，学院从长计议，大局着想，大胆谋划，在外围工作阻力大、资金筹措渠道十分有限等不利情况下果断启动了新校区建设，并将之作为压倒一切、关乎未来的长远大计和重中之重，克服重重困难，举全院之力全面推进迁建进程，取得了可喜的阶段成果。新校区建设，将为学院未来科学发展、可持续发展提供广阔的提升空间和优越的办学条件，值得全院师生为之不懈奋斗和共同努力。

5. 立足行业，骨干引领，志存高远，牵头组建中国（北方）现代林业职教集团填补全国性林业职业教育集团化办学的空白

积极探索集团化办学，牵头组建中国（北方）现代林业职教集团，目前已完成了集团章程修订、会员征召等筹备工作，召开了集团筹备会，有135家涉林职业院校、行业企业正式递交了会员申请，集团成立指日可待，为搭建现代林业职体系、全面树立学院在全国林业职业院校中的领军地位开辟了重要战略通道和重大创新载体。

6. 情系生态，放眼全国，搭建平台，文化育人与生态文明建设工作委员会的成立为学院首次搭建了行业外、全国性、横向式、综合型优质资源整合研究平台

建设生态文明，加强文化育人，创意策划并启动了"文化育人与生态文明建设"战略创新项目，2013年11月27日成功组织召开了"文化育人与生态文明建设工作委员会成立大会"，并开展了"首届绿色高职教育与生态文明建设论坛"，受到与会院校的高度评价，来自全国各地高职院校和企业近百家会员单位参加了大会，有效地推动了全国高职院校文化育人与生态文明建设，为学院首次搭建了行业外、全国性、横向式、综合型高职教育优质资源整合研究平台，为我院走出辽宁、走出行业、创建全国特色高职院开拓了重要通道和重大战略平台。

7. 创造机遇，整合资源，政行联手，省部共建首次推进政府与行业长期制度化、深层次合作，共建辽宁林职院

为建立外在良性发展机制，学院积极争取辽宁省政府和国家林业局共建辽宁林职院。在林业厅的大力帮助下，经过学院考察学习、多方调研和深入论证，共建项目的建议书已基本完成，"东北珍稀濒危林木种质资源保护与利用"共建项目立项工作正在进行之中。共建行动将首次推进政府与行业长期制度化、深层次合作共建辽宁林职院，将为建立良性发展机制，打造发展平台提供优良契机和重要载体。

8. 展现实力，展示风采，突出贡献，承办首届全国职业院校林业职业技能大赛填补我院独立举办行业内、全国性、综合型技能比赛活动的空白

2013 年 5 月 18 日，我院成功承办了由国家林业局主办的首届全国职业院校林业职业技能大赛。来自全国 23 所学校的 220 名师生参加了比赛，大赛取得圆满成功，得到了国家林业局和参赛院校的高度评价。我院在"林木种子质量检测"等 4 个项目的 5 组比赛中，荣获了 3 个项目的一等奖，两个项目的二等奖。参赛选手全部获奖，学院并获得大赛优秀组织奖和特殊贡献奖，在全国林业行业内很好地展示了我院良好的精神风貌、强大的综合办学实力和广泛的行业影响力、感召力。

(三)8 项具有创新性、特色性的重点工作，凸显学院高职 10 年重大改革发展的光辉历程

1. 校政企协四方合作体制机制创新引领学院开放办学

积极推进"校中厂""场中校""订单式培养"等校企合作办学模式，先后与近百家龙头企业、重点企业及省内外 30 余个行业学会协会、科研院所和中职院校开展产学研合作，多元化合作办学体制机制创新形成引领；特别是学院与鞍山市政府合建鞍山市职教城中的木材工程学院，探索了校政企协四方合作新模式，开创了校政企协四方合作新典范，为鞍山市区域经济发展做出了新贡献；订单培养成效显著，10 年间在 3 个系 5 个专业实施订单培养，共与 30 余个大中型企业订单培养 1500 余人；积极开展国际交流与合作，先后与加拿大、英国、俄罗斯等 10 余个国家的高等学校、教育机构建立了交流合作关系；与加拿大亚岗昆学院联合培养高端技能型人才；招收留学生，为柬埔寨"2 + 1"订单培养国际化人才，开启了国际合作的新篇章。

2. 全面深化教育教学改革，促进学院内涵建设与人才培养工作水平大幅跃升

一是全面加强重点专业及专业群建设，制定专业建设标准，专业建设的龙头载体作用突出。以守住辽宁生态底线为立足点，做精林业技术专业核心专业（群）；以服务辽宁城乡一体化大园林绿化工程为指针，做强园林技术专业主体专业（群）；以支撑辽宁林业产业大省建设为根本，做实木材加工技术专业强势专业（群）；以打造辽宁旅游强省为依托，做优森林生态旅游专业特色专业（群）；以助力"幸福辽宁"为平台，做新环境艺术设计朝阳专业（群）。同时，以重点专业为龙头，强力推进相关专业及专业群协调发展，专业合理对接一、二、三产业，形成了"市场定位准确、产学结合紧密、林业特色鲜明、品牌效益突出"的重点专业及专业群建设新格局，凸显了以林为根、多专业协调发展的专业（群）建设特色和专业内涵实力。

二是创新工学结合、订单培养、顶岗实习的人才培养模式。逐步实现了"教学内容与企业任务的融合，教学过程与任务流程的融合，教学身份与企业身份的融合，教学成果与企业产品的融合，教学产品与企业需要的融合"，促进了"技能强、素质高、后劲足"的林业技术技能人才培养。

三是深化课程体系建设和教学内容改革。围绕课程内容的适应性、培养途径的过程性、教学情境的职业性、教学方法的行动性、教学评价的整体性，校企合作，重新建构了6个重点专业及专业群的课程体系，分多轮不断优化、完善了重点专业人才培养方案、几十门优质核心课程标准；重点开展了精品课程建设、重点专业优质核心课程建设、课程资源建设、课程网站建设、教学做一体化特色教材建设，编辑、出版了一大批课程建设和课程改革成果，课程改革成果辐射影响省内外多所同类院校。

四是改革教学模式，逐步实现了理实一体、教学做一体、课内外一体。开展"百强课改"，先后遴选重点专业优质核心课程共计72门，分3批系统实施了工学结合、教学做一体的项目教学课程改造，大力推行行动导向教学、项目教学、任务驱动式教学，59门教学做一体化课程验收合格，覆盖21个专业（方向），51个教学班，近3000名学生直接受益，极大地促进了教学质量提高。

五是改革评价模式，逐步实现学生知识能力素质的全维度、多主体、科学化评价。系统完成了36门课程的新评价体系构建，促进了学生职业能力素质提升。

六是加强实践教学体系建设，突出学生的核心专业技能和实践动手能力

培养。以清原实验林场和林盛教学基地为重点，场校融合、产学同步，着力构建了49个生产性、开放式、共享型、多功能的校内实训基地和97家校外实训基地，不断改善实训条件和教学环境；成立了实训科，贯彻双证书制度，加强"实验、实习、实训"三环节和实践教学过程管理，创新学生专业技能大赛制度，形成了考、评、学、训、赛五位一体，具有林业职业教育特色的实践教学体系，促进了实践教学质量提升。

七是健全教育教学质量保障体系，形成了有效的人才培养质量保障机制。建立了"院系两级、四位一体"的督导组织体系和"四督合一、督导结合"的教育教学质量监控体系，有力推动了教育教学和人才培养质量提高。

经过10年教育教学改革的全面深化，教师的职教能力、学生学习质量和学院整体教学水平在省内高职和全国同行业院校中走在前沿。目前学院已拥有教育部、财政部支持专业提升服务产业能力重点专业2个，行业重点专业2个，省级示范专业4个，省级品牌专业6个，辽宁省对接产业集群示范专业3个；拥有国家级精品课程1门，国家级精品资源共享课1门，国家林业局精品课3门，省级精品课11门；拥有国务院政府特殊津贴专家1人，省级优秀专家1人，省级教学名师2人，省级专业带头人5人，省优秀青年骨干教师7人；省级优秀教学团队4个；拥有国家重点建设实训基地3个，行业重点建设实训基地1个，省级实训基地8个，质量工程建设总体水平居于全省高职院校和全国行业同类院校前列。

3."三全八育人"工作体系构建创新大学生素质养成与全员育人模式

学院坚持育人为本、德育为先，着力学生综合素质培养，构建了全员、全程、全方位育人和教书、管理、服务、环境、实践、文化、党建、雷锋精神育人的"三全八育人"工作体系，学生职业综合素质显著提高。特别是与雷锋生前所在团共建19年，结出了累累硕果。魏京龙、于晶晶、王亚楠、李作权、梁旭5名同学荣获全国林科"十佳"毕业生称号，26名学生荣获全国林科优秀毕业生称号，是全国林业高校中的唯一。10年来共有64个项目、199人次获得国家级、省级专业技能大赛一、二、三等奖，在省内和全国行业高职院校中排在前列。

4."七到位"就业创业工作体系建设开辟学生出口入口良性循环新通道

学院积极创新绿色招生、阳光招生新机制，在全省设立了"育林树人励志奖学金"，组织了"育林树人杯"全省高中生征文大赛活动，建设生态文明，以公益活动为载体，吸引更多优秀学生投身林业事业，连年考生第一志愿上线人数居全省前列。

　　狠抓就业率、专业对口率和就业稳定率，构建了组织保障、经费配给、政策支持、教育指导、就业指导、就业网络平台搭建、就业创业竞争能力培养到位的"七到位"就业创业工作体系；并通过对各系（部）就业工作进行"三率"考核，开展5届"兴林杯"创业大赛，不断提高毕业生就业质量。学院初次就业率每年达到95%以上，年终就业率98%以上，用人单位和社会满意率97.5%，学院先后被评为辽宁省高校就业创业示范校、辽宁省普通高校毕业生就业工作先进集体、全国林业职业院校就业创业工作先进集体等荣誉称号。

　　5."一轴七翼"大培训体系和教科研工作开创服务"三林"、服务社会新局面

　　一是构建了教科研双线并行、战略优先的教科研体系，科研服务能力日益提升。2003年以来，省级以上教科研课题立项224项，获得各级各类教科研成果奖励83项，多项成果被鉴定为国际、国内先进水平，填补学术领域空白，为企业创造效益近千万；在省级以上学术期刊上公开发表论文近千篇，其中在SCI发表5篇；公开出版专著、教材164部。学院先后获得辽宁省优秀科研集体、第三批全国林业科普基地、辽宁省教育科学规划重点研究基地优秀建设单位等荣誉称号。加强战略研究和教科研队伍建设，成立了高职教育研究会，启动了8个战略创新项目，推动了学院战略发展，营造了良好的学术氛围。

　　二是坚持人才培养与社会服务并重，服务"三林"能力日益凸显。学院承担全省林业培训职能，是全国林业行业关键岗位培训基地、（国家）林业、园林行业特有工种鉴定站、辽宁省林业行业培训基地、沈阳市2010—2012年度中小企业示范服务机构。10年来，构建了以培训中心为中轴，以教学院、系为辅翼的"一轴七翼"大培训格局；积极开展技术服务和技术培训工作，举办了"辽宁省集体林改革工作培训班"等各类省级培训班近200期，培训人员15 000余人次；积极开展送林业科技下乡，形成了"服务作用明显、社会影响广泛"的辐射圈；在全省开展"百千万科技富民工程"，使万名林农受益，荣获沈阳高校十大社会服务贡献奖，在服务"三林"中发挥了引领作用。

　　三是加强继续教育。与北京林业大学、东北林业大学等多家教学、研究机构开展合作办学，培养本科函授生1298余名，培养专科函授生1037名。开展自考本科教育，招收园林专业等本科生309人，为我省林科类人才的终生教育体系构建做出积极贡献。

6. 加强全员领导力与"六支队伍"建设，全面提升领导力、执行力与团队综合建设水平

重点加强领导班子、中层干部、教师、党员、学生管理人员、学生干部"六支队伍"建设，全面提升领导力。开展领导力培训；出台了新的中层干部管理考核办法；加强"双师"、骨干教师和青年教师培养力度，优化专任教师的学历、学位和职称结构，造就了一支以"教授＋大师"为引领，结构合理、素质优良、技能过硬、师德高尚、专兼结合的优秀教学团队，在人才培养质量提升中发挥了核心支撑作用。

7. 进一步凝练"三姓合一"的特色校园文化，不断打造绿色高职教育优秀品牌

一是找准"三姓合一"的特色校园文化定位，凸显办学特色。学院找准自身姓"职"、姓"高"又姓"林"这一三姓合一的特色定位，60 余年的文化孕育，10 年的高职办学积累，形成了"木气十足、林气旺盛、职味浓郁、三姓合一"的精神文化特质，积淀了敢于争先、乐于实践、善于创优的"三于"精神，形成了"前校后场、产学结合、育林树人"的办学特色；学院 VI 视觉系统、学院网站建设，集中反映学院"厚德树人"的绿色育人理念和"育林树人"的校园文化特色。

二是精心设计、深入开展形式新颖、品味高雅、参与性强的校园文化活动，营造和谐向上的文化氛围。10 年来，在中共辽宁省高等学校委员会、辽宁省教育厅、中共辽宁省委宣传部等省市级上级单位组织的各级各类大学生综合素质教育活动评选中，我院荣获辽宁省大学生志愿者服务先进集体、沈阳市大中专学生志愿者暑期"三下乡"活动先进单位、沈阳市优秀大学生社团（E 时代社团）等各种集体荣誉 150 余项。突出生态文化育人，推进生态文明进课堂、进头脑、进教材；"迎全运 爱家乡 低碳环保我先行"大型生态公益活动喜获"梁希科普活动奖"，是全国高职院校中的唯一。

三是以人为本，建职工之家，为职工营造归属感。自筹资金近千万元为职工解决住房等重大福利待遇问题多项，解决了广大教职员工的后顾之忧；各项奖励机制日益完善，职工福利待遇不断提高，卫生保健、文化娱乐生活不断改善，连续多年获得辽宁省优秀职工之家荣誉称号。

四是以"1368 工程"为主线，积极推进制度化、现代化、科学化、信息化管理进程。围绕"1368"工程重点开展了制度体系建设，先后在 2003 年、2007 年和 2012 年分 3 轮全面完善和优化了制度体系，推进了现代大学制度建设进

程；以制度建设为主线，通过开展学风建设年、管理年活动强化"三风"建设，营造了良好学风、校风、教学和育人环境。

五是加强物质文化建设和服务工作，为师生提供了安全和谐的文明环境。不断改善办公条件，完善信息化基础设施，加强图书馆、文体馆建设和数字文献资源库建设，建设"主干万兆、百兆接入"的校园信息化运行平台，信息化管理水平不断提升；勤俭办学，加强资金和物资采购管理，确保资金有效使用；加强校园美化、绿化、亮化工作，注重校园安全综合治理，净化育人环境；加强安全保卫、后勤保障和卫生、餐饮服务工作，不断提高服务质量。学院连年被评为辽宁省环境友好型学校、沈阳高校平安校园、沈阳市绿化先进单位、沈阳市花园式单位。

8. 深入群众的党风廉政建设成为学院科学发展的坚强政治保障

坚持党建护航，强化思想武装，提高领导班子政策水平；坚持和完善党委领导下的校长负责制；坚持人本理念，密切干群党群关系，通过"接待日"制度帮助师生解决实际困难；加强党风廉政建设，坚持廉洁自律，开展批评和自我批评；将党建育人工作融入思想政治教育的始终，连续 5 年开展创新党日和党员联系班级活动，党支部联系特殊类型班级活动成效显著。8 月 16 日，学院实验林场创造了抗洪奇迹，党员先锋模范带头作用不可替代。

二、经验与启示

（一）基本经验

对于学院高职十年发展的主要经验，我们总结了以下 8 条：

1. 抢抓机遇，敢于争先是学院科学发展的思想基础和精神先导

抢占先机是成功的一半。学院的每一次重大跨越和内涵提升，都离不开灵敏的发展眼光、敢于争先的实践勇气和抢抓机遇的办学能力。

2. 前瞻思考，准确定位是学院科学发展的顶层设计和战略前提

谋定而后动。科学的定位、先进的理念、超前的思考，高端的谋划，都是学院科学发展的战略前提，特别是"三步走"的提出，是引领学院科学发展的蓝图，发挥了顶层设计的高端引领作用。

3. 依托行业，服务社会，是学院科学发展的出发点和立足点

林业是学院的立足之"根"，是学院赖以生存和繁荣发展的力量之"源"，更是我们必须始终坚持立足的落脚点和归宿。

4. 卓越领导和核心团队是学院科学发展的组织保障和先决条件

学院拥有一支理念先进、决策能力强、创新务实、团结奋进的党政班子

队伍，拥有政治家、教育家、专家型的校长；拥有一支素质过硬、业务精干的中层干部队伍，特别是拥有一支敢于在关键时刻冲锋陷阵的核心团队和骨干教师队伍，是各项事业攻坚克难不断取得胜利的关键。

5. 校企合作，锐意改革是学院科学发展的动力机制和创新源泉

市场需求为导向，人才共育、过程共管、成果共享、责任共担的合作管理运行新机制，成为推动学院全面、快速发展的动力源泉。

6. 育人为本，特色兴校、内涵强校是学院科学发展的道路选择和技术路线

以教学为中心，以学生、教师为本，追求质量，突出内涵，凸显特色，是学院长远发展的路线保证和道路选择。

7. 整合资源，搭建平台是学院科学发展的重要途径和有效载体

21世纪是资源整合的世纪。示范院建设、职教集团建设、专委会建设、省部共建无一不是资源整合的硕果，是学院科学发展的重要载体和有利平台。

8. 用心经营，文化引领是学院科学发展的无形资本和深层积淀

文化底蕴是学院可持续发展的无形动力。10年来，正是学院的用心经营和特色文化，熏陶着广大教职员工围绕育人和服务使命不断前进，并取得了累累硕果。

(二)重要启示

学院高职10年办学的基本经验，给我们未来事业发展带来了8条重要启示：

一是必须坚持正确的办学方向、准确的办学定位、先进的办学理念和高端的顶层设计。

二是必须坚持卓越领导，团队攻坚，全员参与，人才强校。

三是必须坚持解放思想，与时俱进，开拓进取，深化改革。

四是必须坚持抢抓机遇，敢为人先，团结协作，埋头苦干。

五是必须坚持内涵发展，注重质量，强化特色，提升水平。

六是必须坚持依托行业，产教融合，校企合作，开放办学。

七是必须坚持以人为本，文化引领，强化管理，绿色发展。

八是必须坚持服务行业，服务生态，服务区域，服务社会。

第二部分：当前发展面临的机遇与挑战

一、从外部发展形势看

目前，我国已进入到了工业、信息、城镇、市场、国际"5化"阶段和政治、物质、精神、社会、生态文明建设时期。不难总结出我国高职教育未来

的发展趋势和要点：

一是职业教育发展步入以现代职教体系建设为引领，以提高质量为重点，内涵外延协调发展的新阶段；二是高职教育面临着引领职教发展，重点深化"全面培养、人人成才"等教育观念的新使命；三是林业高职教育面临着更好地服务产业升级及区域经济发展的需要，服务学生就业创业及全面发展的需要，服务构建学习型社会和现代职教体系的需要，服务"三林"和新农村建设的需要，服务于生态文明建设的需要，林业高职发展呈现出产教融合、内涵推进、特色发展、办学层次高移、集团化办学、示范院骨干引领、职业资格证书化等趋势，同时也面临生源减少、新一轮高职办学优化重组等多种考验。

二、从内部发展形势看

（一）发展阶段定位

学院正处于"三步走"战略关键期、"十二五"规划中后期、内涵建设深水期、校园整体迁建攻坚期以及第二轮示范校建设的启动期。

（二）面临的内部挑战

经过10年的砥砺奋进、长足发展，学院虽然已经进入了一个内涵发展、科学发展的新阶段，但10年办学也存在很多问题和不足，是摆在我们面前必须加以解决的困难和亟须突破的瓶颈。

（1）思想需要进一步解放，理念需要进一步创新。

（2）办学体制机制创新的深度、广度和有效性亟待提升，产学研结合的紧密度需进一步增强，校企深度融合的人才培养机制创新缺乏深层突破。

（3）师资队伍数量不足，队伍结构和队伍建设水平亟待提高。

（4）教育教学改革和内涵建设有待进一步深化。

（5）集团化办学和现代职教体系构建亟须加快步伐，终生教育体系和大培训格局有待深化。

（6）特色高职院建设任重道远。

（7）办学条件和资金投入十分有限，新校区迁建前途光明、难度空前。

（8）全体员工的积极性、主动性、创造性有待进一步激发，信息化、国际化、现代化管理水平亟须提高。

（9）教职工和学生的幸福感不足，绿色校园文化建设任重道远。

（10）学生的就业质量和可持续发展能力有待进一步提高，人才培养水平、社会服务能力、示范引领作用需进一步提升。

第三部分：未来规划与思考

通过梳理高职10年办学主要成果，经验和问题都已经找到，面临的形势和要求也已经明确，关键是未来我们如何发展，如何再上一层楼。我认为实现"林院梦"，总体部署上就是要以"三步走"战略为指引，引领全局改革发展；中观实施层面，就是重点落实好10项举措，推进学院科学发展进程。

一、宏观战略——"新三步走"战略引领全局改革发展

【新"三步走"战略】

第一步走，建成省级示范高职院。用3年时间，通过体制机制创新、重点专业及专业群建设、领导力及师资队伍建设、社会服务能力建设、大学生综合素质教育、绿色校园建设6个重点项目的实施，增强学院办学活力，提高人才培养质量，服务区域经济社会发展，示范辐射区域内职业院校共同发展。

第二步走，建成行业一流高职院。再用两年时间，通过牵头建设中国（北方）现代林业职教集团，在构建现代林业职教体系中发挥主导作用；通过省部共建辽宁林职院，进一步深化内涵建设，全面提升学院综合实力，为现代林业建设培养更多更好的技术技能人才，引领带动林业行业内职业院校协同发展。

第三步走，建成全国特色高职院。再用两年时间，通过省内示范和行业一流高职院建设，形成专业建设与人才培养的特色，改革创新与内涵发展的特色，服务现代林业和生态文明的特色，充分彰显"前校后场　产学结合　育林树人"办学特色。

二、中观策略——落实"三步走"战略，重点加强10项举措

（1）进一步解放思想、更新理念、准确定位、科学谋划。

（2）发挥大学功能，科学驾驭人才培养、科研创新、社会服务、文化传承四驾马车，实现重点发展和协调发展的统一。

（3）突出现代化办学特色，由常规内涵式发展向现代内涵式特色化发展转变。

（4）深度推进产教融合，以产带教，校企合作，突破外部办学机制瓶颈；加快推进二级院建设，创新内部管理机制，激发办学活力。

（5）全面深化教育教学改革，创新培养模式、教学模式、评价模式，不断提高人才培养水平；深化"三全八育人"体系，提升学生综合素质和就业创业能力。

（6）加强领导力和六支队伍建设，落实人才强校理念。

（7）加快集团化办学进程，推进现代林业职教体系构建，探索高职本科教育；增强教科研能力、社会服务能力和国际合作能力。

（8）增强资源整合能力，完成新校区建设，改善办学条件。

（9）凸显生态特色和办学特色，关心职工身心健康，打造幸福文化。

（10）增强示范辐射作用，扩大行业内外影响，创建全国特色高职院。

　　同志们，高职办学十年，是层次提升的十年，是思想解放的十年，是脱胎换骨的十年，是砥砺奋进的十年，是内涵深化的十年，是特色凸显的十年，是茁壮成长的十年，是成果备出的十年，是品牌独树的十年，是造福一方的十年，更是丰碑铸就的十年。10 年里，我们取得了一个又一个喜人的成就、一项又一项骄人的战绩，总之，这些突出业绩和喜人成果的取得，归功于学院半个多世纪的深厚积累，归功于上级领导和行业企业的支持指导，归功于科学、前瞻的顶层设计；归功于内涵发展、特色办学的道路引领；归功于抢抓机遇、敢于争先的先见和勇气；更归功于全院教职工十年如一日戮力同心、团结拼搏的努力奋斗和无私奉献。在此我代表学院党委，代表学院党政领导班子对过去 10 年来始终奋战在各个岗位的全院教职员工，特别是奋战在教学一线的广大教师道一声感谢！"谢谢大家！"正因为你们的百倍努力和艰辛付出，才有了我们学院今天的喜人成就。

　　同志们，回顾过去，我们充满喜悦、无比自豪；展望未来，我们踌躇满志、激情迸发。当前的职业教育千帆竞发，百舸争流，逆水行舟，不进则退。"常者服从规则、强者创造规则"。在全国 1200 余所高职院校面临着新一轮大浪淘沙般的改革浪潮中，作为其中的一员，要么，励精图治、奋发图强，实现可持续发展，推进事业更上一层楼；要么，满足现状、得过且过，随波逐流。过去的 10 年，我们正是凭着一股初生牛犊不怕虎的精神，励精图治、逢旗必夺，成为省内高职的示范和行业职业院校的排头兵；今天，虽然我们面临着各种重大项目以及校内各项改革、各项建设的重重压力，任务更加艰巨、使命更加光荣，但我也坚信，只要我们充分树立乘势而上、奋发有为的信心，树立迎难而上、戮力拼搏的决心，树立再创辉煌、勇攀高峰的恒心，把我们"敢于争先，乐于实践，善于创优"的林职院精神拿出来，把我们创建示范院时 20 几个昼夜奋战在会议室的那种忘我精神和团结意志拿出来，把我们教师职教能力测评时精益求精、百炼成钢的百倍付出和艰辛努力拿出来，众志成城，攻坚克难、精诚奋斗，我们就一定能够在"三步走"战略的引领下实现"林院梦"，共同谱写辽宁林职院更加辉煌、灿烂的明天。

　　谢谢大家！

（本文主旨凝练：邹学忠、徐岩；执笔人：徐岩）

附录三　微型典型案例选编

案例1：木材工程学院开辟四方联手、校域合作新典型

木材工程学院隶属于辽宁林业职业技术学院下设的二级学院，采用"政校企协"四方合作办学体制机制进行教学及管理。在现有的社会背景下，通过对辽宁省区域经济、行业的调研及对校企合作的分析与总结，由鞍山市政府、辽宁省家具协会、辽宁省林产工业协会、大连木业协会、圣象集团、大连佳洋木业有限公司和辽宁林业职业技术学院共同合作打造木材工程学院，以合作办学、合作育人、合作就业、合作发展为主旨，以互惠互利、多动互赢为原则，成立木材工程学院校企合作工作管理委员会，搭建四方联动的多元合作平台，共同管理校企合作事项。重点打造家具设计与制造专业（群），形成"政校企协结合体"，积极争取社会各界对学院办学的支持，参与学院事业发展的重大决策并洽谈各类合作项目，合作企业在设备提供、技术支持、师资培训、信息分享等方面为学院发展提供强大支撑。

一、政校合作

（一）政府主导，合作办学

为了打造鞍山市台安县人造板生产基地，为基地提供人才、技术支撑，辽宁林业职业技术学院与鞍山市政府合作，将木材加工技术专业群建设成木材工程学院，办学地点落户在鞍山市职教城。由鞍山市政府出资，为木材工程学院建设了逾8000m² 的教学楼一栋、9500m² 的学生宿舍楼一栋及3000m² 的实训基地厂房一座，并投资500余万元新建板式家具实训中心、实木家具、胶粘剂、木材干燥等四大实训中心，增容500kW 动力电保证实训车间正常运转，从而大大加强了木材工程学院的办学实力。鞍山市政府在整个办学过程中起到了主导作用，辽宁林业职业技术学院作为办学主体负责木材工程学院日常管理工作，并投资300万元加强实训基地建设，合力培养专业人才，提高师生的专业能力。

近年来，我院紧密结合政府、企业的实际需要，积极开展多层次、多形式、多对象的技术培训、技术咨询及信息服务。2011年我院为鞍山市林业局人造板检验中心的建设提供了技术支持服务，完成鞍山市林业局国家级人造板检验中心建设调研、论证报告编制、设备选型、采购、建设实施及检测人

员培训等方面的工作。

（二）对接区域产业，全面合作

按照辽宁省委、省政府关于辽宁省内高校对接辽宁省 100 个产业集群的要求，2013 年 11 月，辽宁林业职业技术学院对接彰武林产品加工产业园区项目获辽宁省教育厅批准；经辽宁省林业厅协调，我院具体负责帮扶彰武林产品加工产业园工作，我院木材工程学院与彰武县林产品加工产业园围绕产业园区发展进行合作交流。

彰武县委、县政府和我院对合作事项非常重视，在对彰武产业园区进行参观调研后，双方进行合作项目洽谈。合作主要从政校企合作、职业教育与产业集群对接、职业教育促进地方经济发展及人才引进等方面进行。2013 年中下旬我院派出技术专家赴彰武县林产品加工基地为园区内相关企业进行了《木材加工行业现状及发展趋势》《木材加工企业安全生产管理》和《木质地板生产技术》3 次专题讲座，搭建起专业培训平台，也迈出了重点专业群为产业集群服务的关键一步。为落实学院下发的"木材工程学院要与省重点产业园区对接实施技术与人才服务"文件精神，在 2014 年初，木材工程学院再派两名专家赴阜新市彰武县林产品产业加工园区，为园区内的大型企业——辽宁赛斯木业有限公司提供技术咨询服务，为该公司"新型无缝漆面环保材料"研发项目提供技术支持，完成了对辽宁省重点产业园区——彰武林产品产业加工园区的对接服务。另外，我院与辽宁赛斯木业签订毕业生顶岗实习协议，为企业提供人才支持。

二、校企合作

专业群在建设中实行开门办学，取得了丰硕成果。我们在不断总结经验的基础上，现在已经与圣象集团、美克国际家私（天津）制造有限公司、北京科宝博洛尼家居有限公司、大连佳洋木制品有限公司等大型企业（集团）建立了长期战略性合作伙伴关系，双方进行多方面的人才合作，主要包括：互相挂牌、互聘人员、订单合作等。

（一）订单培养，工学交替

根据我院专业综合实力，通过对本地区和区域内各大型企业单位的用人需求进行调研，积极主动地与合作企业沟通协商，使学生直接学习用人单位所急需的职业岗位（群）知识和技能，达到供需共识，签订 3 年的订单培养协议书；明确双方职责，学校负责招生，根据企业用工要求，制订切合培养目标的人才培养方案和开课计划并与企业共同组织实施教学，对学生进行定向培养；企业提供实习实训条件并投入一定资金，用于学校添置必需的教学设施、实习实训场地建设、改善食宿等办学条件和发放学生专项奖学金等；学生在两年内取得相应的职业资格证书后接收学生顶岗实习，经一年顶岗实习后学生、企业双向选择，学生可以自主就业。到现在为止，已经与中国圣象集团、德国威力集团(烟台)有限公司、北京意风家具有限公司、北京德中飞美家具有限公司、美克国际家私(天津)制造有限公司、科宝—博洛尼(北京)家居有限公司、辽宁威利邦(威华集团)木业有限公司、辽宁赛斯木业有限公司等10余家企业(集团)签订了21个订单班，订单班人数达到500余人。

通过前两年(1~4学期)在校学习，培养学生本专业的理论知识、实践技能及职业基本素质，最后一年(5~6学期)到企业进行顶岗实习，根据企业需求工种和用工条件，在企业实践教师指导下实现轮岗实操培训，熟悉企业一线相应岗位的实际操作标准与要求，提升职业岗位技能，拟定就业岗位，以"准员工"身份进行顶岗实际工作，熟悉企业环境，感受企业文化熏陶，完成毕业设计，为将来的就业铺设道路。校企双方共同制定和完善木材加工技术专业人才培养质量评价标准，采取问卷调查、行业评估、企业走访、毕业生座谈、网络随机调查等手段开展由行业、企业、学生等多元主体参与的人才培养质量评价。建立教学质量反馈系统，将内部评价、企业评价和第三方评价意见及改进措施反馈给木材加工技术专业建设指导委员会，并在专业建设指导委员会的推动下落实到教学实施过程中，及时修订专业人才培养方案。

(二)合作构建专业课程体系与改革教学内容

在专业的课程设置与课程体系改革方面，我院积极与企业沟通，企业为学校提供企业生产技术标准，实现教学内容与企业生产对接。我院木材加工技术专业专门成立由北京意丰家具总经理叔伟、南京开来橱柜总经理李景厚、大连佳洋木制品有限公司总经理徐辉、圣象集团人力资源部总监崔学良、辽宁省家具协会会长祖树武组成的专业建设指导委员会。每年召开专业建设指导委员会会议，就社会对人才的需求，课程体系的构建及所应解决的核心问题，如何开展校企合作、工学结合，专业特色如何培养以及提高素质教育等方面进行讨论，特别在教学做一体化教学、以学生为主体、教师为主导等教学方法方面提出了建设性意见；分析、论证了专业人才培养目标和人才培养规格，对专业教学内容和课程体系的建设提出了建设性的意见，并据此制定专业人才培养方案，每年的专业人才培养方案都会根据行业现状、企业动向、发展趋势设置和调整相关课程。课程的开发实现教学与生产同步，实习与就业同步。校企共同制订课程的教学计划、实训标准。

围绕项目教学法的开展，打破传统学科体系教材模式，编制特色教材。以项目为主线编排课程内容，由项目引出相关知识点和技能点；根据行业和企业的实际情况，体现木材加工和家具市场对从业人员的综合素质要求；反映当前的木材加工和家具生产现状和发展趋势，引入新技术、新工艺、新方法、新材料。2011年，我院校企合作编写的适应"教学做"一体化教学模式实施的3本专业核心课程教材正式出版，分别为《现代木质门窗设计与生产技术》《胶合板生产技术》和《木质地板生产技术》，更好地配合实践教学。根据实际生产与教学需要，计划在3年内，与德国威力集团、科宝博洛尼、圣象集团等企业共同编写"十二五"规划教材《木地板生产技术》《家具投标书制作》《木工机械调试与操作》3部教学做一体化教材。

（三）共建校内和校外实训基地

为了培养学生职业技能和职业综合素质，以"校企合作、工学结合为支撑"，体现"实际、实用、实效"原则，建立了木材加工职业教育创新型实训基地，2013年被立为省级财政支持的职业教育创新型实训基地。在基地建设中企业提供了大量的工艺标准及技术支持，实现了教学过程与生产过程的无缝对接。

学院根据企业不同的生产部门，将实训基地"车间化"，严格按照不同生产流程进行实训车间仿真配置，对接企业车间标准。根据企业的设置，我们把每一个模块区分成不同的工作岗位，并都有标识和简要说明，每一个岗位上都有作业指导书，工具的使用和放置都有明确的规定，生产实训有计划、有总结，物料损耗结算定单定时，设备的维护保养定期定员，产品的进出都有学校和企业人员确认签字，做到有物可寻、有账可查。

在实训基地中，我院建设有"家具设计与制造"和"木质门窗设计与制造"两个"一体化教室"，在一体化教室建设中北京飞美家具有限公司、圣象地板和北京意风家具有限公司分别为我院无偿提供橱柜、地板和家具产品，三峰木业为我院提供门窗样品，保证了一体化教室的教学和实践功能。

由行业骨干、企业的技术负责人和我院专业骨干教师共同合作，建立了大师工作室。工作室主要进行技术研发及对青年教师进行技术培训。

与企业联合建立校外实训基地的管理机制。保证校外基地充分发挥"传技育人"功能，使实训基地的建立满足顶岗实习期间的学生管理和就业。对顶岗实习学生劳动报酬、工学结合课程的教学组织和考核、实习总结、鉴定和成绩评定等工作有章可循。

（四）师资与技术人员互派

木材工程学院成立企业教师工作站，通过校企合作，由企业推选出的优秀专业技术人员作为企业教师工作站教师，承担相应的专业课程，提高学生的实践技能，使得学生更好更快地掌握专业核心技能。通过企业教师工作站活动，带动本学院青年及骨干教师，在专业知识与学术水平、教育科研能力等方面有较大幅度的提高，提高本院教师理论及实践能力，打造一支技术精湛、攻关能力强、创新能力优的技术技能队伍，通过企业教师工作站全体教师共同努力，培养和造就更多的优秀青年教师，为辽宁省家具行业的发展做出贡献。2013 年中旬，科宝博洛尼家具有限公司分别派出橱柜和家具技术科主管为我院青年教师及订单班学生进行授课，效果较好。

与此同时，我院利用学校教师资源、职业技能鉴定培训点、培训学院、继续教育学院等资源，主动承接企业的职工培训工作及继续教育工作。2012年，与圣象集团合作，成立"圣象集团北方培训中心"，并成功举办了圣象集团北方销售精英培训班，培训历时一周，共培训员工 100 多人。2014 年初我院与科宝博洛尼合作，派专业教师为科宝博洛尼大学员工进行专业理论授课，为企业在职人员提供继续教育，使其学历达到提升。

利用学校教师参与企业的研发项目和技术服务工作与企业建立良好的双方支援体系。将研究成果转化为技术成果，例如与沈阳三峰木业有限公司合作开展 LVS 在木质门制造方面的应用与推广，进行企业小批量试制，中批量生产，市场全面推广销售。立项研究"低密度复合型集成材台面"，探索实木复合型厨房台面的生产与应用，以解决现有实木厨房台面价格高、重量沉运输搬运不方便、产品易开裂变形等相关缺陷，在大连佳洋木制品有限公司进行试验推广。

为了吸引企业技术研究项目进学校，发挥高技能领军人才在技术攻关、技艺传承等方面的重要作用，提高师资整体实力和水平。建成大师工作室两个，分别由尹满新院长担任家具设计工作室负责人，由倪贵林教授担任木质门窗设计工作室负责人，负责技术咨询、技术服务、培养骨干教师、开展项目研发等。

（五）联合人才培养

我院与北京意丰家具有限公司和北京飞美家具有限公司合作，设立企业冠名的奖学金，分别投入 2 万元用于奖励品学兼优的订单班学生。这一举措充分调动了学生苦练技能的积极性，提升了学院的社会知名度，同时也为企业挑选优秀毕业生创造了机会。圣象集团每年派出人力资源部人员为我院订单班学生进行素质拓展训练，渗透企业文化，共同培养学生。

北京科宝博洛尼有限公司与德国企业合作，计划为我院学生提供出国深造的机会，这将进一步拓宽我院人才培养的途径，使人才培养质量得到提升。

三、校协合作

木材工程学院注重与行业协会的联系，通过行业协会的桥梁纽带作用，加强与企业的联系。几年来，我院与中国家具协会等十余家影响力大的行业协会建立了密切、长期合作关系，这些协会将与我院合作为企业进行技术培训，同时各家具协会也在我院与企业的合作中起到了很关键的中枢作用。

依据中国家具协会、辽宁省林产工业协会、辽宁省家具协会等部门培训计划，我院承担国家级家具导购员的培训及按照辽宁省各类家具和木制品企业等相关行业企业的用人需求、企业专业技术人员提升的需要进行定期与不定期相结合的专业技术培训，深入企业一线进行现场技术指导及举办企业专项技能培训拓展。通过培训，使企业一线技术工人、专业技术人员专业理论基础知识提高，专业核心技能提升，带动企业整体技术能力的增强，促进企业的快速发展。依托校内生产型实训基地，开展面向社会及行业企业的职业技能鉴定服务，年鉴定 200～300 人次。

为了与协会建立长期稳定的合作，我院积极为协会提供义务服务，与辽宁省家具协会合作，派遣专业教师和学生进行展会服务等。协会也提供大力支持，例如大连金州木业协会为我院学生提供奖学金。

针对行业企业需求，在学院网站设立木材工程学院专家技术服务平台，进行网络技术服务。参加地方政府、行业组织的各种形式的科技服务，通过科技下企业、为新闻媒体提供行业技术新闻素材等活动，促进家具行业新技术、新成果转化与推广，推进家具行业整体整合进程。

案例特点与成功经验剖析：

完善政府主导、行业引领、企业合作、学员推进的四方联动、校企共建的合作机制，从咨询决策、组织协调、执行运作 3 个方面创新运行机制，加强校企合作制度建设，改革校内人事管理制度，落实教师密切联系企业的责任，形成校企人才共育、过程共管、成果共享、责任共担的校企合作办学体制机制。理事会的成立为校企进一步加强合作交流、提升人才培养质量和服务社会水平提供了必要条件和坚实保障。

通过合作，为政府排忧解难。学校为地方经济建设提供适用人才，为地方社会发展传播文化，同时能解决好学生就业和城乡待业人员就业，解决百姓的后顾之忧，解决民生问题，维护社会稳定，促进社会发展。

通过合作，为企业提供服务。学校为合作企业优先提供人力资源支持和技术服务，为合作企业培训员工，配合企业进行企业宣传和产品或服务推广，企业在合作中还能获得相应的经济效益。

通过合作，为办学创造条件。可以按教学计划完成实践教学任务，为学生提供一个与学校完全不同的教育环境，为社会培养合格的高职人才；通过与企业的合作，在基地的实践教学过程中完成双向选择，有利于学生的就业；在师资方面得到企业的有效支持；与企业建立科研方面的横向联系，提升学校科研能力；提升学校办学的综合实力，拓宽学校的发展空间。

在互动中夯实了基础，在合作中谋求了发展，在共赢中形成了特色。

（本文于 2014 年 3 月成稿，案例提供：尹满新；收录时徐岩对全文有系统修订）

案例 2：林业技术专业"校场共育、产学同步、岗位育人"人才培养模式创新

一、案例介绍

引入先进教学理念，建立"校场共育、产学同步、岗位育人"的人才培养模式，构建基于工作过程的项目课程体系，创新"项目引领、任务驱动、教学做一体化"的教学模式，这是一种新的尝试，是对传统教学模式的继承和发展，是突破与创新。

"校场共育、产学同步、岗位育人"即由校本部与实验林场共同承担人才培养任务，明确双方的职责，有分工，重合作；教学过程的实施要尽量与林业生产同步，按照生产的要求调整教学进程计划，使教学与生产相一致；教学的内容就是生产的任务，为学生提供一个生产技术岗位，让学生直接参与实际生产任务，按照相应的技术标准进行施工、检查和验收，使学生在实际的生产岗位上进行学习，接受锻炼，这对于像林业技术这样的艰苦行业，显得尤为重要。

"项目引领、任务驱动、教学做一体化"即对课程实施项目化改造，以生产项目和生产任务作为教学内容和教学任务，实施项目教学，教、学、做相结合，突出学生主体地位，注重能力和素质培养。

二、案例剖析

（一）积极开展调研，深入了解行业企业需求，把握专业改革方向

1. 就业单位对毕业生满意度调查

林业技术专业每年都有计划地对毕业生进行跟踪调查，通过与企业相关人员座谈、问卷调查以及电话沟通等形式，了解学生在单位的表现情况。在 2009年 8 月组织有关人员对用人单位反馈的信息进行了统计分析，详见附表 3-1。

附表 3-1　用人单位对毕业生满意度调查统计表

反馈信息＼信息量	满意		比较满意		基本满意		不满意	
	信息量	%	信息量	%	信息量	%	信息量	%
敬业精神	242	81.6	50	16.9	4	1.5	0	0
团队协作	252	85.1	32	10.8	10	3.4	2	0.6
专业知识	220	74.3	62	21.0	14	4.7	0	0
专业技能	250	84.5	40	14.2	4	1.4	2	0.7
计算机水平	182	41.5	64	21.6	44	14.7	6	2.0
外语水平	136	45.9	90	30.4	60	20.3	10	3.4
综合评价	226	76.4	64	21.6	4	1.4	2	0.7

从调查的数据中可以看出，用人单位对林业技术专业毕业生的表现总体上是满意的、认可的，尤其是对林业技术专业毕业生在敬业精神、团队协作、专业技能方面特别满意，但对毕业生在计算机水平和外语水平方面的满意度稍差。这说明林业技术专业过去在对学生专业能力培养方面的做法是值得肯定的，应继续发扬光大，而在计算机和外语应用等方面还存在一定欠缺，应加以改进。

2. 林业技术专业技能型人才社会需求调研

（1）林业行业现有专业技术人才现状

我国林业建设的主要任务是：到 2020 年，使森林覆盖率达到 23% 以上，重点地区的生态问题基本解决，全国的生态状况明显改善。辽宁省环境建设的总体目标：严格控制天然林采伐，加大退耕还林还草力度，大力植树造林，完成一批重点防护林体系工程，小流域工程治理建设，全省生态环境建设分区布局与林业重点工程同步进行。

据我们调研和有关资料显示，我省现有国有和集体林场 1780 个，乡镇林业站 1198 个，森林公园 41 处，国有、集体、个体苗圃 10 976 个，风景区 40多处，有林业和园林正式职工 8 万多人，各级各类专业技术人员仅占 20%，

专科以上学历仅占 10.5%，且多集中在管理部门、科研院所。林业基层单位极其缺乏林业技术专业应用型人才，技术力量薄弱，要完成林业建设的目标，靠现有的林业技术力量肯定是不行的。按照林业各单位技术人员达到 50% 的标准，在 10 年内还需 1.6 万名专业技术应用型人才。

国家"十一五"和"十二五"林业发展规划特别重视林业人才的培养，提出林业企事业单位要大力引进技术人才，积极开展技术培训，全面提高从业人员专业技术水平，这就为我院林业技术专业的发展提供了广阔的空间，同时对林业技术专业的办学提出了更高的要求，也为林业技术专业的建设与改革指明了方向。

（2）林业技术岗位对林业技术专业毕业生素质需求

林业技术专业毕业生主要面向林业企事业单位的森林资源管理、森林资源监测、林业规划设计、森林培育、林木种苗生产、森林保护以及林业行政管理部门，同时也面向个体林主，培养技术和管理人员。主要岗位包括林业生产操作人员、林业生产技术人员、森林保护技术人员、森林资源调查与监测技术人员、自然保护区管理技术人员、营造林工程监理员、林业规划设计人员、林业生产技术主管。

在深入调研的基础上，结合国家职业分类大典的要求，确定了林业技术专业的 16 个岗位，并详细分析了各个岗位的岗位职责、典型工作任务和岗位能力要求，在此基础上进行系统的归纳，确定了林业技术专业的职业岗位能力，包括森林植物识别能力、苗圃规划设计与施工能力、森林环境调查与评价能力、造林设计与施工能力、森林抚育采伐和主伐更新的设计与施工能力、森林生长调查与分析能力、森林资源调查与统计能力、林业生态工程设计与施工能力、森林病虫害调查与防治能力、林业技术开发推广应用能力、林业生产组织协调与管理能力。

（二）认真研究，广聚思意，精心制订人才培养方案

在充分调查研究的基础上，分别召集林业技术专业教研室教师对林业技术专业的情况、专业所面对行业企业现状以及高等职业教育理念进行深入的研究，经过反复论证与完善，制订了林业技术专业人才培养方案。

1. 林业技术专业人才培养目标修订

在 2009 年，组织林业技术专业教师对辽宁林业行业以及企事业单位进行了细致的调查与研究，根据林业行业的发展态势和林业企事业的实际需要，对林业技术专业人才培养目标进行了重新定位：林业技术专业主要面向辽宁

地区，为林业企事业单位和个体林主，培养热爱林业事业，适应现代林业发展需要，具备林业生产和生态建设的理论、知识、技能，能够胜任种苗生产、森林营造、森林经营、林地经济开发、森林资源管理、森林保护以及林业生态工程建设岗位工作的高素质、技能型专门人才。

2. 确定林业技术专业的知识、能力和素质结构

根据林业技术专业所面向的岗位工作的需要，确定林业技术专业的知识、能力和素质结构，详见附表3-2。

附表 3-2　林业技术专业的知识、能力和素质结构

	一级知识名称	二级知识名称
知识结构	基础知识	政治理论知识
		身心健康知识
		应用写作知识
		英语知识
		计算机应用知识
	基本理论	遗传学理论
		生态学理论
		生物学理论
		可持续发展理论
	专业知识	森林植物：包括植物生理知识、植物解剖知识、植物分类知识、植物形态知识
		森林环境：包括森林气象知识、林业土壤知识、森林生态知识
		森林调查：包括地形图应用知识、测量仪器使用与维护知识、测树知识
		森林培育：包括种子生产技术、苗木培育技术、森林营造技术、森林经营技术的知识与技术标准
		森林保护：包括森林病虫害防治技术知识、森林防火知识
		森林资源管理：包括森林区划知识、森林资源调查知识、森林资源实物管理知识、森林资源信息管理知识、森林经营方案编制知识、森林资源评估知识、相关技术标准
		林业生态工程：包括荒漠化治理知识、水土保持知识、防护林营造知识、退耕还林政策、天然林保护政策、湿地保护条例、碳汇保护知识、自然保护区管理知识
		林地经济植物栽培技术：包括山野菜栽培、中草药栽培、食用菌栽培等知识
		经济林栽培：包括榛子、核桃、板栗、大枣、山杏、大扁杏和沙棘栽培知识
		林业政策法规：包括林业法律、林业法规、林业规章制度、林业政策等知识

（续）

一级能力名称		二级能力名称
能力结构	基本能力	体育单项技能、林业工作要求的体能
		语言文字应用能力
		计算机应用能力
	专业能力 — 单项能力	树木分类与识别能力
		森林环境调查能力
		测绘仪器使用与维护能力
		林业机械使用与维护能力
		林业政策法规应用能力
		林地经济植物栽培能力
	专业能力 — 核心能力	林木种子生产能力
		林木育苗能力
		森林营造能力
		森林经营能力
		森林资源调查、评估与监测能力
		森林病虫害调查与防治能力
		营造林工程施工与管理能力
	专业能力	林业规划设计能力
	综合能力	运用所学知识解决生产实际问题的能力
		改进林业生产技术、方法和工艺的能力
		沟通、协调与协作能力
		可持续发展能力
素质结构		热爱林业事业，具有吃苦耐劳的林业人精神
		科学发展，运用生态理论和市场经济规律指导林业工作的专业素质
		遵纪守法，具有良好的职业道德，能坚决贯彻执行林业政策及法律法规
		身心健康，具有适应林业行业艰苦工作环境所需要的身心素质
		团队协作，具有良好的完成林业技术专业工作需要的团队意识
		严格执行林业行业技术标准，合理使用设备和工具，文明施工、安全生产
		开拓创新，具有适应现代林业发展需要的不断学习、锐意进取的创新精神

3. 重新构建林业技术专业课程体系

（1）构建适合专业特点的人才培养模式

遵循高等职业教育规律，结合专业特点，建立"校场共育、产学同步、岗位育人"的人才培养模式，构建基于工作过程的项目课程体系，引入先进教学理念，实施项目教学，做到教学内容与岗位职能对接，教学项目与生产任务对接，教学环节与工作过程对接，教学效果与就业质量对接，实现教学目标能力化，实践教学全程化，课程体系项目化，教学环境职业化，教学手段多元化。

（2）构建基于生产过程的项目课程体系

根据林业技术岗位要求确定典型工作任务，根据林业技术专业对应岗位群的典型工作任务，确定职业能力，再根据能力的复杂程度和工作任务的难易程度，整合提炼出专业核心能力，根据专业核心能力确定专业核心课程，最后根据核心能力培养和核心课程学习的要求，确定基本能力课程、专项能力课程、综合能力课程以及其他起支撑作用的课程。

根据林业主要岗位要求，确定 8 项专业核心能力：种子生产能力、林木育苗能力、森林营造能力、森林经营能力、森林病虫害防预能力、森林资源调查与监测能力、林业生态工程管理能力、林业规划设计能力。

根据专业核心能力要求，确定 5 门专业核心课程：林木种苗生产技术、森林营造技术、森林经营技术、森林资源管理、森林病害防治技术，以此为框架，构建林业技术专业课程体系。

（3）建立以能力培养为核心的新型教学模式

构建"项目引领、任务驱动、教学做一体化"的教学模式，同校内外林业生产企业确立合作关系，建立完备的体制机制，进行深度合作，实现真正意义上的产学结合、产教结合、教学结合，以确保课程教学的顺利实施。

企业扮演双重角色：企业既作为生产经营的主体，为每个学生提供一个真实的职业岗位，同时也是实施课程教学的主体，企业同课程组专任教师一起，设计学习情境，组织教学、指导学生、评价学生表现。

学生扮演双重角色：学生作为教学过程的主体，其主要任务是学习知识，培养技能，提高素质，同时也是企业的员工，承担着一定的生产任务或管理任务，并接受企业监督和检查。"岗位、工作、生产、学习、教学"五位一体，有机结合，边学边做，达到岗位育人的目的。

教师扮演双重角色：既是教师，又是工程师，在指导学生完成教学任务的同时，还协助学生完成生产任务和工作任务。同企业技术人员一起按照林业生产技术标准，检查验收学生完成生产任务的情况，并根据履行岗位职责的情况、平时表现、道德品质、敬业精神等对学生进行综合评价。

(三)精心设计,全面测评,积极试点,稳步推进

1. 认真学习,精心设计,全面测评,成效显著

学院于 2009 年在全院范围内开展教师职教能力测评工作,教师全部参与,林业技术专业课程建设与改革工作也正是在此基础上启动的。在课程设计中,打破传统的教育教学观念,引入先进的教育理念;舍弃落后的方式方法,引入"项目教学"和"教学做一体化"的教学模式;根据专业和学生的特点,因课而异,因人而异,因材施教。通过反复的研究、论证、修改和完善,经过两年的时间,林业技术专业 14 门专业课程和 9 门基础课程全面完成了课程设计工作,并全部通过学院和系部两级测评,且成绩优异。通过职教能力测评工作的开展,全面提升了教师的职业教育理念、教学水平和职教能力,构建了全新的教学模式,在课程设计中融入了"项目教学"和"教学做一体化"的教学理念与方法,符合职业教育"以能力培养为核心"以及"培养创新型人才"的需要,因此说,这轮课程改革是成功的,是高水平的,是前所未有的。

2. 积极筹备,创造条件,克服困难,逐步实施

为了确保新的人才培养方案的顺利实施,有针对性地强化教学团队建设,逐步提高教师的素质,以适应专业建设与改革的需要。

首先是加强对专业带头人的培养。林业技术专业有首席专家 1 人,专业带头人 2 人,骨干教师 3 人,这些人是专业建设与改革的领头羊,骨干力量,他们将在专业改革中发挥关键作用。在过去两年时间里,林业技术专业带头层面的教师被选派到国外进行培训学习达到 5 人次,参加国内培训达 20 余人次,通过这些举措,使这些教师在职教理念上有了很大的提升,为专业建设与改革的顺利实施做了很好的铺垫。

其次是加强青年教师的培养。林业技术专业青年教师所占比例较大,近30%,他们从事教学工作不足 5 年,专业基础、实践技能和教学水平有待于进一步提高,还不能适应专业建设与改革的要求。针对当前的现状,在专业范围内大力推行导师制,实施以老带新;选派青年教师到高等院校进修,提高学历,提高专业水平;选派青年教师到林场进行实践锻炼,以提高实践技能;参加校内外课程建设培训班,以提升教学理念。通过有计划地采取培养措施,使青年教师的整体素质有了很大提高,目前他们已经成为专业建设与改革的生力军。

再者,"项目引领、任务驱动、教学做一体化"教学模式的实施,需要与之相适应的教学环境与实训条件,林业技术专业在基地建设上同样投入了大

量的人力、物力和财力，在两年时间内，初步形成了全新的校企合作体制机制，建立了林业技术实训中心和森林资源监测中心两个校内实训室，在我院实验林场建立了林业技术专业实训基地；建立深度合作的校外实训基地 6 个：辽宁省湿地保护中心、辽宁省杨树研究所、辽宁省干旱造林研究所、辽宁省固沙造林研究所、北京万富春森林资源发展有限公司和仙人洞国家自然保护区，达成了在教学、科研和学生就业等方面进行深度合作的共识。示范性、共享型、多功能的校内外实训基地，已经能够满足林业技术专业课程改革与课程实施的需要。

3. 大力推进课程改革试点工作

从 2009 年开始推行课程改革方案实施的试点工作，到 2010 年年底第一轮试点结束，为期两年，试点的班级是林业 081 班和林业 091 班，涉及的课程是五门专业核心课：林木种苗生产技术、森林营造技术、森林经营技术、森林病虫害防治和森林资源管理。

经过两年的教学改革试点后，征求授课教师和学生对课程改革情况的意见，授课教师普遍认为新的教学模式融入了先进的教学理念，对教学条件要求高，对教师水平要求高，教学的难度加大了，但是教学的效果也确实好于过去，改变了过去教师中心、教材中心和课堂中心的被动局面，学生的积极性、主动性明显提高，理论和实践能够很好地结合，教学和生产能够有机地衔接，给了学生一个实际岗位，赋予相应的职责，使学生在工作中学习，在工作中成长。

通过两年的试点工作证明，林业技术专业建设与改革的路子是正确的，专业所确定的人才培养方案和人才培养模式是先进的，是必要的，也是切合实际的，符合高等职业教育发展的需求。通过试点工作，总结经验，查找不足，不断改进，推动林业技术专业整体办学水平不断提升。

（本文于 2014 年 3 月成稿，案例提供：雷庆锋；收录时徐岩对全文有系统修订）

案例 3：园林技术专业"两主两强"人才培养模式创新

一、主要做法

1. 人才培养创新

以园林行业发展对人才需求为依据，与园林行业协会、园林企业共同制定人才培养方案。构建"两主两强"的人才培养模式,该人才培养模式主要以技术应用能力和基本素质培养为主线,本着职业目标多极培养与专长培养结合,岗位需求的无缝对接与学生长远发展结合的原则。园林技术专业对应的主要岗位群为3个,涵盖的主要岗位为5个。根据3个岗位群的工作任务调研,按工作过程划分3个模块,按能力递进原则,结合季节安排项目实施。"两主"分别为课程体系以岗位课程为主体,依据园林技术专业对应的岗位或岗位群能力为核心构建课程体系,内容的选择依据岗位任务,教学内容与岗位任务一致;教学模式以教、学、做一体为主体,3个模块课程教学模式全部实现教、学、做一体,分别在校内实训基地相应的实训场或设计中心完成。"两强"分别为强化某一具体岗位的能力培养,利用第五学期进行职业能力强化培养,学生可根据兴趣及需要选择5~8个岗位中任何一个,按照工作的过程,在真实的工作环境中进行训练,同时强化职业素质培养,使得学生掌握能力与企业的需求相一致,实现岗位需求的无缝对接;在教学实施过程中强化教学与生产的协调一致,具体体现为强调学生的培养是职业教育而不仅仅是技能教育、强调教室与实习地点一体、教学内容与工作任务一体、教学季节与生产季节一体,使学生在真实的企业氛围中承担学生与员工的双重身份(附图3-1)。

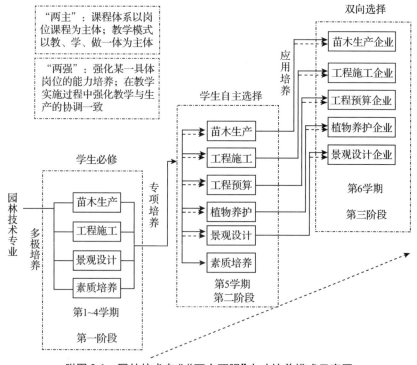

附图3-1　园林技术专业"两主两强"人才培养模式示意图

2. 课程体系构建

课程体系按岗位要求设计。全学程划分为 3 段，第 1～4 学期为素质培养和通用专业能力培养阶段，完成素质养成及园林苗木培育、园林景观设计、园林绿化施工与管理 3 个岗位的模块课程教学，培养学生的专项技能，增强岗位适应性；第 5 学期是职业能力强化阶段，学生可根据兴趣和就业岗位自行选择某一岗位，在真实的生产或仿真环境下进行综合实训，强化学生的岗位针对性；第 6 学期是职业能力应用培养阶段，学生到企业顶岗学习，培养学生职业素质和能力，便于学生毕业后与就业岗位实现无缝对接(附图 3-2)。

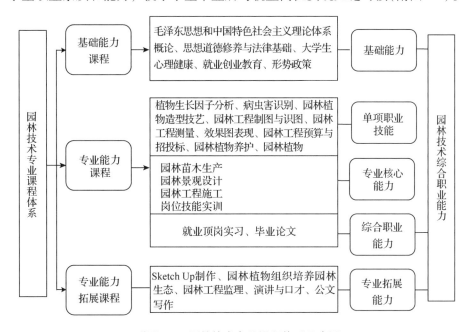

附图 3-2　园林技术专业课程体系示意图

3. 优质核心课程建设

(1)课程标准建设

按照"两主两强"专业人才培养模式的要求，与行业、企业合作，突出学生职业能力的培养，实现教学内容与职业标准对接，学习内容与岗位工作任务对接；学习过程与工作过程对接，学生、教师身份与企业工作身份对接；教学评价与企业工作成果对接。根据园林企业职业岗位能力要求，融入园林类工种职业资格标准。与园林企业合作，建设 5 门专业核心课程的课程标准。

(2)课程教学设计

根据行业典型岗位设置课程，依据岗位典型工作任务设置课程的项目或任务，依据岗位典型工作流程设置教学实施过程，教学情景与工作情景对接，项目结果或工作任务成果作为课程的结果。项目的实施过程融入企业的要素。

学生通过完成项目或任务，掌握所需知识和技能，达到岗位任职要求。课程的实施按典型工作任务的流程进行安排。打破以知识为逻辑的课程顺序，将所需知识渗透到项目实施的每个环节中。依据工作情景构建教学情景，以项目为载体实现工与学的结合，实现教、学、做一体化。项目的实施过程融入企业的要素，引进企业的运行和管理模式，严格按照生产要求完成课程项目；教师、学生转换企业相应的角色，教师以项目负责人的身份布置任务，学生以项目工作人员的身份完成任务；项目有成本的预算、控制、决算；在企业的真实生产情境下完成典型工作任务。

通过小组形式组织学生进行学习，小组取得的成绩与个体的表现是紧密联系的。合作式教学模式有利于发展学生个体思维能力和动作技能，增强学生之间的沟通能力和包容能力，还能培养学生的团队精神，提高学生的学业成绩。

课上项目由教师带领学生完成，课下项目由学生独立完成，实现"双线"并行；课程的实施按真实企业的生产流程，对应生产季节；教师、学生扮演企业相应的角色；项目有成本的预算、控制、决算。项目的考评结合国家的、行业的技术规范、规程、标准进行，颁发相对应的职业资格证书，实现"双证书"标准（附图3-3）。

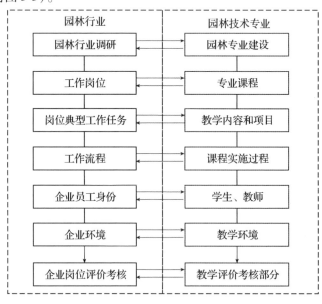

附图3-3 园林技术专业课程教学设计思路图

4. 教学模式创新

根据行业实际的岗位确定课程；依据岗位的典型工作任务设计课程的项目和任务；任务实施按真实企业的生产流程，对应生产季节；教师、学生扮演企业相应的角色；项目有成本的预算、控制、决算。培养学生的自学能力、与人合作、表达能力等。推行项目导向、任务驱动的教、学、做一体教学模式。

5. 技能大赛与个性化培养模式创新

围绕行业、岗位的核心能力设立学生技能大赛，选择技能强、天赋强的学生进行个性化培养。通过参加专业竞赛给学生提供了较大的自主学习的时间和空间，调动学生学习的主观能动性，培养学生主动探索、学习兴趣和创造性思维能力。通过学生参加园林设计、艺术插花、组织培养等赛事，使学生熟练掌握实验、实训技能，达到竞赛所要求的技能，激发学生的潜能，提高学生的岗位适应能力，培养品牌学生。

二、特色剖析

1. 人才培养的特色

职业目标多极培养与专长培养结合；岗位需求的无缝对接与学生长远发展结合；专业能力与社会能力并行。使园林技术专业的学生具有较强的职业能力、多岗位的就业潜力及长远发展的职业储备。

教学内容与岗位任务协调一致；

教学过程与生产任务流程协调一致；

教学环境与企业环境协调一致；

教学季节与生产季节协调一致；

教师、学生身份与企业员工身份协调一致；

教学评价引入企业的评价标准。

2. 课程建设特色

基础理论适度。基础学习领域不强调自身的系统性和完整性，而是根据专业总体培养目标有针对性、有选择性的构建，为专业学习领域服务，同时也为学生在相关的专业领域间的转换奠定基础。

专业口径适中。由于园林行业的主要岗位群之间既相互独立又相互依存，所以专业学习领域的课程围绕 3 个主要岗位群设置，分别为园林工程、园林苗木生产、园林景观设计。

强调能力的培养。即提出解决问题的方案并加以实现的能力。使学生树立理论与实际相结合的观念，培养学生用科学知识和方法解决实际问题的能力以及在实际工作环境下的思维方式和行为方式。

学生素质全面。由于培养目标定位为生产一线的组织者、管理者，其工作性质具有社会性和综合性，需要学生具有极强的社会能力和良好的个性素质。注重学生语言表达能力、自我表现能力、团队精神、协调能力、交际能力以及宽容性、承担责任的主动性、考虑问题的周密性及自觉性、条理性、独立性、意志力、自我管理能力、处理情感变动的能力的培养。

3. 教学内容与生产内容对接

根据园林行业实际的岗位确定课程；依据岗位的典型工作任务设计课程的教学内容，确定项目和任务；任务实施按真实企业的生产流程；实施过程融入企业的要素，教师、学生扮演企业相应的角色；项目有成本的预算、控制、决算；在企业的真实生产情境下完成典型工作任务，生产相应的教学产品。由于课程的内容依据岗位的典型工作任务设定，课程的实施按典型工作任务的流程进行安排，打破了以往以知识为逻辑的课程顺序，将所需知识渗透到项目实施的每个环节中。

4. 学习过程与生产过程对接

学生训练以真实、具体任务为载体。课程的实施按典型工作任务的流程进行安排，对应生产季节。

所有的任务由学生分组完成，体现学生主体地位，培养了学生的自学能力、组织合作、表达能力等。

综合实训也可通过真实生产任务完成，实现教学过程与生产过程完全对接。

5. 生产活动与科研活动对接

充分发挥各项目部的技术优势，在生产活动中有目的地进行科学试验。

结合园林苗木教学产品的生产，有目的地引进表现优良的园林植物新品种（观花乔木、彩叶树种等），通过栽培实验，进行扩繁推广，形成产业化、规模化。

对名优品种进行繁殖技术（植物组织培养等）的研究，扩大繁殖数量，降低繁殖成本。一旦技术成熟，可对苗圃工作人员进行技术培训。

对园林工程施工的新技术、新工艺（防水）进行研发，延长工程寿命、降低施工成本。一旦技术成熟，可进行成果转让或技术培训。

园林工程施工中环保技术（节水、节能）的研发，降低能源消耗、进行环境保护。一旦技术成熟，可用于成果转让或技术培训

6. 生产工艺源于企业，并高于企业

与企业紧密结合，全面调研岗位工作任务和工作流程，全面跟踪国内国

际职业标准、选择典型工作任务构建教学内容，按生产技术流程安排教学实施，按生产技术规程、标准规范教学操作，创造最佳的基于工作过程的学习情境，使学生在教学做一体化的课程教学和综合实训中加深对专业知识、技能的理解和运用。教学过程融入企业的要素，项目有成本的预算、控制、决算；在企业的真实生产情境下完成典型工作任务。同时要求学生在完成工作的过程中，注重资料的收集、记载、档案的建立，完善管理，可进一步提升企业的管理水平。

7. 学生身份与企业员工身份对接

通过校企合作对接人才培养，使得学生的专业能力与企业员工的能力完全对接，学生的知识掌握较扎实，适应企业发展的能力较强，学生的综合素质能力提升，满足社会的需求。

（本文于 2014 年 3 月成稿，案例提供：魏岩；收录时徐岩对全文有系统修订）

附录四　特色人才培养方案选编

2017 级林业技术专业三年制人才培养方案
专业编码：510201

一、专业培养目标

本专业培养具有坚定的政治方向，拥护中国共产党的领导，适应社会发展和经济建设需要，德、智、体、美全面发展，具有森林植物、森林环境、森林调查等基本知识和森林培育、森林保护、森林资源管理、林业政策法规等专业知识，具备林业生产和生态建设基本技能，能够胜任林木种苗生产、森林营造和经营、森林资源调查与监测、林业规划设计、森林病虫害调查与防治、以及林地经济开发、林业生态工程建设等岗位的生产、管理和技术服务等工作的高级技术技能人才。

二、学制及招生对象

三年制，招收应届高中毕业生。

三、毕业标准

详见附表 4-1。

附表 4-1　林业技术专业毕业要求表

序号	毕业要求的几项指标	具 体 内 容
1	学分要求	所修课程的成绩合格，应修满 157 学分，劳育课 2 学分，总计应修满 159 学分
2	职业资格证书要求	须获得林木种苗工、造林更新工、森林抚育工、护林员、森林病虫害防治员的高级职业资格证书至少 1 个
3	符合学院学生学籍管理规定中的相关要求	

四、专业人才培养规格

林业技术专业毕业生应具备的专业知识、专业能力和专业核心能力、基本素质详见附表 4-2 至附表 4-4。

附表 4-2　林业技术专业知识结构

一级知识名称	二级知识名称	三级知识名称	备注
基本知识	体育锻炼基本知识	篮球、羽毛球、武术、乒乓球等	
	政治理论基本知识	道德修养与法律基础、毛泽东思想和中国特色社会主义理论体系概论、国防教育	
	英语基本知识	林业、地理信息系统常用英语、常用植物拉丁名	
	计算机应用基本知识	计算机基础、Word、Excel 等	
专业基础知识	森林植物	植物生理、植物解剖、植物分类、植物形态	
	森林环境	森林气象知识、林业土壤知识，森林生态知识	
专业知识	森林调查技术	罗盘仪测量、GPS 测量、全站仪测量、地形图的应用、伐倒木、立木材积测定、林分调查因子测定知识	
	林木种苗生产技术	种实采收及调制、播种苗培育、扦插苗培育、容器苗培育、嫁接苗培育、组培苗培育、苗圃规划设计	
	林地经济开发利用	山野菜栽培技术、中草药栽培技术、食用菌栽培技术	
	生态环境质量评价	污染源评价、大气环境质量评价、水环境质量评价、土壤环境质量评价、噪声评价	
	森林培育	种子生产技术标准、苗木培育技术标准、森林营造技术标准、森林经营技术标准、森林培育技术标准	
	经济林栽培	榛子、核桃、板栗、大枣、山杏、大扁杏和沙棘栽培技术	
	地理信息系统	森林调查数据处理及图面材料处理知识	
	森林保护	森林病虫害防治技术知识、森林防火知识	
	林业生态工程	荒漠化治理、水土保持林建设技术、水源涵养林建设技术、沿海防护林建设技术，退耕还林政策、天然林保护、农田防护林、湿地保护条例、防风固沙林、碳汇与保护、野生动植物保护和自然保护区建设	

（续）

一级知识名称	二级知识名称	三级知识名称	备注
专业知识	森林资源管理	森林区划方法、森林资源调查技术方法及标准、森林资源实物标准、森林资源信息管理、森林经营方案编制技术标准	
	林业政策法规	林业法律、林业法规、林业规章制度、林业政策	
综合素质知识	写作知识	语言表达、应用文写作知识	
	社会学知识	集体荣誉和社会责任感	
	人际关系学知识	人际交往、协作和沟通的知识	
	身心健康知识	情绪情感控制和心理健康知识，科学锻炼身体方法	

附表 4-3　林业技术专业能力结构

一级能力名称		二级能力名称	备注
基本能力		体育锻炼方面的技能	
		英文的阅读及翻译能力	
		计算机操作及专业软件应用能力	
职业能力	单项职业技能	树木分类与识别能力	
		森林环境调查能力	
		测绘仪器使用与维护能力	
		林业机械使用与维护能力	
		生态环境治理评价能力	
		林业政策法规应用能力	
		林地经济植物栽培能力	
	核心职业技能	林木种子生产能力	
		林木育苗能力	
		森林营造能力	
		森林经营能力	
		森林资源调查与监测能力	
		森林保护能力	
		营造林工程施工与管理能力	
		地理信息系统应用能力	
		林业规划设计能力	
	综合能力	运用所学知识解决生产实际问题的能力	
		改进林业生产技术、方法和工艺的能力	
		沟通、协调与协作能力	
		可持续发展能力	

附表 4-4 林业技术专业素质结构

一级素质名称	二级素质名称	三级素质名称	备注
基本素质	思想道德素质	政治与政策的认知	
		社会责任感	
		言行的自我约束与自觉规范	
	身心素质	身体健康状况	
		心理调适力	
		情绪、情感控制	
职业素质	文化素质	知识行为意识	
		法律意识	
		语言规范表达	
	专业素质	熟知专业理论	
		掌握专业特长技能	
		利用现代手段处理专业信息	
		了解专业发展动态	
综合素质	创业素质	社会责任感与集体荣誉感	
		创业意识	
		主动参与与实干精神	
	管理素质	沟通协调	
		组织管理	

五、总学程与学分计划（附表 4-5）

全学程 150 周，其中寒暑假 37 周，考试 4 周，军训 2 周，劳育课 1 周，生态文明 1 周，"十一"放假 3 周，教学周共 102 周。

学时计划：教学周中，跟岗实习 17 周，顶岗实习、毕业设计与答辩 19 周，其周学时按 20 学时计算；教学实习周按 28 学时计算，林场实习周按 30 学时计算；总学时 2587 学时。

学分计划：跟岗实习、顶岗实习、毕业设计与答辩每周 1 学分；大学生健康讲座（16 学时）1 学分；形势与政策教育（16 学时）1 学分，国防教育 4 学分，劳育课 2 学分，职业资格证书 5 学分，其余基础能力必修课程学分按 16 学时 1 学分，专业核心课程学分按 14 学时计 1 学分，选修课程学分按 18 学时计 1 学分计算。

学生修满 159 学分方可毕业，学分由课内学分与课外学分两部分组成，其中课内学分分为必修课程学分、选修课程学分及劳育课学分。课外学分包

附表 4-5　2017 级林业技术专业三年制总学程时间表

	序号	内容	周数	第一学年			第二学年			第三学年		
				一	二	暑假	三	四	暑假	五	寒假	六
周数安排	1	理论教学	102	14	17		16	19		17		19
	2	实践教学										
	3	"十一"放假	3	1			1			1		
	4	军训	2	2								
	5	劳育课	1				1					
	6	生态文明	1		1							
	7	考试	4	1	1		1	1				
	8	寒暑假	37	9	6		8	6		8		
	9	总计	150	27	25		27	26		26		19

括创新创业学分、综合素质学分及互认学分。

六、课程设置

本专业开设了 46 门课程，其中，基础能力学习领域 12 门，单项职业技能学习领域 15 门（核心课程 5 门），综合职业能力学习领域 9 门，拓展学习领域 10 门，所有课程的学分、学时、理论及实训安排详见林业技术专业三年制教学计划表（附表 4-6、附表 4-7）。

附表 4-6　林业技术专业三年制教学学时统计表

课程类别	学分	总学时	讲课学时	实训学时	占总学时比率（%）
基础能力学习领域	29.5	505	288	217	20
单项职业技能学习领域	76.5	1162	508	654	44
综合职业能力学习领域	41	740		740	29
拓展学习领域	10	180	180		7
合计	157	2587	976	1611	100
理论教学时数:实践教学时数			4.0:7.0		

附表 4-7 2017 级林业技术专业三年制教学计划

类别	序号	课程名称	学分	周数 总学时	周数 理论教学时数	实践教学时数	周学时数 第一学年 I (14)	第一学年 II (9/8)	暑假	第二学年 III (10/6)	第二学年 IV (10/9)	暑假	第三学年 V (17)	寒假	第三学年 VI (19)
基础能力学习领域	1	毛泽东思想和中国特色社会主义理论体系概论	4.0	64	56	8		7							
	2	思想道德修养与法律基础	3.0	48	40	8	3								
	3	英语	3.0	42	42		3								
	4	计算机应用基础	3.0	45	18	27		5							
	5	体育	3.0	46	8	38	2	2							
	6	大学生心理健康	1.5	24	24		2								
	7	职业生涯规划与就业指导	2.0	38	22	16	4	2				安排 12 学时			
	8	大学生健康讲座	1.0	16		16	16								
	9	国防教育	4.0	96	36	60	[2] 18	18							
	10	形势与政策	1.0	16	16		8	8							
	11	生态文明教育	2.0	38	10	28		[1] 16							
	12	创新创业教育	2.0	32	16	16	16	16							
		小计	29.5	505	288	217	10								

（续）

类别	序号	课程名称	学分	总学时	理论教学时数	实践教学时数	第一学年			第二学年			第三学年		
							周学时数								
							I	II	暑假	III	IV	暑假	V	寒假	VI
							14	9/8		10/6	10/9		17		19
	1	森林植物	7	116	46	70	4	[2]							
	2	森林环境	5.0	86	44	42	4	(1)							
	3	森林调查技术	5.5	87	27	60		3 [2]							
	4	*林木种苗生产技术	6.0	84		84		[3]							
	5	林业法规与执法实务	3.0	45	45			5							
	6	生态环境质量评价	2.5	40	26	14				4					
	7	*森林营造技术	6.5	90	30	60				3[2]					
	8	*森林经营技术	6.5	90	30	60				3[2]					
	9	经济林栽培技术	4.0	68	40	28				4[1]					
	10	地理信息系统	4.0	60	60					6					
单项职业技能学习领域	11	*森林病虫害防治技术	6.0	88		88					[3]				
	12	森林防火	4.0	60	30	30					3[1]				
	13	林业生态工程技术	2.5	40	40							4				
	14	*森林资源管理	7.0	100	40	60					4[2]				
	15	林地经济植物栽培（含食用菌栽培）	7.0	108	50	58					5[2]				
		小计	76.5	1162	508	654	8	8		20	16	0	0	0	0

（续）

类别	序号	课程名称	学分	总学时	理论教学时数	实践教学时数	第一学年 I (14)	第一学年 II (9/8)	暑假	第二学年 III (10/6)	第二学年 IV (10/9)	暑假	第三学年 V (17)	寒假	第三学年 VI (19)
综合职业能力学习领域	1	林木种苗工职业技能鉴定	5.0	20		20		✓							
	2	造林更新工职业技能鉴定								✓	[1]				
	3	森林抚育工职业技能鉴定								✓					
	4	护林员职业技能鉴定									✓				
	5	森林病虫害防治员技能鉴定									✓				
	6	跟岗实习	17.0	340		340							(17)		
	7	顶岗实习	14.0	280		280									(19)
	8	毕业设计与答辩	5.0	100		100									
		小计	41	740		740									
		合计	147	2407	796	1611	18	24		20	16				
拓展学习领域	1	大学生艺术鉴赏	4.0	64	64		32	32							
	2	公文写作	2.0	32	32		32								
	3	环境概论	2.0	42	42		3								
	4	中国近现代史纲要	2.0	32	32			32							

（续）

类别	序号	课程名称	周数 学分	周数 总学时	理论教学时数	实践教学时数	第一学年 I (14)	第一学年 II (9/8)	暑假	第二学年 III (10/6)	第二学年 IV (10/9)	暑假	第三学年 V (17)	寒假	第三学年 VI (19)
										周学时数					
	5	中国音乐简史	2.0	32	32			32							
	6	积极心理学	2.0	32	32					32					
	7	辽宁古树名木资源保护	1.5	28	28					[1]					
拓展学习领域	8	城市森林	1.5	30	30						3				
	9	保护区管理	1.5	30	30						3				
	10	三维地形图制作与应用创新创业教育	2.0	30	30						3				
		小计	20.5	352	352										
课外学分		总计		157											

拓展学习领域课程至少修满 10 学分

课外学分认定依据辽宁林业职业技术学院《学分制管理制度》规定执行

注：（1）考试课用下划线标出；核心课在课名前加＊号；实习周数用括号"（周数）"标注；集中授课用"［周数］"标注；"√"课程成绩及格可获相应工种初级证。

（2）校内实训学时含现场教学学时数。

（3）学分总计＝合计学分＋拓展学习领域课程至少达到学分。

七、专业核心课程描述（附表 4-8 至附表 4-12）

附表 4-8 "林木种苗生产技术"核心课程主要内容

课程名称	林木种苗生产技术		
实施学期	第一学年第 2 学期	总学时	84
教学目标	1. 知识目标 （1）具有种子生产基本知识 （2）具有种子品质测定基础知识 （3）具有播种、扦插、嫁接常规育苗知识；熟悉容器育苗和组培育苗等工厂化育苗知识 （4）熟悉种苗生产技术规程 （5）具有苗圃规划设计基本知识 2. 技能目标 （1）能识别辽宁地区主要造林树种的种实 30 种 （2）能够根据 GB 7908—1999《林木种子质量分级》对常见树种种子质量进行测定 （3）能根据 GB/T 6001—1985《林木育苗技术规程》培育北方常用造林树种的苗木 （4）能进行苗圃规划设计 （5）能够考取林木种苗工职业资格证书 3. 素质目标 （1）能适应苗圃生产艰苦的工作环境，具有吃苦耐劳精神 （2）具有团队合作意识，在完成种苗生产工作任务中能起到核心和骨干作用 （3）具有责任心和荣誉感，能够认真地对待每一项工作任务 （4）勇于探索育苗新技术，具有刻苦钻研的精神和创新意识		
教学内容	1. 林木种实识别 2. 林木良种评定 3. 播种苗培育技术 4. 容器苗培育技术 5. 扦插苗培育技术 6. 嫁接苗培育技术 7. 组培苗培育技术 8. 林木种子采收及调制 9. 播种苗生产 10. 容器苗生产 11. 扦插苗生产 12. 嫁接苗生产 13. 组培苗生产 14. 苗圃规划设计		
教学重点与难点	教学重点：种实识别；种子净度、生活力、千粒重的测定；播种苗、嫁接苗、扦插苗培育及苗期管理 教学难点：种子生产；种子净度、生活力、千粒重测定的结果计算；种子处理；提高扦插成活率的方法；嫁接技术；苗圃规划设计		
教学组织	情景导入→下达任务→制作计划→任务实施→工作评价→自我学习		
教学手段和方法	教学做一体化		

（续）

课程名称	林木种苗生产技术
教学资料	教材、项目工作任务单、项目实施方案
考核要求	过程考核与结果考核相结合。过程考核采用单人操作方式；结果考核采用卷面笔答方式

附表 4-9　"森林营造技术"核心课程主要内容

课程名称	森林营造技术		
实施学期	第二学年第 3 学期	总学时	90
教学目标	1. 知识目标 （1）掌握森林营造技术的基本知识和技术措施 （2）掌握造林施工和幼林抚育管理的方法和技术 （3）掌握作业设计的基本方法 （4）掌握主要林种的营造林技术 （5）掌握本地区造林技术规程 2. 能力目标 （1）会造林作业设计 （2）会组织、安排、指导造林作业施工 （3）会幼林抚育管理 （4）会造林检查验收 （5）会造林投资概算 （6）会生态公益林与商品林的营造林技术设计和指导施工 3. 素质目标 （1）具有自主学习能力 （2）具有查阅资料，获取知识和信息的能力 （3）具有分析和解决造林生产实际问题的能力 （4）具备可持续发展和再就业能力 （5）具备科学的世界观、人生观和就业观 （6）具有较强的敬业精神和良好的职业道德 （7）具有严格执行生产技术规范的科学态度 （8）具有计划组织、与人沟通、交流和团队协作能力		
教学内容	1. 造林作业设计 2. 造林施工及造林检查验收 3. 不同林种营造技术 4. 北方地区主要树种营造技术		
教学重点与难点	重点：各种常用造林树种的营造技术、造林检查验收方法 难点：造林地区划		
教学组织	情景导入→下达任务→制作计划→任务实施→工作评价→自我学习		
教学手段和方法	教学做一体化		
教学资料	教材、项目工作任务单、项目实施方案、实训指导		
考核要求	过程考核与结果考核相结合。过程考核采用单人操作方式；结果考核采用卷面笔答方式		

附表4-10 "森林经营技术"核心课程主要内容

课程名称	森林经营技术		
实施学期	第二学年第3学期	总学时	90
教学目标	1. 知识目标 (1)森林抚育间伐的概念、种类、方法以及森林抚育间伐技术指标的确定 (2)林分改造的概念、种类、方法以及改造方法的确定 (3)森林主伐更新的概念、种类和方法 (4)森林采伐作业的基础知识 (5)森林经营作业设计的概念、方法 2. 能力目标 (1)能根据辽宁省地方标准 DB 21/706—2009《森林经营技术规程》的要求，进行森林抚育间伐设计、低产林低效林改造设计和森林主伐更新设计 (2)能根据辽宁省地方标准 DB 21/706—2009《森林经营技术规程》的要求进行林分的抚育间伐、低产林分改造、用材林大径材培育和森林主伐的施工作业 (3)能进行森林经营作业设计，并组织实施森林经营作业设计方案 (4)掌握森林采伐作业技术，达到抚育间伐工高级工的技术等级标准，能够胜任森林采伐施工作业工作 (5)会使用森林作业经营设计软件 3. 素质目标 (1)热爱林业事业，有吃苦耐劳精神 (2)具有勇挑重担、求真务实、开拓进取的精神和创新意识 (3)具有良好的沟通、协作以及语言文字应用能力 (4)具有较强的对社会的适应能力，能够适应森林经营工作的艰苦环境		
教学内容	1. 森林抚育间伐作业设计 2. 森林主伐作业设计 3. 抚育间伐 4. 林木修枝 5. 森林主伐更新 6. 林分改造 7. 森林采伐作业 8. 矮林、中林经营 9. 天然林保护		
教学重点与难点	教学重点：抚育间伐、森林主伐更新 教学难点：森林抚育间伐作业设计、森林主伐作业设计		
教学组织	情景导入→下达任务→制作计划→任务实施→工作评价→自我学习		
教学手段和方法	任务驱动、讨论、演示、操作训练、小组讨论、典型案例		
教学资料	教材、实施方案、幻灯片		
考核要求	过程考核与结果考核相结合。过程考核采用单人操作和口试方式；结果考核采用卷面笔答方式		

附表 4-11　"森林病虫害防治技术"核心课程主要内容

课程名称	森林病虫害防治技术		
实施学期	第二学年第 4 学期	总学时	88 学时（集中或分段授课）
教学目标	1. 知识目标 （1）具备森林昆虫识别知识 （2）具备林木病害识别知识 （3）具有林木病原鉴别知识 （4）具有病虫害调查数据统计分析知识 （5）具有农药识别与使用知识 （6）具备分析病害发生发展规律的基本知识 （7）熟知病虫害防治基本原理与技术应用知识 （8）熟知主要森林病虫害防治技术规程 2. 技能目标 （1）能根据害虫的形态特征和被害状识别常见林木害虫 （2）能根据病害症状特点及病原菌形态诊断常见林木病害 （3）能对林间病虫害发生情况进行调查 （4）能根据病虫害发生规律制定综合防治技术方案 （5）能按技术规程要求实施病虫害除治操作 （6）会病虫标本采集、制作与保存技术 3. 素质目标 （1）培养学生热爱森林保护工作，具有保护森林环境的社会责任意识 （2）培养学生防治病虫害工作过程的安全生产意识 （3）培养学生严格执行病虫害防治技术规范的科学态度 （4）培养学生如实填写调查数据、如实上报结果的实事求是工作作风 （5）在小组合作中培养学生团结协作精神和善于沟通的社会能力		
教学内容	1. 森林病虫害防治基本技术 2. 北方常见林木根部病虫害防治 3. 北方常见林木茎干部病虫害防治 4. 北方常见林木叶部病虫害防治 5. 北方常见林木种实害虫防治 6. 落叶松球果花蝇调查与防治		
教学重点 与难点	教学重点：病虫害基本理论知识 教学难点：病虫害虫情调查及防治方案的制作		
教学组织	课程导入→常见病虫害症状（形态）观察及介绍→教师讲授与演示→布置任务及任务实施、报告整理→成果展示→评价验收→课堂小结→布置作业→拓展学习		
教学手段和方法	任务驱动、工学结合、小组讨论 教师演示 操作训练 典型案例分析		
教学资料	教材、课前任务单、微课、网络资源、教学视频、教学动画及课件		
考核要求	过程考核与结果考核相结合。过程考核采用单人操作和口试方式；结果考核采用卷面笔答方式		

附表 4-12 "森林资源管理"核心课程主要内容

课程名称	森林资源管理		
实施学期	第二学年第 4 学期	总学时	100
教学目标	1. 知识目标 （1）掌握森林分类的技术标准，学会森林分类的方法 （2）掌握林班区划的条件和方法 （3）掌握区划小班的条件，熟悉区划小班的方法 （4）掌握森林调查的内容，学会森林调查的方法 （5）掌握森林资源可持续发展知识，运用可持续发展理论指导森林资源经营管理 （6）学会森林成熟与轮伐期的确定方法，应用森林成熟和轮伐期确定森林采伐量 （7）掌握森林采伐量的种类，学会计算各种采伐量的方法 （8）掌握编制森林经营方案的内容和编制要领 2. 能力目标 （1）能利用地形图进行林班区划 （2）能利用地形图、GPS 进行小班区划 （3）能利用角规、围尺、测高器等测树工具进行小班调查 （4）能利用小班外业调查资料，对小班数据进行整理和计算 （5）能利用辽宁省森林资源信息管理系统进行数据输入、林班统计、工区统计、林场统计及各种专业报表统计 （6）能依据森林资源调查材料、依据林业法规编制森林经营方案 3. 素质目标 （1）通过林区艰苦环境的教学实践，使学生具有从事艰苦行业工作的信心和决心 （2）通过大量的不同类型的小班区划和小班调查，锻炼学生适应山中、适应林中工作的体能 （3）通过分组合作、按组考核，使学生具有团队意识，协调沟通能力 （4）通过林区生产实践，强化职业道德 （5）通过真实的企业环境，培养学生职业素质		
教学内容	1. 森林区划 2. 森林调查 3. 森林资源信息管理 4. 森林经营方案编制		
教学重点与难点	教学重点：数量成熟、林班区划、小班区划、小班调查、森林经营方案编制 教学难点：工艺成熟龄确定、龄组划分、小班区划、小班调查		
教学组织	情景导入→下达任务→制作计划→任务实施→工作评价→自我学习		
教学手段和方法	讨论、演示、操作训练、完成任务、小组讨论、典型案例		
教学资料	教材、文档页、表格页、网页、幻灯片		
考核要求	过程考核与结果考核相结合。过程考核采用单人操作和口试方式；结果考核采用卷面笔答方式		

八、成绩考核

本计划所列各门课程，理论教学和技能训练内容，均要进行成绩考核。各课程均应制定课程标准，明确考核办法与考核标准。

理论课、实践课考核，按现行的《辽宁林业职业技术学院考务工作手册》执行。

"教、学、做"一体化课程实行期末考核与过程考核相结合的办法进行成绩考核。课程考核以能力为重点，进行知识、能力、素质"三要素"综合考评，实操与笔试相结合，阶段测试与期末考试相结合，课程考试与考查相结合。阶段测试成绩占课程考核总成绩的60%，期末考试以应用知识的掌握以及运用知识分析解决问题为重点，成绩占课程考核总成绩的30%，职业素质重点考核学生学习工作态度和课程的训练成果，成绩占课程考核总成绩的10%，"三要素"考核成绩均及格才能计入总成绩。

林业技术专业核心专业技能包括林木育苗能力、森林营造与经营能力、森林资源调查与监测能力、森林病虫害调查与防治能力、造林工程施工与管理能力，核心专业技能考核要达到良好以上(附表4-13)。

附表4-13 "教、学、做"一体化课程考核表

序号	课程名称	授课方式、地点	考核方式		
			过程考核比例(%)	过程考核时间	考核地点
1	林木种苗生产技术	集中授课、林盛基地	70	第二学期	林盛基地
2	林业政策法规	集中与课堂教学结合、辽宁林业职业技术学院	60	第二学期	实验林场
3	森林调查技术	集中与课堂教学结合、实验林场	60	第二学期	实验林场
4	森林营造技术	集中与课堂教学结合、实验林场	70	第三学期	实验林场
5	森林经营技术	集中与课堂教学结合、实验林场	70	第三学期	实验林场
6	森林资源管理	集中与课堂教学结合、实验林场	70	第四学期	实验林场
7	森林病虫害防治	集中授课、实验林场	70	第四学期	实验林场
8	森林防火	集中与课堂教学结合、实验林场	60	第四学期	实验林场
9	林地经济植物栽培	集中与课堂教学结合、实验林场	60	第四学期	实验林场

九、人才培养方案编制说明

(一)方案编制依据

依据《高等职业学校专业教学标准(试行)》《辽宁省中长期教育改革和发展规划纲要(2010—2020年)》《教育部关于推进高等职业教育改革创新引领职业教育科学发展的若干意见》(教职成〔2011〕12号)、《辽宁省教育厅关于制订高等职业教育专业教学计划的指导意见》(辽教发〔2001〕67号)、《辽宁林业职业技术学院2015级专业人才培养方案编制工作指导性意见》文件精神，为满

足辽宁省区域经济和林业行业发展的人才需求，编制该人才培养方案。

1. 根据职业岗位需求调研确定专业培养目标

在制订本方案之前，对林业技术专业面向的职业岗位进行了广泛的调研，在此基础上确定了专业培养目标。使本专业毕业生既能直接适应岗位需求，又为学生毕业后在职业选择、职业进修方面提供更大的选择空间和更多的选择机会。

2. 根据培养目标确定典型工作任务

通过对林业技术专业培养目标、人才培养规格要求和相关的职业标准分析，确定典型工作任务。

3. 根据典型工作任务确定课程体系

以岗位或岗位群所需要完成的典型工作任务来构建项目课程体系。按工作的逻辑关系设计课程，充分发挥"促进学生的就业能力，促进学生的智力发展，促进学生的人格完善"这三大职业教育的功能。

4. 根据职业能力选择教学内容

围绕职业岗位群所需要的职业能力设计教学内容。教学内容与岗位任务一致。以项目为载体整合相应的知识、职能和态度，达到理论与实践的高度统一。

（二）编制人员组成

组　　长：李晓黎

组　　员：李　冬　张　辉

企业人员：王承禄

（三）方案特点

本方案的制订本着以全面提高人才质量为核心，以职业岗位需求为导向，以职业技能鉴定和职业标准为依据，以专业知识和技术应用能力、自主学习能力、创新能力以及综合职业素质培养为目标。在充分调研的基础上，对工作任务与职业能力进行认真的分析，构建了林业技术专业课程体系。

全学程划分为3段，第1~2学期为基础能力培养和文化素质养成阶段，通过优秀文化的学习和熏陶，使学生基础文化知识得到巩固和加强，形成高尚道德和审美情趣，具有健康体魄，提高自身全面素质，为接受继续学习与创业奠定基础；3~4学期为通用专业能力培养阶段，通过林业专业基本理论学习和专项技能训练，使学生具备林业生产和生态建设的基本理论、知识和技能；第5~6学期是职业能力应用培养阶段，学生可根据个人兴趣和企业岗位需求进行双向选择，在真实的生产或仿真环境下进行综合实训，强化学生的岗位针对性，学生到企业顶岗学习，培养学生职业素质和能力，便于学生毕业后与就业岗位的无缝对接。

在全学程的教学中，落实学院提出的"三有三成"——有德成人、有技成才、有职成业的绿色人才培养体系。遵循"三律"——职业成长规律、生物学规律、认知规律。体现"三性"——职业教育的开放性、职业性、实践性。创造最佳的基于工作过程的学习条件，充分调动学生学习的积极性，全面提高专业教学质量。

在每门专业课程设置中均融入至少 4 学时的创新创业教育内容。例如，在"林木种苗生产技术"课程讲授中补充了市场热销苗木的培育方法、销售途径和苗木质量评价方法等，有利于学生毕业后，承揽绿化工程或从事苗木营销工作(附表 4-14)。

附表 4-14　创新创业教育融入专业课程一览表

序号	创新创业教育内容	专业课程名称	学时/总学时
1	Arcgis 使用，利用 Arcgis 制作三维地形图	三维地形图制作与应用创新创业教育	33/33
2	市场热销苗木的培育方法、销售途径和苗木质量评价方法	林木种苗生产技术	6/84
3	市场热销经济林品种的栽培方法、销售途径和质量评价方法	经济林栽培	6/68
4	市场热销林地经济植物栽培方法、销售途径和质量评价方法	林地经济植物栽培	6/108
5	对用材林林木资产进行评定估算	森林资源评估	6/44
6	市场需求量大的食用菌品种栽培技术	食用菌栽培技术	20/33
7	森林资源资产评估外业调查	森林调查技术	4/87
8	林业法律咨询	林业法规与执法实务	4/45
9	生态环境质量评价咨询与服务	生态环境质量评价	4/40
10	林地资源数字化档案建立	地理信息系统	4/60
11	森林病虫害技术咨询与服务	森林病虫害防治技术	4/87
12	林地经营与管理	森林经营	4/78
13	林业生态工程技术咨询与服务	林业生态工程技术	4/40

十、附件

(一)职业岗位分析

1. 林业技术专业面向的职业岗位群

林业技术专业毕业生主要面向林业企事业单位的各级森林资源管理、森

林资源监测、林业规划设计、森林培育、林木种苗生产、森林保护以及林业
行政管理部门，同时也面向个体林主，培养技术和管理人员。主要岗位包括
林业生产操作人员、林业生产技术人员、森林保护技术人员、森林资源调查
与监测技术人员、自然保护区管理技术人员、营造林工程监理员、林业规划
设计人员、林业生产技术主管(附图 4-1)。

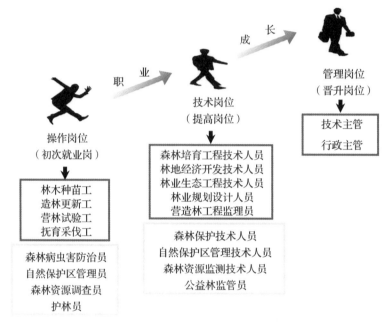

附图 4-1　林业技术专业岗位分析图

2. 林业技术专业岗位能力分析(附表 4-15)

附表 4-15　林业技术专业职业岗位职责和职业能力分析表

序号	岗位	对接单位	岗位职责	典型工作任务	岗位能力
1	林木种苗工	苗圃、林木良种基地、林业种苗站、林场	①辽宁主要造林树种的种子采集与调制 ②辽宁主要造林树种苗木培育 ③母树林、种子园、采穗圃的管理 ④林木种苗生产的组织及管理	①辽宁地区主要造林树种种子的生产与管理 ②林木良种基地经营管理 ③辽宁地区主要造林树种苗木培育与管理 ④苗圃规划设计	①能够生产辽宁地区主要造林树种的种子 ②能够培育出辽宁地区主要造林树种的苗木 ③能够开展林木良种生产基地的常规管理 ④能够进行林木种苗生产的组织与管理 ⑤能够独立完成苗圃的规划设计方案的制订

（续）

序号	岗位	对接单位	岗位职责	典型工作任务	岗位能力
2	造林更新工	林业局、林场、林业工作站、森林公园、森林经营所、自然保护区、森林经营企业、个体林主	①协助技术员进行林木引种驯化工作②负责造林苗木的选用工作③负责组织造林施工作业④负责造林技术的应用与推广工作⑤负责造林技术档案建立工作	①造林地调查②造林施工③幼林抚育	①能够按照设计的需要进行造林地调查②能够进行造林施工作业③能够组织实施造林施工设计方案④能够根据造林技术规程进行造林检查验收
3	抚育采伐工	林场、森林经营企业、个体林主	①负责森林抚育采伐作业的准备和安全防范工作②负责森林抚育采伐、林木修枝和低产林改造的施工工作③协助技术人员完成标准地选设工作④协助技术人员进行立地因子和林分因子的调查工作	①林木分级并确定采伐木②森林抚育采伐作业③林分改造作业④人工修枝	①能根据森林经营技术标准进行林木分级，并确定采伐木②能按照森林抚育采伐操作规程进行采伐作业③能够进行林分改造作业④能正确使用和维护抚育采伐机械
4	营林试验工	林场、森林经营企业、林业局、林业工作站、林业科研院所、自然保护区、森林公园、林木良种繁育基地	①负责标准地的选设与调查工作②负责平面测量工作③负责森林土壤调查和森林立地类型划分工作④协助技术人员做好林业科学试验工作	①林地平面测量②森林土壤调查③林分标准地调查④森林立地类型划分⑤试验数据的采集与整理	①能根据试验的要求进行试验数据的采集、统计与初步分析②能正确使用和维护营林试验仪器设备
5	森林病虫害防治员	森林病虫害防治检疫站、林场、林业工作站、苗圃、森林公园、自然保护区、植物医院	①负责森林病虫害监测工作②负责森林病虫害防治工作③负责森林病虫害防治药品和设备的保管和维护	①森林病虫害测报②森林病虫害防治③森林病虫害标本采集与制作	①能识别辽宁地区常见森林病虫害②能进行标准地病情、虫情调查③能够进行森林病虫害防治作业④能够进行森林病虫害标本采集与制作⑤能正确使用和维护常用森林病虫害防治器械⑥能够制订森林病虫害防治实施方案

（续）

序号	岗位	对接单位	岗位职责	典型工作任务	岗位能力
6	自然保护区管理员	自然保护区、森林公园	①负责自然保护区野生动、植物资源监测工作 ②负责自然保护区环境与资源保护工作 ③负责自然保护区资源档案管理工作	①自然保护区动、植物资源监测 ②自然保护区野外巡护 ③自然保护区火情监测 ④自然保护区病虫害监测与防治	①能根据技术标准进行自然保护区动、植物资源调查 ②能够制订自然保护区病虫害防治实施方案并组织实施 ③能够准确判断林火发生的地点和种类 ④能够正确使用地形图
7	森林资源调查员	林业规划设计院、林业局、林业调查设计队、林场、林业工作站	①负责森林区划工作 ②负责实施森林资源调查工作	①森林分类 ②森林区划 ③森林资源一类调查 ④森林资源二类调查 ⑤森林资源调查数据汇总统计	①能够进行亚林种、公益林、商品林确定 ②能够进行林班、小班的区划 ③能够进行样地确定、样地复位和样地调查 ④能够进行林业生产条件调查、小班调查、专业调查和多资源调查 ⑤能够利用软件进行数据输入、逻辑检查、统计
8	护林员	林场、林业工作站、自然保护区	①负责辖区内的森林巡护工作 ②负责林区的火源管理并及时报告火情 ③负责辖区内森林病虫害的监测与除治工作 ④制止破坏森林资源的行为	①巡护森林 ②森林病虫害除治 ③森林火灾监测	①能够根据林业法律、法规对破坏森林资源的行为进行处罚 ②能识别和除治常见森林病虫害 ③具有森林火情监测能力 ④能够正确使用地形图 ⑤能够使用与维护常用药械和森林灭火工具
9	林地经济技术开发人员	林业局、林业工作站、林场、个体林场主、山野菜中草药生产基地、林产品公司、林副特产公司	①负责林地资源开发利用技术研发工作 ②负责林地资源开发利用技术指导，规划方案制订工作	①研究开发林下动植物的繁育技术 ②研究开发林下动植物产品的采收、贮藏及产地初加工技术 ③研究制订林地资源开发利用方案 ④制订林地资源开发与推广方案	①具有开发林下动植物产品繁育技术的能力 ②具有开发林下动植物产品的采收 ③具有开发林下动植物产品的采收、贮藏及产品初加工的能力 ④具有制订林地资源开发利用规划方案的能力 ⑤具有制订林地资源开发与推广方案的能力

（续）

序号	岗位	对接单位	岗位职责	典型工作任务	岗位能力
10	森林培育工程技术人员	林业局、林场、林业工作站、林木良种繁育基地、苗圃、林业科研院所、林业企业	①负责林木良种生产及苗木培育工作 ②负责森林营造与经营工作 ③负责森林培育技术的研究、推广与应用工作	①林木良种生产 ②苗木培育 ③森林营造 ④森林经营管理	①能够根据种苗生产技术规程进行种子生产和种苗繁育 ②能够进行造林与经营施工作业 ③能组织实施营造林工程检查验收 ④具备种苗、造林和经营生产的组织与管理能力 ⑤能编制林木良种基地规划设计方案、苗圃规划设计方案、造林施工设计方案、森林经营作业设计方案 ⑥能够研究、引进、推广森林培育的新技术、新方法
11	营造林工程监理员	林业局、林场、林业工作站、林业规划设计院、林业企业	①在监理工程师的指导下进行营造林工程的监督和管理，保证施工进度、施工质量以及工程成本的合理使用 ②负责营造林工程的安全管理与信息管理工作 ③负责协调营造林工程施工各方面的关系 ④负责营造林工程技术指导工作 ⑤协助营造林监理工程师完成完工验收工作	①营造林工程施工监督与管理 ②营造林工程项目验收 ③建立营造林工程监理档案	①具备造林施工的基本技能 ②能够根据项目合同、营造林工程技术标准进行工程进度、工程质量、工程投资监督与管理 ③能够对营造林项目进行检查和验收
12	公益林监管员	林业工作站、林场、自然保护区	①负责辖区内的森林巡护工作 ②负责林区的火源管理并及时报告火情 ③负责辖区内森林病虫害的监测与除治工作 ④制止破坏森林资源的行为 ⑤负责对辖区护林员进行监督、指导、培训、考核	①巡护森林 ②森林病虫害除治 ③森林火灾监测 ④对护林员进行监督与管理	①能够根据林业法律、法规对破坏森林资源的行为进行处罚 ②能识别和除治常见森林病虫害 ③具有森林火情监测能力 ④能够正确使用地形图 ⑤能够对护林员进行业务指导 ⑥能够使用与维护常用药械和森林灭火工具

（续）

序号	岗位	对接单位	岗位职责	典型工作任务	岗位能力
13	森林保护技术人员	森林病虫害防治检疫站、林场、苗圃、林业工作站、自然保护区、森林公园、森林防火中心	①负责辖区内森林火灾监测及预防工作②负责制订森林火灾扑救预案③协助组织森林火灾扑救及灾后调查工作④负责森林病虫鼠害监测与防治工作	①森林防火预防②森林火灾监测③森林火灾扑救④森林火灾灾后调查⑤森林病虫害监测⑥森林病虫害防治	①能够完成森林防火宣传②能够进行森林火灾监测③能指导森林火灾扑救④能进行森林火灾调查及灾后损失评估⑤能制订森林火灾扑救预案⑥能进行森林病虫害灾情监测⑦能制订森林病虫害防治实施方案并组织实施
14	自然保护区技术人员	自然保护区、森林公园	①负责组织实施自然保护区野生动植物资源调查工作②负责自然保护区环境与资源保护工作③负责自然保护区资源档案建立工作	①自然保护区动、植物资源调查②自然保护区病虫害防治③自然保护区环境调查与保护④自然保护区火灾防预⑤自然保护区防治⑥自然保护区资源档案建立	①能根据技术标准进行自然保护区动、植物资源调查②能够制订自然保护区病虫害防治实施方案并组织实施③能够准确判断林火发生的地点和种类④能够正确使用地形图⑤能够建立自然保护区资源档案⑥能掌握自然保护区环境的变化状况并提出保护建议
15	森林资源管理与监测技术员	林业规划设计院、林业局、林业调查设计队、林场、林业工作站	①负责森林区划工作②负责实施森林资源调查工作③负责对森林调查资源数据的分析处理工作④负责森林经营方案的编制工作⑤负责森林资源信息管理的工作	①森林分类②森林区划③森林资源一类调查④森林资源二类调查⑤森林资源调查数据统计与分析⑥绘制各种林业图面材料⑦森林资源规划设计⑧森林资源信息管理	①能够进行亚林种、公益林、商品林确定②能够进行林班、小班的区划③能够进行样地确定、样地复位和样地调查④能够进行林业生产条件调查、小班调查、专业调查和多资源调查⑤能够利用软件进行数据输入、逻辑检查、统计和分析⑥能够绘制各种林业图面材料⑦能够编制森林经营方案⑧能够利用森林资源管理软件进行信息管理

（续）

序号	岗位	对接单位	岗位职责	典型工作任务	岗位能力
16	林业生态工程技术人员	林场、林业工作站、自然保护区、林业规划设计院、林业局、林业生态工程施工与研发单位、环境监测单位	①负责对林业生态环境的监测工作 ②负责林业生态工程项目的设计、施工与管理工作	①林业生态环境调查 ②林业生态环境评价 ③林业生态工程项目设计 ④林业生态工程项目施工 ⑤林业生态工程项目监理	①能制订林业生态环境调查方案 ②能对林业生态环境的主要因子进行调查与统计 ③能根据调查结果对林业生态环境做出正确评价，并初步完成林业生态环境评估报告 ④能进行林业生态工程项目的设计、施工与管理

（二）课程体系构建

1. 课程方案开发思路

（1）构建适合专业特点的人才培养模式

遵循高等职业教育规律，结合专业特点，建立"校场共育、产学同步、教学做一体化"的人才培养模式，构建基于工作过程的项目课程体系，引入先进教学理念，实施项目教学，做到教学内容与岗位职能对接，教学项目与生产任务对接，教学环节与工作过程对接，教学效果与就业质量对接，实现教学目标能力化，实践教学全程化，课程体系项目化，教学环境职业化，教学手段多元化。

（2）构建基于生产过程的项目课程体系

根据林业技术岗位要求确定典型工作任务，根据林业技术专业对应岗位群的典型工作任务，确定职业能力，再根据能力的复杂程度和工作任务的难易程度，整合提炼出专业核心能力，根据专业核心能力确定专业核心课程，最后根据核心能力培养和核他课程学习的要求，确定基本能力课程、专项能力课程、综合能力课程以及其他起支撑作用的课程。

根据林业主要岗位要求，确定8项专业核心能力：种子生产能力、林木育苗能力、森林营造能力、森林经营能力、森林病虫害防预能力、森林资源调查与监测能力、林业生态工程管理能力、林业规划设计能力。

为贯彻落实学院提出的"三有三成"——有德成人、有技成才、有职成业的绿色人才培养宗旨，提升大学生创新创业能力，在各门专业课的教学中均融入至少4学时的创新创业教育内容，提升学生对专业技能的综合运用能力，实现教学与工作岗位的零对接。例如，在"林木种苗生产技术"课程讲授中补充了市场热销苗木的培育方法、销售途径和苗木质量评价方法等，有利于学生毕业后，承揽绿化工程或从事苗木营销工作；"森林经营技术"课程，在讲授经营作业设计时，补充作业设施即集材道、楞场、房舍等设施的建设规格、单价、投入支出概算等内容，为学生毕业后承揽林业工程打基础，拓展了学生就业和创业领域。

根据专业核心能力要求，确定5门优质核心课程：林木种苗生产技术、森林营造技术、森林经营技术、森林资源管理和森林病害防治技术（附图4-2）。

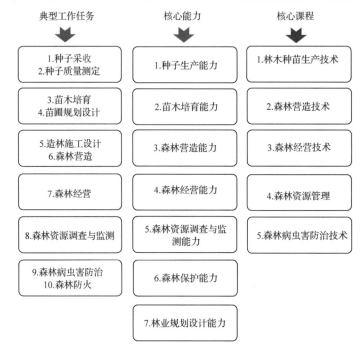

附图4-2 林业技术专业核心能力与核心课程分析

根据其他知识、能力和素质要求，确定素质教育课程、专业支撑课程、综合训练课程（附图4-3）。

（3）建立校企合作、产学结合、岗位育人的教学模式

同校内外实训基地等种苗生产企业进行深度合作，通过校企合作运行机制的建设，保障课程教学的正常进行，实现真正意义上的产学结合、产教结合、教学结合。

企业扮演双重角色：企业既作为生产经营的主体，为每个学生提供一个真实的职业岗位，同时也是实施课程教学的主体，企业同课程组专任教师一起，设计学习情境，组织教学、指导学生、评价学生表现。

学生扮演双重角色：学生作为教学过程的主体，其主要任务是学习知识，

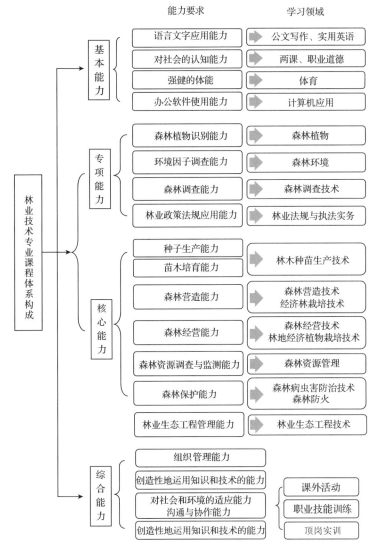

能力要求　　　　　学习领域

基本能力	语言文字应用能力	➡ 公文写作、实用英语
对社会的认知能力	➡ 两课、职业道德
强健的体能	➡ 体育
办公软件使用能力	➡ 计算机应用

专项能力
- 森林植物识别能力 ➡ 森林植物
- 环境因子调查能力 ➡ 森林环境
- 森林调查能力 ➡ 森林调查技术
- 林业政策法规应用能力 ➡ 林业法规与执法实务

核心能力
- 种子生产能力 / 苗木培育能力 ➡ 林木种苗生产技术
- 森林营造能力 ➡ 森林营造技术 经济林栽培技术
- 森林经营能力 ➡ 森林经营技术 林地经济植物栽培技术
- 森林资源调查与监测能力 ➡ 森林资源管理
- 森林保护能力 ➡ 森林病虫害防治技术 森林防火
- 林业生态工程管理能力 ➡ 林业生态工程技术

综合能力
- 组织管理能力
- 创造性地运用知识和技术的能力
- 对社会和环境的适应能力 沟通与协作能力
- 创造性地运用知识和技术的能力
  ➡ 课外活动
  ➡ 职业技能训练
  ➡ 顶岗实训

林业技术专业课程体系构成

附图 4-3　林业技术专业课程体系构建图

培养技能，提高素质，同时也是企业的员工，承担着一定的生产任务或管理任务，并接受企业监督和检查。岗位—工作—生产—学习—教学五位一体，有机结合，边学边做，达到岗位育人的目的。

教师扮演双重角色：既是教师，又是工程师，在指导学生完成教学任务的同时，还协助学生完成生产任务和工作任务。同企业技术人员一起按照林业生产技术标准，检查验收学生完成生产任务的情况，并根据履行岗位职责的情况、平时表现、道德品质、敬业精神等对学生进行综合评价。

2. 技能训练体系的构建

（1）技能训练项目设计

林业技术专业技能训练项目设计见附表 4-16 所示。

附表 4-16　林业技术专业三年制技能训练计划表

类别	学习领域号	学习领域名称	技能训练项目名称	学时数	学期	备注
基本能力	1	体能训练	体能训练	48	1	
	2	计算机应用	计算机应用训练	60	1	
专业能力	3	森林植物	森林植物识别	60	2	
	4	森林环境	森林环境因子调查	30	2	
	5	森林调查技术	森林测量技术	30	2	
			森林测树技术	30	2	
	6	林木种苗生产技术	林木种实识别	28	2	核心技能
			种子采收及调制	28	2	
			育苗作业	28	2	
	7	森林营造技术	造林施工设计	57	3	核心技能
			造林施工	30	3	
	8	森林经营技术	抚育采伐设计	27	3	核心技能
			森林主伐设计	30	3	
			森林采伐作业	30	3	
	9	地理信息系统	地理信息系统软件应用	54	3	
	10	林地经济植物栽培	食用菌栽培技术	28	4	
			中草药栽培	45	4	
			山野菜栽培	45	4	
	11	森林资源管理	森林资源调查	54	4	核心技能
			森林经营方案编制	32	4	
			森林资源管理软件使用	32	4	
	12	森林防火	森林防火的预防	20	4	
			林火监测与林火通讯	10	4	
			森林火灾扑救	20	4	
			灾后调查	10	4	
	13	森林病虫害防治技术	森林病虫害调查	28	4	核心技能
			森林病虫害防治	60	4	
综合能力	14	跟岗实习		360	5	
	15	顶岗实习		280	6	
	16	毕业设计与答辩		100	6	
合计				1694		

（2）技能训练基地的构建

建立技能训练基地，校内实训基地包括辽宁林业职业技术学院实验林场、林盛教学基地、林业技术实训中心、其他实训室等；校外实训基地包括辽宁省实验林场、辽宁省生态实验林场、新民机械化林场、丹东市五道沟林场、辽宁省林业厅种苗繁育中心等。这些校内外实训基地，能够保证技能训练正常进行，并实现学校与企业相结合，教学与生产、科研相结合，理论与实验、实践相结合，能力与知识、素质相结合。

（本方案由林学院提供，由李晓黎、李　冬、张　辉、王承禄编制）

2017 级园林技术专业三年制人才培养方案

专业编码：510202

一、专业培养目标

本专业旨在通过对学生的专业培养，使学生成为具有吃苦耐劳、善于沟通、团结协作、严谨踏实的高级技术技能人才；掌握园林植物、园林病虫害识别、园林制图与识图等专业基础知识，具备园林植物养护、园林苗木生产、园林设计、园林施工与园林工程预算等专业技术能力；能够从事园林苗圃技术指导、绿化植物养护、园林景观设计、园林工程施工现场指导、内业管理等工作；成为德、智、体、美全面发展，知识结构合理、实践能力强、勇于创新、个性突出、具有市场竞争力的高级技术技能人才；在未来工作中可晋升为园林苗圃技术主任、园林景观设计部经理、园林工程项目经理、绿化养护公司经理。

二、学制及招生对象

三年制，招收应届高中毕业生。

三、毕业标准（附表 4-17）

附表 4-17　园林技术专业毕业要求表

序号	毕业要求的几项指标	具 体 内 容
1	学分要求	所修课程的成绩合格，应修满 154 学分，劳育课 2 学分，总计应修满 156 学分
2	职业资格证书要求	须获得中级园林绿化工或花卉园艺工职业资格证书至少 1 个。
3	符合学院学生学籍管理规定中的相关要求	

四、专业人才培养规格

园林技术专业毕业生应具备的专业知识、专业能力和专业核心能力、基本素质等见附表4-18至附表4-20。

附表4-18 园林技术专业知识结构

一级知识名称	二级知识名称	三级知识名称	备注
基本知识	体育锻炼基本知识	篮球、羽毛球、武术、乒乓球	
	政治理论基本知识	道德修养与法律基础、毛泽东思想和中国特色社会主义理论体系概论	
	英语基本知识	苗木生产、园林景观设计、园林工程施工常用英语	
	计算机应用基本知识	Word文档、Excel电子表格的编制	
专业基础知识	植物生长因子分析基本知识	土壤肥料、环境因子、植物解剖基本知识	
	园林植物病虫害识别基本知识	食叶害虫、蛀干害虫、刺吸害虫、地下害虫的基本知识	
专业知识	园林苗木生产基本知识	园林植物形态识别及植物生长习性的知识 园林植物细胞、组织、土壤、肥料、水分、光照、植物生长周期，除草剂及植物生长调节剂的知识 园林苗木种子萌发，播种育苗、扦插育苗、嫁接育苗，苗木生长发育规律，苗木移植、运输及苗木养护管理的知识 能利用植物制作几何、形象造型 园林植物病害、虫害形态识别的知识	
	园林景观设计基本知识	园林工程测量、测绘的知识 园林景观设计制图、构图、色彩设计的基本原理 园林景观CAD绘图、3D建模、PS后期处理Photoshop效果图制作，手绘表现的知识	
	园林工程施工基本知识	园林工程定额预算、清单计价的知识 园林工程档案管理的知识 园林工程施工技术标准规范 园林工程养护的知识	
综合素质知识	写作知识	合同的编制；计划、方案的编写 办公文档的撰写	
	社会学知识	集体荣誉和社会责任感	
	人际关系学知识	人际交往、协作、沟通组织能力	
	身心健康知识	大学生入学调试、学生学习方法调试、自我调试解压方法	

附表 4-19 园林技术专业能力结构

一级能力名称		二级能力名称	备注
基础能力		体育锻炼方面的技能	
		英文的阅读及翻译能力	
		计算机操作及专业软件应用能力	
职业能力	单项职业能力	能识别园林苗木 100 种(其中 30 ~ 50 种能认识冬态),能识别常见苗木种子 20 种,能识别常见花卉 30 种;能识别常见病虫害 60 种	
		根据植物生长的状况对生长环境因子和植物本身生长特性进行综合分析,确定影响生长的主要因子	
		能进行中、小型苗圃的圃地的区划,制订苗圃年度生产计划和预算	
		能熟练利用播种、扦插、嫁接、移植等技术繁殖苗木、培育大苗	
		能根据苗木生长状况制定合理的养护管理措施并能组织实施	
		能利用植物制作几何、形象造型	
		能熟练使用水准仪、经纬仪、全站仪进行现场测绘	
		能熟练完成设计方案文本编制及方案汇报(讲解)	
		能使用 Photoshop、3ds MAX 进行效果图制作,并能用手绘技法绘制局部景观效果图	
		能够控制施工工期,进行质量监督,解决施工现场的技术及管理问题	
		能进行园林工程分部分项工程的施工	
		能对工程栽植及园林绿地的植物制定合理的养护管理措施,并能组织实施	
		能编制项目预、决算书并进行招投标	
	核心职业能力	能制定苗圃年度生产计划和预算;能熟练利用播种、扦插、嫁接、移植等技术繁殖苗木、培育大苗	
		能熟练完成设计方案文本编制及方案汇报(讲解);能使用 Photoshop、3ds MAX 进行效果图制作,并能用手绘技法绘制局部景观效果图	
		能够控制施工工期,进行质量监督,解决施工现场的技术及管理问题。能进行园林工程分部分项工程的施工。能对工程栽植及园林绿地的植物制定合理的养护管理措施,并能组织实施	
	综合职业能力	知识综合运用能力	
		技术创新能力	
		职业资格证书考核能力	
		项目开发能力	
		协调、沟通和协作能力	
		可持续发展能力	

附表 4-20　园林技术专业素质结构

一级素质名称	二级素质名称	备注
思想道德素质	政治与政策的认识	
	社会责任感	
	言行的自我约束与自觉规范	
	职业道德	
身心素质	身体健康状况	
	心理调适力	
	情绪情感控制	
文化素质	知识行为意识	
	法律意识	
	语言规范表达	
职业素质	熟知专业理论	
	掌握专业特长技能	
	了解市场行情	
创业素质	创业意识	
	自我意识与主动精神	
	参与和实干精神	

五、总学程与学分计划（附表 4-21）

全学程 150 周，其中寒暑假 37 周，考试 4 周，军训 2 周，劳育课 1 周，生态文明 1 周，"十一"放假 3 周，教学周共 102 周。

学时计划：教学周中，跟岗实习 18 周，顶岗实习 14 周，毕业设计与答辩 5 周，其周学时按 20 学时计算；教学实习周按 28 学时计算；总学时 2587 学时。

学分计划：跟岗实习、顶岗实习、毕业设计与答辩每周 1 学分；认知实习每周 2 学分；大学生健康讲座（16 学时）1 学分；形势与政策教育（16 学时）1 学分，国防教育 4 学分，劳育课 2 学分，职业资格证书 5 学分，其余基础能力必修课程学分按 16 学时计 1 学分，专业核心课程学分统计按 14 学时计 1 学分，选修课程学分按 18 学时计 1 学分计算。

学生修满 156 学分方可毕业，学分由课内学分与课外学分两部分组成，其中课内学分分为必修课程学分、选修课程学分及劳育课学分。课外学分包括创新创业学分、综合素质学分及互认学分。

附表 4-21　2017 级园林技术专业三年制总学程时间表

<table>
<tr><td rowspan="2"></td><td rowspan="2">序号</td><td rowspan="2">内容</td><td rowspan="2">周数</td><td colspan="3">第一学年</td><td colspan="3">第二学年</td><td colspan="3">第三学年</td></tr>
<tr><td>一</td><td>二</td><td>暑假</td><td>三</td><td>四</td><td>暑假</td><td>五</td><td>寒假</td><td>六</td></tr>
<tr><td rowspan="16">周数安排</td><td>1</td><td>理论教学</td><td rowspan="2">102</td><td rowspan="2">14</td><td rowspan="2">17</td><td rowspan="2"></td><td rowspan="2">16</td><td rowspan="2">19</td><td rowspan="2"></td><td rowspan="2">17</td><td rowspan="2"></td><td rowspan="2">19</td></tr>
<tr><td>2</td><td>实践教学</td></tr>
<tr><td>3</td><td>"十一"放假</td><td>3</td><td>1</td><td></td><td></td><td>1</td><td></td><td></td><td>1</td><td></td><td></td></tr>
<tr><td>4</td><td>军训</td><td>2</td><td>2</td><td></td><td></td><td></td><td></td><td></td><td></td><td></td><td></td></tr>
<tr><td>5</td><td>劳育课</td><td>1</td><td></td><td></td><td></td><td>1</td><td></td><td></td><td></td><td></td><td></td></tr>
<tr><td>6</td><td>生态文明</td><td>1</td><td></td><td>1</td><td></td><td></td><td></td><td></td><td></td><td></td><td></td></tr>
<tr><td>7</td><td>考试</td><td>4</td><td>1</td><td>1</td><td></td><td>1</td><td>1</td><td></td><td></td><td></td><td></td></tr>
<tr><td>8</td><td>寒暑假</td><td>37</td><td>9</td><td>6</td><td></td><td>8</td><td>6</td><td></td><td>8</td><td></td><td></td></tr>
<tr><td>9</td><td>总计</td><td>150</td><td>27</td><td colspan="2">25</td><td>27</td><td colspan="2">26</td><td colspan="2">26</td><td>19</td></tr>
</table>

六、课程设置

本专业开设了 41 门课程，其中，基础能力学习领域 12 门，单项职业技能学习领域 13 门(核心课程 3 门)，综合职业能力学习领域 4 门，拓展学习领域 12 门，所有课程的学分、学时、理论及实训安排详见园林技术专业三年制教学计划表(附表 4-22、附表 4-23)。

附表 4-22　园林技术专业三年制教学学时统计表

课程类别	学分	总学时	讲课学时	实训学时	占总学时比率(%)
基础能力学习领域	27	490	270	220	19
单项职业技能学习领域	76	1197	427	770	46
综合职业能力学习领域	41	720		720	28
拓展学习领域	10	180	180		7
合计	154	2587	877	1710	100
理论教学时数:实践教学时数			3.4:6.6		

附表 4-23 2017 级园林技术专业三年制教学计划表

类别	序号	学习领域 课程名称	学分	周数 总学时数	理论教学时数	实践教学时数	第一学年 I (11/5)	第一学年 II (12/6)	暑假	第二学年 III (11/5)	第二学年 IV (8/11)	暑假	第三学年 V (17)	寒假	第三学年 VI (19)
基础能力学习领域	1	毛泽东思想和中国特色社会主义理论体系概论	4	64	56	8		6							
	2	思想道德修养与法律基础	3	48	40	8	5								
	3	英语	1	22	22		2								
	4	计算机应用基础	3.5	60	24	36		5̲							
	5	体育	3	46	8	38	2	2							
	6	大学生心理健康	1	22	22		2								
	7	职业生涯规划与就业指导	2	38	22	16	4	2			安排 12 学时				
	8	大学生健康讲座	1	16		16	16								
	9	国防教育	4	96	36	60	[2] 18	18							
	10	形势与政策	1	16	16		8	8							
	11	生态文明教育	2	30	8	22		[1]							
	12	创新创业教育	2	32	16	16	16	16							
		小计	27	490	270	220	11	15							

（续）

类别	序号	学习领域 课程名称	学分	周数 总学时	理论教学时数	实践教学时数	第一学年 I 11/5	第一学年 II 12/6	第一学年 暑假	第二学年 III 11/5	第二学年 IV 8/11	第二学年 暑假	第三学年 V 17	第三学年 寒假	第三学年 VI 19
	1	植物生长因子分析	4	66	47	19	6								
	2	园林工程制图与识图	5	83	30	53	5[1]								
	3	园林植物	8.5	140	92	48	[2]	[3]							
	4	园林植物病虫害识别	2	36	20	16		2							
	5	园林工程测量	5.5	92	30	62		3[2]							
单项职业技能学习领域	6	园林工程预算与招投标	5	84	24	60				[3]					
	7	*园林苗木生产	7.5	106	28	78		，		2	[3]				
	8	*园林景观设计	7.5	109	20	89				7	4				
	9	效果图表现	10.5	168	60	108				8	10				
	10	*园林工程施工	10	140	60	80				[2]	[3]				
	11	园林植物养护	4	61	12	49				3	[1]				
	12	园林植物造型技艺	1.5	28	4	24					[1]				
	13	岗位技能培养	5	84		84					[3]				
		小计	76	1197	427	770	11	5		20	14				

（续）

类别	序号	学习领域 课程名称	学分	周数 总学时	理论教学学时数	实践教学学时数	周学时数 第一学年 I (11/5)	II (12/6)	暑假	第二学年 III (11/5)	IV (8/11)	暑假	第三学年 V (17)	寒假	VI (19)
综合职业能力学习领域	1	园林绿化工技能鉴定 花卉园艺工技能鉴定	5												
	2	跟岗实习	17	340		340							[17]		
	3	顶岗实习	14	280		280									[19]
	4	毕业设计与答辩	5	100		100					✓				
		小计	41	720		720									
		合计	144	2407	697	1710	22	20		20	14				
拓展学习领域	1	公文写作	2	32	32		32								
	2	园林欣赏	1	22	22		2								
	3	大学生艺术鉴赏	4	64	64		32	32							
	4	中国近现代史纲要	2	32	32			32							
	5	园林工程硬质材料识别与应用	1	24	24			2							
	6	园林艺术原理	1	24	24			2							
	7	英语 B、A、四级	1	24	24			2							
	8	中国音乐简史	2	32	32					32					
	9	积极心理学	2	32	32					32					
	10	计辅（Sketch Up）	2	44	44					4					

（续）

| 类别 | 序号 | 学习领域 课程名称 | 学分 | 周数 ||| 第一学年 周学时数 ||| 第二学年 ||| 第三学年 |||
				总学时	理论教学学时数	实践教学学时数	I	II	暑假	III	IV	暑假	V	暑假	VI
拓展学习领域	11	园林微电商创新创业教育	1	24	24		11/5	12/6		11/5	8/11		17	寒假	19
	12	园林施工组织管理	1	24	24						3				
											3				
		小计	20	378	378										
		总计		154											

课外学分 课外学分认定依据辽宁林业职业技术学院《学分制管理制度》规定执行

拓展学习领域课程至少达到10学分

注：（1）考试课采用下划线标出；核心课在课名前加"＊"号；集中授课用"[周数]"标注。
（2）校内实训学时含现场教学学时数。
（3）"职业生涯规划与就业指导"理论讲授22学时即可，其他16学时可以讲座、招聘会、大赛等形式进行。
（4）"国防教育"安排2周，14天进行训练，军事理论内容为36学时，采用线上线下、校内校外相结合的方式进行，其中理论教学8学时，专家讲座4学时，学生在线学习12学时及社会调查12学时。
（5）"生态文明教育"有10学时，采用线上线下、校内校外相结合的方式进行。
（6）园林绿化工技能鉴定在"园林植物""园林工程施工"课程里实施，花卉园艺工技能鉴定在"园林植物""园林苗木生产"课程里实施。

七、专业核心课程描述(附表 4-24 至附表 4-26)

附表 4-24 "园林工程施工"核心课程主要内容

课程名称	园林工程施工		
实施学期	第 3、4 学期	总学时	140 学时
教学目标	1. 知识目标 (1)掌握园林工程施工图识图方法 (2)熟悉开工报告和施工组织设计的编制方法 (3)掌握园林工程分部分项工程(土方工程、给排水工程、供电工程、水景工程、建筑小品工程、栽植工程)的施工方法 (4)掌握竣工档案的编制方法 2. 技能目标 (1)能根据《总图制图标准》GB/T 50103—2001、《建筑制图标准》GB/T 50104—2001、《建筑结构制图标准》GB/T 50105—2001 识读施工图纸 (2)能根据辽宁省建设工程施工阶段现场用表规范,结合园林工程施工合同及施工图编制工程施工开工报告和施工组织设计 (3)能根据园林工程施工技术标准规范,指导组织和实际参与园林工程分部分项工程施工(土方工程、给排水工程、供电工程、水景工程、建筑小品工程、栽植工程) (4)能根据企业通用标准,结合施工资料编制竣工档案 (5)能根据竣工现场的实际施工情况绘制竣工图 3. 素质目标 (1)通过在艰苦条件下的长时间工作,培养学生不怕脏、不怕累、能吃苦的工作作风 (2)通过与组员共同完成任务,培养与人沟通、协作、组织能力 (3)通过施工方案的编制与实施,培养学生自主学习能力和创新意识 (4)通过分组工作、组间评价,提高学生竞争意识 (5)通过园林工程施工规范的技术规程、严格的职业标准强化学生的职业道德,培养诚实守信的职业精神		
教学内容	组建工程项目部、技术准备、土方工程施工、给排水工程施工、水景工程施工、园路工程施工、园林建筑小品工程施工、种植工程施工、园林工程竣工验收		
教学重点与难点	教学重点:施工图纸的识读,土方工程、给排水工程、水景工程、园路工程、园林建筑小品工程、栽植工程的施工方法 教学难点:土方工程、给排水工程、水景工程、园路工程、园林建筑小品工程的施工方法		
教学组织	1. 分组学习、信息收集整理、制订计划 2. 确定实施方案 3. 方案实施 4. 成果展示及检测实施效果 5. 各组之间相互评价		
教学手段和方法	利用相关工程文件(合同、标书、施工图册、质量评定标准等),结合课程内容进行模拟教学,创造真实的施工情境		

（续）

课程名称	园林工程施工
教学资料	相关文件报表 施工图 行业标准及施工规范 工程机械及工程材料 幻灯片、录像
考核要求	分为过程考核和结果考核两个部分。 过程考核：以现场操作的方式来考核学生的实践技能 1. 施工图分析报告 2. 定点放线 3. 块料、碎料路面施工 4. 花坛施工 5. 种植施工 结果考核：以试卷的方式来考核学生的理论知识

附表 4-25　"园林景观设计"核心课程主要内容

课程名称	园林景观设计		
实施学期	第 3、4 学期	总学时	109 学时
教学目标	1. 知识目标 (1) 了解园林园林景观设计(包括道路、广场、学校、居住区)的设计程序和规范 (2) 掌握园林园林景观(包括道路、广场、学校、居住区)方案设计、种植放线图、景观小品施工图绘制的方法 (3) 掌握园林园林景观(包括道路、广场、学校、居住区)设计文本编制和方案汇报 (4) 掌握色彩构成和平面构图的理论知识 2. 技能目标 (1) 能根据城市道路景观设计规范和现地情况进行城市道路景观方案设计和施工图绘制 (2) 能根据城市广场景观设计规范和现地情况进行城市道路景观方案设计和施工图绘制 (3) 能根据城市学校景观设计规范和现地情况进行城市道路景观方案设计和施工图绘制 (4) 能根据居住区道路景观设计规范和现地情况进行城市道路景观方案设计和施工图绘制 (5) 能根据设计方案进行设计文本编制和方案汇报(赋予理念) 3. 素质目标 主要是通过该课程的学习，在教学过程中结合各种园林景观设计进行案例教学，激起学生学习兴趣，培养学生在工作中具有： (1) 通过小猪合作培养与人沟通和团队精神 (2) 通过设计方案汇报培养表达能力和社会协调能力 (3) 通过设计任务书(学材)和并行项目的学习，培养自我学习能力		

（续）

课程名称	园林景观设计
教学目标	（4）通过设计设计方案差异性的点评，培养创新思维能力 （5）通过设计方案推敲、细致构思，培养工作耐力和美感 （6）通过园林园林景观设计规范的技术规程、严格的职业标准强化学生的职业道德，培养诚实守信的职业精神
教学内容	阅读设计套图，组建项目部，园林要素辨别，景观道路绿地方案设计、施工图绘制，学校建筑内庭方案设计，施工图绘制和文本编制，居住小区绿地设计、施工图绘制和文本编制
教学重点 与难点	教学重点：掌握各园林要素的种类和设计要点，掌握园林规划设计的基本程序，掌握各类城市绿地的设计、施工图绘制和文本编制方法 教学难点：园林规划设计程序，各类园林绿地的设计
教学组织	布置分析工作任务、任务实施、展示成果、学生互评、教师点评、教师总结、布置下次工作任务
教学手段和方法	现场教学、经典案例、真实项目载体、小组讨论、电脑绘图，学生汇报
教学资料	相关各类设计规范 优秀设计案例 各类绿地设计文本套图
考核要求	实行期末考核与过程考核结合 过程考核占总成绩的60%，在平时课程中完成主要包括： 1. 岗位素质 2. 道路绿地方案和施工图设计 3. 学习建筑内庭方案和施工图设计 4. 居住小区方案和施工图设计 期末考核占总成绩的40%。由教务处组织考核

附表4-26 "园林苗木生产"核心课程主要内容

课程名称	园林苗木生产		
实施学期	第3、4学期	总学时	106学时
教学目标	1. 知识目标 （1）掌握园林植物播种、扦插、嫁接、分株繁殖的基本方法 （2）了解园林植物苗木生长发育规律，掌握园林植物浇水、施肥、整形修剪方法 （3）掌握常见苗木病虫害的防治方法 （4）掌握苗木出圃的规程 （5）掌握苗圃建立及区划的原则，熟悉苗圃档案建立的方法 （6）掌握苗木生产作业方案制定的程序及内容 2. 技能目标 （1）根据生产的需要及园林植物本身的生长习性利用播种、扦插、嫁接、分生等繁殖技术繁殖各种园林植物 （2）根据生产的需要及园林植物本身的生长习性采取正确的养护措施培育大苗，达到出圃的要求 （3）能认识苗圃地常见苗木的病虫害30种，并能根据防治方案进行有效防治		

（续）

课程名称	园林苗木生产
教学目标	（4）能根据城市绿化条例、标准和施工单位的使用要求，制定苗木出圃方案，并组织实施 （5）能对苗圃进行生产作业区划 （6）能编制苗圃生产作业方案 3. 素质目标 （1）通过实际园林苗圃的教学实践，培养学生不怕苦、不怕累、不怕脏的品质 （2）通过大量的园林苗木生产作业，锻炼学生适应工作的体能 （3）通过分组合作、按组考核，培养学生团队意识、合作能力，协调沟通能力、社会适应能力 （4）通过各种生产作业方案的设计培养学生独立获取知识、信息处理、组织管理及创新能力 （5）通过各种生产作业方案的实施锻炼学生分析、解决本专业生产问题的能力 （6）通过苗木生产规范技术规程、严格的职业标准强化学生的职业道德，培养诚实守信的职业精神
教学内容	园林苗圃的建立、园林植物播种育苗、园林植物扦插育苗、园林植物嫁接育苗、园林植物分株育苗、园林植物压条育苗、大苗培育、苗木出圃
教学重点与难点	教学重点：了解园林苗圃建立的条件；掌握苗圃建立过程；掌握园林植物繁殖方法、操作流程及繁殖后管理 教学难点：掌握大苗培育及苗木出圃的过程、程序及出圃的规格要求
教学组织	布置工作任务、任务实施、展示成果、学生互评、教师点评、教师总结、布置下次工作任务
教学手段和方法	讨论、练习、演讲、小组讨论、现场教学、动手操作、典型案例
教学资料	辽宁省绿化标准 沈阳市园林绿化养护标准 沈阳市城市绿化条例
考核要求	实行期末考核与过程考核结合。 过程考核占总成绩的60%，在平时课程中完成主要包括： 1. 岗位素质 2. 劈接、切接 3. 嫩枝扦插 4. 病虫害防治 5. 扦插成活率 6. 播种成活率 期末考核占总成绩的40%。由教务处组织考核

八、成绩考核

本计划所列各门课程，理论教学和技能训练内容，均要进行成绩考核。各课程均应制定"课程标准"，明确考核办法与考核标准。

理论课、实践课考核，按现行的《考务工作细则》执行。

　　"教、学、做"一体化课程实行期末考核与过程考核结合的办法进行成绩考核。过程考核可采用技能考核方式如实际操作、作品、论文答辩、实习报告、调查报告、总结等进行考核，占总成绩的60%。由教研室组织考核，在"课程标准"中应制定具体考核标准；期末考核采用笔试的方法进行期末考试，占总成绩的40%，由教务处组织考核(附表4-27)。

附表4-27　"教、学、做"一体化课程

课程名称	授课方式、地点	考核方式		
		过程考核比例(%)	过程考核时间	考核地点
园林苗木生产	集中与课堂教学结合、林盛	60	第三、四学期	林盛实训基地
园林景观设计	集中与课堂教学结合、校内	60	第三、四学期	园林景观设计中心
园林工程施工	集中与课堂教学结合、林盛	60	第三、四学期	林盛实训基地

　　核心课程成绩考核见附表4-28：

附表4-28　园林技术专业考核要求

序号	考评方式		考评实施	考核标准	备注
1	过程考评(项目考评)60%	10分	工作安全3分	无设备损坏或人身伤害3分 未遵守操作规范，但未造成人身伤害2分 有设备损坏或人身伤害0分	若违反操作规范3次以上或造成重大人身伤害的，总成绩记为0分
			工作纪律3分	上满全部课时，无缺席现象3分 缺课时数超过5% 2分 缺课时数超过10% 0分	缺课时数超过总学时的30%，总成绩记为0分
			合作能力4分	组能成员互相打分，取平均分	
		50分	项目26分	按学生独立完成项目的实际情况给予分数	
			实操24分	按学生实际操作情况给予分数	
2	期末考评(卷面考评)40%	40分	按照教考分离岗位素质原则，由学校教务处组织考评	各课程组编写试题库，建议题型不少于5种：填空题、单项原则题、判断题、名词解释、问答题、论述题	
总分				100	

九、人才培养方案编制说明

(一)方案编制依据

1. 根据职业岗位需求调研确定专业培养目标

在广泛调研社会需求的基础上确定人才培养目标。原则是既要兼顾专业培养目标的多样性，使学生毕业后在职业选择、职业进修方面富有弹性，为学生留有更大的选择空间和更多的选择机会，同时又要考虑学生直接上岗的能力。确定园林技术专业的培养目标是为园林企事业单位培养园林苗木花卉生产、园林景观设计与施工的生产和管理方面的高素质技能型人才。

2. 根据培养目标确定典型工作任务

通过对园林技术专业培养目标、人才培养规格要求和相关的职业标准分析，确定园林技术专业典型工作任务为园林苗木培育、园林景观设计和园林绿化工程施工3项。每个典型任务反映了对应的一个职业的工作内容和方式，是工作过程结构完整的综合性任务。

3. 根据典型工作任务确定课程体系

以岗位或岗位群的能力为核心构建项目课程体系。按工作的逻辑关系设计课程，充分发挥"促进学生的就业能力，促进学生的智力发展，促进学生的人格完善"这三大职业教育的功能。

4. 根据职业能力选择教学内容

围绕职业岗位群所需要的职业能力设计教学内容。教学内容与岗位任务一致。以项目为载体整合相应的知识、职能和态度，达到理论与实践的高度统一。

5. 以项目为载体设计教学活动和配置教学条件

在项目课程中根据每个项目的性质，设计教学载体和教学形式，把教室变为职业情境，把知识评价变为岗位要求评价。以真实的企业环境为标准，以公司运营模式为实习程序，再现真实的企业氛围，按照生产流程或生产环节实施教学，融教、学、做为一体，使学生在掌握专业技能的同时培养学生的职业素质。教师由传授知识型转变为专业技术指导型，达到双师素质。每个岗位或岗位群方向都要引进或聘请至少一名行业专家或能工巧匠参与建设与教学。

（二）编制人员组成

组　　　长：魏　岩

组　　　员：陈丽媛、付海英

企业人员：张玉忱

（三）方案特点

本着职业目标多级培养与专长培养结合；岗位需求的无缝对接与学生长远发展结合的原则。课程体系按岗位要求设计项目，构建项目课程体系，它是工学结合模式在本专业的应用与创新。全学程划分为3段，第1~4学期为素质培养和通用专业能力培养阶段，完成素质养成及园林苗木培育、园林景观设计、园林工程施工与管理 3 个典型工作任务的项目课程教学，培养学生的专项技能，增强岗位适应性；学生可根据兴趣和就业岗位自行选择某一岗位，在真实的生产或仿真环境下进行综合实训，强化学生的岗位针对性；第 5、6 学期是职业能力应用培养阶段，学生到企业顶岗学习，培养学生职业素质和能力，便于学生毕业后与就业岗位实现无缝对接。

园林植物生产季节性强，3 个典型任务都按项目课程模式实施教学，根据生产季节安排教学内容，学生在苗圃、施工现场、园林景观设计中心等职业情境中按工作过程的基本结构完成工作任务，融教、学、做为一体。

创新创业教育融于园林技术专业的 3 门核心课程，分别是园林苗木生产、园林工程施工、园林景观设计，每门课程都在园林企业的真实环境下，学生分组完成相关的行业任务。通过核心课程的培养，使学生掌握常规园林苗圃育苗技术，具备效果图制作能力和文本方案的编制能力，园林工程施工及园林植物绿地栽培养护等能力。在最后 3 周的岗位技能培养中，注重学生素质培养和职业辅导，了解最新行业发展趋势，学生学会沟通，合作，获得较高的工作能力。通过核心课程能力和岗位技能培养，将课堂讲授、企业技能教育来促进创新创业精神的培养（附表 4-29）。

附表 4-29　创新创业教育融入专业课程一览表

序号	创新创业教育内容	专业课程名称	学时/总学时
1	园林苗木生产技术方案制订	园林苗木生产	8/106
2	园林植物养护月历制定	园林植物养护	6/61
3	土方工程施工	园林工程施工	6/140
4	编织造型制作	园林植物造型技艺	6/28
5	绿地景观方案设计	园林景观设计	8/109
6	园林工程预算书编制	园林工程预算与招投标	8/84
7	大比例尺平面图测绘	园林工程测量	8/92
8	绿地景观效果图制作	效果图表现	8/168
9	园林苗木生产年生产计划制订	岗位技能培养	6/84

十、附件

（一）职业岗位分析

1. 行业工作流程

根据园林行业调研和园林系现状，按园林行业工作流程，确定园林技术

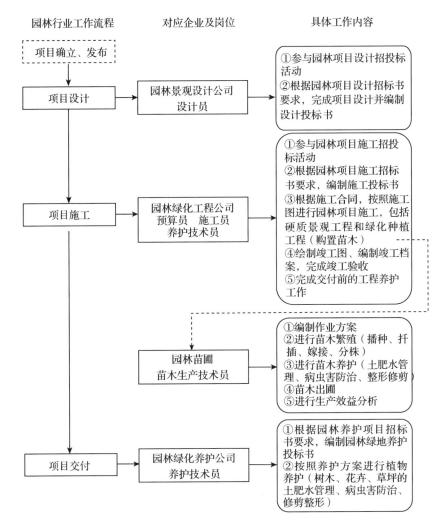

附图4-4　行业工作流程图

专业所面向的行业人员范围(附图4-4)。

2. 职业岗位分析

岗位调研及园林技术专业培养目标,园林技术专业对应的岗位如附图4-5所示。

(二)课程体系构建

1. 课程方案开发思路

本专业的人才培养主要以技术应用能力和基本素质培养为主线,使园林技术专业的学生具有较强的职业能力、多岗位的就业潜力及长远发展的职业储备。目前根据市场调研,园林技术专业对应的岗位群为 3 个,涵盖的岗位

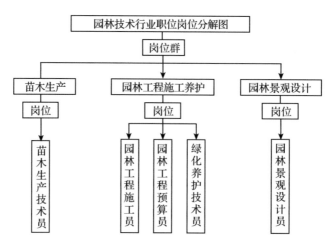

附图 4-5　园林技术专业职业岗位分解图

为 5 个，根据 3 个岗位群的工作任务调研，按工作过程划分 4 个项目，按能力递进的原则，结合季节安排项目实施。依据园林技术专业对应的岗位或岗位群的能力目标为核心构建项目课程体系，内容的选择依据岗位任务、教学内容与岗位任务相一致；3 个项目课程教学模式全部实现教、学、做一体化，分别在校内实训基地相应的实训场或设计中心完成。利用第五学期进行职业能力强化培养，学生可根据兴趣及需要选择 5 个岗位中的任何一个，按照工作的过程，在真实的工作环境中进行训练，同时强化职业素质培养，使得学生掌握能力与企业的需求相一致，实现岗位需求的无缝对接；在教学实施过程中强调教学与生产的协调一致，具体体现为：强调学生的培养是职业教育而不仅仅是技能教育；强调教室与实习地点一体；教学内容与工作任务一体；教学季节与生产季节一体；使学生在真实的企业氛围中承担"学生"与"员工"的双重身份。

人才培养分两个阶段（2＋1）：第一阶段对学生进行素质培养、苗木生产、园林景观设计、园林工程施工与管理 3 个项目的教学，同时开设专业拓展课程，对学有余力学生的职业发展进行必要的储备；学生可自主选择 5 个岗位中的任意一个岗位进行强化培养；第二阶段是职业能力应用培养阶段，在真实的企业环境中培养学生一线工作的能力。

2. 课程体系的设计

(1)教学项目的教学目标设计

第一学年，1～4 学期为素质培养和通用专业能力培养阶段，完成素质养成及园林苗木培育、园林景观设计、园林工程施工 3 个典型工作任务的项目课程教学，培养学生的专项技能，增强岗位适应性；学生可根据兴趣和就业岗位自行选择某一岗位，在真实的生产或仿真环境下进行综合实训，强化学生的岗位针对性；第 5～6 学期是职业能力应用培养阶段，学生到企业顶岗学习，培养学生职业素质和能力，便于学生毕业后与就业岗位实现无缝对接。

（2）教学项目与课程对接的设计

按照园林技术 3 个岗位群的实际，进行典型的工作任务分析，按工作过程构建 3 个项目，每个项目再划分为 4～5 个子项目，对应相应的课程，使项目内容与岗位任务相对接。

（3）技能训练体系的构建

①技能训练项目设计（附表 4-30）。

附表 4-30　园林技术专业技能训练计划

类别	序号	课程名称	技能训练项目名称	学时数	学期	备注
基础能力学习领域	1	体育	体育锻炼方面的技能	46	1、2	
	2	英语	英文的阅读及翻译能力	22	1	
	3	计算机应用基础	计算机操作及软件应用能力	60	2	
单项职业技能学习领域	1	园林植物	能识别园林苗木 100 种，常见苗木种子 20 种，园林花卉 30 种	140	1、2	
	2	植物生长因子分析	利用植物生长的土肥水等因子对植物生长状况进行综合分析	66	1	
	3	园林苗木生产	能制定苗圃年度生产计划和预算；能熟练利用播种、扦插、嫁接、移植等技术培育大苗	106	3、4	核心技能
	4	园林植物病虫害识别	能识别常见病虫害 60 种	36	2	
	5	园林植物造型技艺	能进行各种树木的修剪造型	28	4	
	6	园林工程测量	能熟练使用水准仪、经纬仪、全站仪进行现场测绘	92	2	
	7	园林工程制图与识图	能按图纸绘制各种园林设计与园林施工图	83	1	
	8	园林景观设计	能完成设计方案文本编制	109	3、4	核心技能
	9	效果图表现	能进行效果图制作，并能用手绘技法绘制局部景观效果图	168	3、4	

（续）

类别	序号	课程名称	技能训练项目名称	学时数	学期	备注
单项职业技能学习领域	10	园林工程预算与招投标	能进行质量监督，能编制项目预、决算书并进行招投标	84	3	
	11	园林工程施工	能进行园林工程分部分项工程的施工	140	3、4	核心技能
	12	园林植物养护	能对工程栽植植物制定合理的养护管理措施，并能组织实施	61	3、4	
综合职业技能学习领域	1	跟岗实习	根据本专业对应的岗位，自主选择其中一—强化培养	360	5	
	2	顶岗实习	真实的企业环境中，培养实际项目工作能力	280	6	
	3	毕业设计与答辩	技术创新能力，项目开发能力	100	6	
拓展学习领域	1	大学生艺术鉴赏	艺术领域方面鉴赏能力	64	1、2	
	2	园林工程硬质材料识别	园林硬质材料特性及识别	24	2	
	3	园林微电商创新创业教育	园林网络营销策略	24	4	
合计				2093		

②技能训练基地的构建。校内实训基地以真实的企业环境为标准，以公司运营模式为实习程序，创建或改建园林苗木生产实训场、园林工程实训场、园林植物应用设计中心；再现真实企业氛围，保证教、学、做一体的教学模式顺利实施；充分挖掘校内实训基地的潜力，实现其功能最大化，并兼有社会服务功能。

（本方案由园林学院提供，由魏岩、陈丽媛、付海英、张玉忱编制）

附录五　特色章程、规划选编

中国（北方）现代林业职业教育集团章程

为深入贯彻落实《国家中长期教育改革和发展规划纲要（2010—2020 年）》《教育部等九部门关于加快发展面向农村的职业教育的意见》、国家关于林业建设的方针政策和工作部署，适应我国现代林业发展和生态文明建设对技术技能型人才的需求，不断深化职业教育改革，促进林业职业教育校企融合、产学研一体化，提升人才培养质量，推动林业职业教育"规模化、集团化、连锁化"发展，满足北方现代林业事业发展对技术技能人才和在职员工继续教育的需要，在国家林业主管部门和全国林业职业教育教学指导委员会指导下，依托辽宁林业职业技术学院，联合北方地区林业职业院校和行业企业组建中国(北方)现代林业职业教育集团(以下简称"集团")。为了规范集团的活动和成员单位的行为，维护集团和集团所有成员的合法权益，依据《中华人民共和国职业教育法》等相关法律法规和上级有关规定，制定本章程。

第一章　总　则

第一条　集团名称：中国(北方)现代林业职业教育集团，简称为"北方林业职教集团"(以下简称"集团")。其英文名称是：China North Modern Forestry Vocational Education Group(缩写为：CNMFVEG)。

第二条　集团性质：中国(北方)现代林业职业教育集团是由北京、天津、河北、山西、内蒙古、辽宁、吉林、黑龙江、山东、河南、陕西、甘肃、青海、宁夏、新疆等15省(自治区、直辖市)内自愿参加的涉林职业院校、企事业单位、行业协会(学会)、科研院所、社会组织以及行业主管部门组成，具有联合性、互惠性、非营利性的行业职业教育联合体。

第三条　集团宗旨与主要任务：集团以服务生态文明建设、北方现代林业和区域经济社会发展为宗旨，以需求为导向，以提高人才培养质量为核心，以行业产业为纽带，以深化产教研结合、校企合作为主线，以中国北方现代林业技术技能人才联合培养、人才需求分析、优质教育教学资源共享、教师培养培训、学生实习就业、企业职工在职培训、产教研一体化、生态文化传承等为主要职责，促进集团内成员优势互补、资源共享、双赢共进，增强林业职业教育办学活力和服务现代林业发展的能力。

集团的主要任务是：

(一)搭建集团内林业行业产、学、研结合和校企深度融合的平台，促进成员单位之间多元合作，推动林业职业教育整体水平的提高。

(二)整合集团内北方林业行业职业教育教学和技术服务的资源，实现优势互补和优质教学资源共享，提升技术技能型人才培养质量。

(三)针对北方林业行业企业现状开展人才需求预测分析，把集团内林业企事业单位的人才需求和林业职业教育的人才培养统一起来，实现集团内林业职业教育的工学结合。

（四）建设集团内人力资源互惠交流机制，加强教师培养培训和兼职教师队伍建设，定期安排专业教师进企业锻炼，选派优秀技术人员进课堂担任兼职教师，推动集团内成员单位间人员互动和人力资源优势互补。

（五）集团内校企共建实习实训基地、就业基地、订单培养基地、海内外留学基地和人才信息网等，推进林业职业院校招生、学生实习、就业、留学等工作，满足林业企业用人需求。

（六）加强集团内林业职业院校对企事业单位职工在职培训和劳动力转移培训，为行业企业职工能力素质提升、转岗和区域内社会人员终身学习服务。

（七）深化集团内林业职业院校和行业企事业、科研院所的合作，协同创新，推动产学研一体化和林业科技创新，为行业企业提供关键技术和高新技术成果转化服务。

（八）探索集团内技术技能型人才联合招考机制，促进集团内职业院校学分互认、联合培养。

（九）加强集团内林业职业院校和林业企事业单位的生态文化建设，推动生态文化育人，传承生态文明。

（十）建设集团网站，编发集团通讯，加强集团成员之间以及本集团与有关职业教育集团之间的交流与合作。

第四条 集团工作准则：合作、平等、互惠、共赢；集团的运营须遵守国家法律法规，认真落实党的教育方针、政策，依法从事教学、科研、培训、服务、国际合作交流等活动；集团实行常务理事会负责制，业务上接受中国林业教育学会职业教育分会、全国林业职业教育教学指导委员会的指导。

第二章　成　员

第五条 集团由法人单位或组织机构成员组成，其成员单位为理事单位。

第六条 申请加入集团的成员必须具备下列条件：

（一）有加入集团的意愿。

（二）承认集团章程，并愿意履行章程规定的义务。

（三）在本区域或行业内具有一定的实力和影响。

（四）具有独立法人资格，或经法人授权的组织机构。

第七条 加入集团的程序：

（一）提交加入集团申请书。

（二）经常务理事会议讨论后由理事会通过。

（三）理事长批准。

(四)由集团发给成员证书。

第八条　集团成员享有下列权利:

(一)有选举权、被选举权和表决权。

(二)优先享有集团内各种资源和服务。

(三)向理事会提出议案。

(四)提出修改章程的建议。

(五)参与集团的各种活动。

(六)对集团工作享有批评权、建议权和监督权。

(七)加入集团自愿,退出集团自由。

第九条　集团成员履行下列义务:

(一)执行理事会决议和决定。

(二)维护集团的社会声誉、整体形象和合法权益。

(三)向集团提供有关建议、信息、资料和资源。

(四)按时完成集团交办的工作。

(五)根据需要执行就业准入制度。

(六)常务理事及以上成员单位按时缴纳集团会费。

第十条　集团成员退出集团应以书面形式通知理事会,并交回成员证书。如果成员单位一年未按规定缴纳会费,或不参加集团活动,不能完成集团交办的有关工作,视为自动退出集团。

第十一条　集团成员如有严重违反章程的行为,经常务理事会讨论通过,予以除名。

第三章　组织机构与管理体制

第十二条　理事会是集团的最高权力机构,下设秘书处和专业建设与人才培养工作委员会、企业培训与终身教育工作委员会、协同创新与技术服务工作委员会、实训基地与信息化建设工作委员会、联合招生工作委员会、教产合作与人力资源工作委员会、生态文化建设与文化育人工作委员会共7个委员会。根据需要集团可以省(自治区、直辖市)为单位下设分理会,按照章程开展相应工作。

理事会的职权是:

(一)制定和修改章程。

(二)制定和修改会费收取标准和管理办法。

(三)产生和撤销集团所设立的有关工作机构。

（四）决定集团的工作方针和任务。

（五）选举和罢免常务理事。

（六）审议理事会的工作报告和财务报告。

（七）审议集团内部管理的有关条例和规章制度。

（八）决定终止事宜。

（九）决定其他重大事宜。

（十）本条第（一）、（二）项须以无记名投票方式表决通过方为有效。

第十三条 理事会会议须有三分之二以上的理事代表出席方能召开，其决议须经到会理事代表半数以上表决通过方为有效。

第十四条 集团理事会会议每两年召开一次。如遇特殊情况，可由理事长提议，常务理事会通过，报主管部门审查并经社团登记管理机关批准同意后提前或延期举行。

第十五条 集团常务理事会是理事会的常设机构，其成员一般为集团骨干院校和企事业单位的负责人。

常务理事会的主要职责是：

（一）执行集团理事大会的决议。

（二）实施集团年度工作计划。

（三）根据行业和社会发展需要，向理事会提交林业职业教育发展议案。

（四）审议申请加入的成员资格，交理事大会通过。

（五）决定理事大会召开的时间、地点。

第十六条 常务理事会须有三分之二以上常务理事出席方能召开，其决议须经到会常务理事三分之二以上表决通过方能生效。

第十七条 常务理事会每年至少召开一次会议。

第十八条 在理事会会议闭会期间，常务理事会行使理事会权力。

第十九条 集团理事会设名誉理事长 1 名，理事长 1 名，副理事长若干名，常务理事和理事若干名。

第二十条 集团理事长、副理事长、常务理事应具备下列条件：

（一）拥护党的路线、方针、政策。

（二）在全国林业职业教育、林业企业、行业协会和其他涉林社会组织中有较大影响。

（三）身体健康。

（四）未受过剥夺政治权利的刑事处分。

第二十一条　集团由理事会会议推举名誉理事长，选举和任命理事长、副理事长。理事长、副理事长任期 5 年。任期一般不得超过两届。因特殊情况需延长任期的，须经理事大会三分之二理事表决通过，报主管单位审查同意方可任职。

第二十二条　集团理事长为集团法定代表人。

第二十三条　理事长的职责是：

（一）召集和主持集团理事大会和常务理事会议。

（二）组织实施集团年度工作计划。

（三）主持集团的日常工作。

（四）检查理事会、常务理事会决议的落实情况。

（五）决定有关重大事项。

第二十四条　集团副理事长的职责是协助理事长做好有关工作，完成理事长交办的工作。

第二十五条　秘书处是集团的日常工作机构。秘书处设秘书长 1 名，副秘书长若干名（其中常务副秘书长 1 名），秘书长、副秘书长由理事长提名，理事大会选举产生。

秘书处的主要职责是：

（一）完成理事会和常务理事会会议决定的工作，完成理事长交办的日常工作。

（二）创办集团网站并维护其正常运行。

（三）收集、发布集团人才培养信息和人才供求信息。

（四）负责集团的宣传和有关文档的管理工作。

（五）负责筹备理事会和常务理事会会议，起草会议文件，撰写工作报告。

（六）组织编制集团中长期发展规划，年度计划和财务预算报告，并负责组织实施。

（七）拟定集团各项管理制度，并负责组织实施。

（八）协调各分支机构、代表机构、实体机构开展工作。

（九）负责集团的联络工作。

（十）负责集团的财务管理工作。

（十一）处理其他日常事务。

第二十六条　集团秘书处设在依托单位。各省（自治区、直辖市）分理会的秘书办公室设在该省（自治区、直辖市）分理会的依托院校。

第二十七条 专业建设与人才培养工作委员会、企业培训与终身教育工作委员会、协同创新与技术服务工作委员会、实训基地与信息化建设工作委员会、联合招生工作委员会、教产合作与人力资源工作委员会、生态文化建设与文化育人工作委员会，分别设主任 1 名，副主任若干名，委员若干名，由理事长提名，理事会通过。各省(自治区、直辖市)分理会的设立需经集团常务理事会同意，其大型活动需在集团秘书处备案。

第二十八条 专业建设与人才培养工作委员会的职责：发挥集团内企业、行业及研究院所优势，以校企合作、校协合作、校校合作为平台，优化资源配置，重点为集团内专业建设和林业技术技能人才培养服务。

(一)组织、指导各院校引入企业参与专业建设、改革和发展的研究。提出专业设置与调整、人才培养目标与规格、人才培养模式和提升人才培养质量等方面建议、意见，促进涉林专业结构优化和重点(特色)专业与专业群内涵建设。

(二)加强林业行业紧缺人才定向培养，推进工学结合人才培养模式创新和教学改革，提升人才培养质量。

(三)协助全国林业职业教育教学指导委员会加强集团内人才培养的标准化和专业教学资源建设，促进优质教学资源共享，同时为行业及国家更高层次的相关标准制定和教学资源建设提供素材、奠定基础。

(四)促进集团内工学交替、半工半读等弹性学制实施和订单培养；探索推进集团内学分互认和联合培养。

(五)在集团内各成员单位间组织开展以专业建设、课程改革和人才培养为主题的论坛、交流等活动。

第二十九条 企业培训与终身教育工作委员会的职责：集中集团内学校的职业教育资源，重点为集团内企业员工和行业从业人员职业能力素质再提高或转岗培训等提供相应服务。

(一)关注市场需求，开拓培训市场。

(二)整合培训资源，根据行业企业需求有针对性地开展集团内企业的新职工岗前技术培训、在岗技术人员技能提升培训、转岗培训、职业人员再就业培训、职业技能鉴定培训等相关培训工作，推进集团内工人持证上岗。

(三)推进集团内企业培训与终身教育的远程教育网络建设，积极为区域内社会各类人员提供终身教育服务。

(四)探索实施集团内以企业在职员工为生源的非全日制成人高等学历教

育；探索实施集团内具有高中阶段学历人员非全日制成人学历继续教育注册制度，推进技术培训与学历教育互通。

第三十条　协同创新与技术服务工作委员会的职责：主要集中集团内学校及研究院所资源，重点为集团内行业企业提供技术创新和高新技术成果转化服务。

（一）创新政校企协研等多领域联合科研攻关机制，合作共建示范性技术应用与服务中心，搭建产学研一体化平台。

（二）整合集团内林业科技研发资源，促进林业科技创新团队建设，推动集团内多主体协同创新。

（三）围绕北方区域经济发展方式转变和林业产业结构调整，针对集团内行业企业技术需求联合开展"立地式"研究和重大科技项目攻关，推动行业企业关键技术、工艺、流程研发，为集团内企业解决技术难题和产品更新换代提供技术服务。

（四）加强现有技术成果的集成推广与转化，开展林业类科技项目的国际合作与交流。

第三十一条　实训基地与信息化建设工作委员会的职责：发挥企业、行业及研究院所优势，以实训基地和信息化网络为平台，重点为集团内职业院校林业技术技能人才培养及行业企业信息化服务。

（一）根据行业技术技能人才培养需求制定集团实训基地和信息化建设规划。

（二）整合集团内实习实训资源，协调企业为学校提供实训基地和实训设备设施，优先接纳学生实习实训和顶岗实践。

（三）根据需要不断开拓和建设高质量的实训基地，面向集团内成员单位开放，日益满足集团内各主体在教学、生产、科研、培训、技术服务等多方面需求。

（四）建立集团门户网站，逐步搭建行业人才需求预测信息平台、行业企业用工信息平台等，协助有关部门推动集团内林业职业教育远程互动学习平台建设，促进集团在专业建设、人才培养、职业教育体系建设、就业等多领域的深入合作，提升集团智能化、一体化管理水平。

第三十二条　联合招生工作委员会的职责：通过校企合作，创新技术技能林业人才招考和培养机制，搭建集团内林业职业院校联合招生与联合培养平台。

（一）积极争取有力的招生政策，探索深化集团内职业院校招生考试制度改革新途径，完善"知识＋技能"的评价考核办法。

（二）制定集团内联合招生计划，建立各省（自治区、直辖市）协同招生机制。

（三）整合集团职业教育资源，推进集团内职业院校间招生有序衔接。

（四）推进集团内招生与招工互通进程。

第三十三条 教产合作与人力资源工作委员会的职责：主要依托集团内学校的人才培养能力和行业企业人才市场，为集团内行业企业人力资源建设、学校师资队伍建设和学生就业服务。

（一）研究制定集团内校企合作条例和兼职教师管理制度，深化人才共育、过程共管、责任共担、成果共享的紧密型合作办学机制建设。

（二）了解行业企业的人才需求，协调集团内人才的就业和双选工作，为行业企业提供和推介优秀的职业人才；在集团内逐步推行就业准入标准，促进毕业生在集团内企业就业。

（三）搭建校企、校校、企企间人员交流平台，学校聘请企业能工巧匠担任兼职教师和实训指导教师，企业聘请教师培训在职员工，推进集团内职业院校的"双师型"教师队伍建设和行业企业人力资源建设。

（四）协助有关部门完善集团内多主体参与的职业技能大赛机制；根据需要组织举办集团内职业技能大赛，提高教师、学生、员工的技能水平。

（五）加强行业指导，开展集团内教产对话活动，促进集团内企业、行业协会（学会）参与职业院校人才培养质量评价、毕业生就业创业指导，反馈毕业生就业质量。

第三十四条 生态文化建设与文化育人工作委员会的职责：主要利用集团内学校、企业、行业的文化载体功能，传承生态文明，推动生态文化育人，培育绿色集团文化。

（一）组织制定集团生态文化建设规划。

（二）按照"低碳、绿色、环保、节能"的集团核心文化理念，统一设计、包装集团宗旨、战略、制度、网站、通讯等精神文化元素，构建绿色集团文化，打造集团文化品牌。

（三）有针对性地组织开展集团内特色校园文化活动，通过组织优秀企业文化进校园进班级活动，设立奖学金、冠名、共建等手段，推动集团内企业文化建设和优秀企业文化进校园，促进文化育人。

（四）推介集团生态文化，协助有关部门及时总结、推介行业生态文化、企业生态文化，传承生态文明。

第四章　资产管理、使用原则

第三十五条　集团经费来源：

（一）集团成员单位缴纳的集团会费。

（二）集团成员单位的捐赠和社会捐赠。

（三）政府资助。

（四）集团服务工作的收入。

（五）利息。

（六）其他合法收入。

第三十六条　集团按照国家有关规定收取成员会费。

第三十七条　集团经费用于本章程规定的活动范围和事业发展，不在成员中分配。

第三十八条　集团建立严格的财务管理制度，保证会计资料合法、真实、准确、完整。

第三十九条　集团财务由秘书处所在单位代管。接受理事会监督和有关部门审计。

第四十条　集团资产管理执行国家规定的财务管理制度，接受理事会和财政部门的监督。资产来源属于国家拨款或者社会捐赠、资助的，必须接受审计机关的监督，并将有关情况以适当的方式向社会公布。

第四十一条　集团法定代表人更换或任期届满，必须接受财务审计。

第四十二条　集团的资产，任何单位、个人不得侵占、私分和挪用。

第四十三条　集团专职工作人员的工资和保险、福利待遇，由集团的依托单位根据国家有关规定执行。

第五章　终止程序及终止后的财产处理

第四十四条　集团解散或由于其他原因需要终止活动等需要注销的，由常务理事会提出动议。

第四十五条　集团终止动议须经理事会表决通过，并报主管单位审查同意。

第四十六条　集团终止前，须在主管单位及有关机关指导下成立清算组织，清理债权债务，处理善后事宜。清算期间，不开展清算以外的活动。

第四十七条 集团经社团登记管理机关办理注销登记手续后即为终止。

第四十八条 集团终止后的剩余财产,在业务主管单位和社团登记管理机关的监督下,按照国家有关规定,用于发展与本团体宗旨相关的事业。

第六章 附 则

第四十九条 本章程解释权属集团理事会。

第五十条 本章程于集团理事会通过之日起生效。

(本章程执笔:王巨斌、徐岩)

辽宁省生态环保产业校企联盟发展规划(2017—2020 年)

为切实推进生态文明建设和国家创新驱动发展战略,促进新一轮东北老工业基地振兴和我省教育供给侧结构性改革,根据《辽宁省人民政府办公厅关于印发辽宁省加强校企联盟建设实施方案(试行)的通知》(辽政办发〔2016〕163 号)及《辽宁省教育厅关于深入推进校企联盟建设的指导意见》(辽教发〔2017〕23 号)等文件精神,按照辽宁省省委、省政府关于推进中高等学校供给侧结构性改革工作的部署和辽宁省教育厅关于深入推进校企联盟筹建工作的要求,结合辽宁省生态环保产业发展的实际需求,为构建高中等学校、企业、科研院所、地方政府以及其他社会组织紧密结合、协同发展的辽宁省生态环保产业校企联盟(以下简称联盟)并高效务实推进联盟各项工作,经联盟筹建工作领导小组研究,依据联盟章程,特制定本联盟三年发展规划。

一、指导思想

紧紧围绕国家关于实施创新驱动发展和东北老工业基地全面振兴的重大战略部署,按照省委、省政府关于辽宁振兴发展的具体举措,面向我省生态环保产业发展现实需求,遵循社会主义市场经济发展规律、教育发展规律和科技创新规律,以供给侧结构性改革为引领,以"坚持举生态大旗,坚持人才培养为中心,加强生态文明建设,全面实施绿色发展理念,着力提升辽宁老工业基地振兴对生态环保人才、科技和文化三大需求的供给质量水平,实现辽宁的山更绿、水更清、天更蓝、土更沃"为根本宗旨,坚持"合作、创新、发展、绿色、共赢、共享"发展原则,以促进校企深度融合为着力点,以人才培养为中心主线,以科技创新为重要主线,以生态文明教育为特色主线,不断优化联盟治理结构和运行机制,推动"政产学研创用"深度融合,切实提升人才、科技和生态文化供给质量水平，促进辽宁生态环保行业产业转型升级，高中等学校办学质量和水平大幅提升，校企协同为辽宁经济社会发展和生态文明建设做出更大贡献。

二、战略架构

按照辽宁振兴发展的总体要求和供给侧结构性改革的实际需要，坚持以生态环保产业事业发展支撑辽宁老工业基地振兴为支点，以促进校企深度融合为主线，以提升人才、科技和文化供给质量水平为核心，以点线面体有机结合为综合布局，构建"123456"整体发展战略，联合推进生态环保联盟建设与发展。

> "123456"整体发展战略
>
> 以坚持举生态大旗，坚持人才培养为中心，加强生态文明建设，全面实施绿色发展理念，着力提升辽宁老工业基地振兴对生态环保人才、科技和文化三大需求的供给质量水平，实现辽宁的山更绿、水更清、天更蓝、土更沃为一个根本宗旨；
>
> 选择本溪市、阜新市作为两大综合改革试点，重点围绕人才培养、科技创新、生态文明三条主线，通过有效推进校企深度合作和协同发展，全面深化人才链、创新链、产业链有机融合，治理我省生态环保产业存在的生态安全、水土污染、大气污染、环境恶化等四大问题；
>
> 重点面向林业、水利、环保、气象、国土资源五大行业，全面促进校政合作、校企合作、校校合作以及科教结合、学创结合、研用结合，逐步实现政产学研创用六位一体、共建共赢共享，切实推动辽宁省生态环保产业事业全面、协调、绿色、可持续发展。

三、建设目标

（一）总体目标

以人才培养作为贯穿始终的核心链条，构建政、产、学、研、创、用多方联动平台，全面深化人才链、创新链、产业链有机融合；以人才培养作为中心任务，重点促进联盟内高中等成员院校人才培养与社会需求无缝对接，科技创新与产业结构调整升级有效同步，生态文明教育与美丽辽宁建设步伐吻合，从而不断提升辽宁老工业基地振兴对生态环保人才、科技和文化三大需求的供给质量水平；积极打造供需信息对称化、对接内容具体化、协同关系持久化、融合发展一体化，相互契合、同频共振、科学发展的应用型、创新型生态环保产业校企联盟，为促进东北老工业基地全面振兴和辽宁生态环保产业发展提供优质服务，形成有力支撑。

（二）具体目标

（1）联盟各成员院校根据行业、企业发展需求，共建专业（学科），重点完成"绿色人才培养体系构建"等六大工程，"形成合力，抱团服务"，成体系培养高质量人才，实现校企协同育人。

（2）联盟各科研院所、学校与行业企业"贴紧靠实、抱团创新"，重点完成"十百千万"等两大工程，联合攻克辽宁生态环保产业创新发展难题，为联盟企业提供人才培养培训和技术咨询服务，实现校企协同创新。

（3）着力发挥生态环保行业优势特色，贯彻绿色理念，联盟内成员院校和行业企业联手打造生态文化，重点完成"生态文明三进"等两大工程，构建生态文明教育体系，实现校企协同传承生态文明。

（4）充分发挥联盟各成员单位资源优势，共建实习实训、创新创业、科技研发、生态教育等共享基地，搭建合作发展平台，构建人才联合培养、技术协同研发、生态文明共建和智慧人员交流互通的合作新机制，实现校企协同发展。

四、主要建设内容和建设任务（重点实施十大工程）

（一）抓住人才培养核心主线，提升人才供给的质量和水平，满足辽宁生态环保产业发展的人才需求

1. 服务我省产业结构调整升级需要，科学重组优化生态环保专业格局

（1）打破过去"陆海空"割裂的现状，深化校企融合和校校合作，构建辽宁"大生态环保"专业产业格局，实施辽宁生态环保专业布局优化重组工程，使我省生态环保专业产业格局更加科学合理。

> 重点工程1：辽宁生态环保专业布局优化重组工程
>
> 根据辽宁生态环保产业发展需求，着力构建林业技术、园林技术、木材加工、森林生态旅游、水利及水利工程、林业生态工程、绿色食品加工、环境保护八大专业（群）。
>
> 重点开发和打造好林业生态工程、绿色食品加工、环境保护等三大新建专业群。

（2）按照辽宁产业结构升级改造的实际要求，做好生态环保专业加减法：校企共建林业生态工程、绿色食品加工、环境保护等辽宁生态环保产业急需的10个新兴专业及专业点；停招或撤销与辽宁生态环保产业结构不相适应的专业及专业点。

（3）针对目前生态环保类院校"强势专业不强、优势专业不优"的现状，加

强校校联合，科学优化专业资源，对联盟成员院校专业进行横向调整，逐步缩小基础薄弱专业规模，扩大优势专业规模，促进联盟内高中等院校协调发展。

2. 构建、完善绿色人才培养体系，着力解决辽宁生态环保产业人才培养存在的突出问题

（1）着力解决不同层次的生态环保人才需求数量不足的问题：依托沈阳农业大学、沈阳化工大学、辽宁大学、辽宁工程技术大学、大连工业大学等联盟内重点本科院校及中国科学院沈阳应用生态研究所等大中型科研院所及联盟企业，合作培养生态环保类本硕层次高端人才；依托辽宁林业职业技术学院、辽宁农业职业技术学院、辽宁水利职业学院、辽宁地质工程职业学院、辽宁轻工职业学院等联盟内高职院校及企业，合作培养生态环保类中端高素质技术技能人才；依托抚顺市农业特产学校、朝阳工程技术学校、辽宁省农业经济学校等联盟内中职院校及各县级职教中心，与企业联合培养生态环保类低端中职技能型人才。

（2）着力解决生态环保人才供给质量水平不高的问题：开展"三有三成"绿色人才培养体系构建实施工程。

> 重点工程2："三有三成"绿色人才培养体系构建实施工程
>
> 以辽宁林业职业技术学院为试点，构建"有德成人 有技成才 有职成业"的"三有三成"绿色人才培养体系。
>
> 2017年启动，2018年开始实施，2019年在联盟内全面推广，力争2020年覆盖联盟内全体成员院校。

（3）着力解决生态环保专业人才供给规格与生态环保产业人才需求标准适宜度不高的问题：创新校企合作、工学结合的人才培养模式，根据辽宁生态环保产业实际需求灵活招生，遴选设立5个订单定制定向人才培养试点，解决目前省内生态环保产业表面上人才饱和，实质上则是林业、水利、环保等专业人才无法在行业内就业的问题。

3. 构建人才成长的"立交桥"，实施贯通培养，着力解决人才培养链条衔接不畅问题

强化不同层次学校之间的合作，探索建设从中职、专科、本科到研究生的人才培养体系，在人才培养方案、理论和实践教学、课程设置及内容安排等方面有效衔接；在同一学科门类，成体系满足企业从技术工人到高级工程师的人力需求；积极探索生态环保人才培养双线"立交桥"构建工程，开通两列人才培养直通车。

> 重点工程3：生态环保人才培养双线"立交桥"构建工程
>
> A. 构建中职—高职—应用型本科—专业硕士有效衔接立交桥；
>
> B. 探索构建成人学历教育—在岗职工培训—终身教育有机互通立交桥。

4. 创新产教融合、校企双主体协同育人机制，探索实施多元所有制二级学院创建工程

> 重点工程4：多元所有制二级学院创建工程
>
> A. 积极调研论证，探索组建以一个龙头企业单独注入资金为主的股份制二级学院；
>
> B. 积极调研论证，探索组建一个以多元主体联合注入资金为主的多元所有制二级学院。

5. 加强校企人才队伍建设和实训培训基地建设，提高生态环保人才培养条件建设水平，增强人才质量保障效果

深化校企合作、校校合作，共建校企人才队伍。实行人才互通、人员互派、智力互流，在学校共建大师工作室5个；在企业共建教师工作站5个；培养"双师双能型"人才100人；安排教师到企业实践锻炼100人次；校校互派和师生交流100人次；聘企业专家300人；面向企业员工开展岗前培训、岗位培训、继续教育，提升企业员工的技能水平和岗位适应能力，面向企业开展继续教育培训1000人。

加强校企共建实训培训基地建设。实施生态环保实训培训基地建设工程，共建6个共享型校外实训基地，重点建设两个省级实训培训基地。

> 重点工程5：生态环保实训培训重点基地建设工程
>
> A. 以辽宁林职院实验林场为主导，建设辽宁省生态建设实训培训共享基地(计划2017年申报，2018年纳入日程)；
>
> B. 探索建设辽宁省环境保护实训培训共享基地(计划2018年申报，2019年纳入日程)。

6. 依托联盟平台，全面推动"双创"教育和学生就业创业，切实提高盟内成员院校学生就业率和就业质量

依托联盟，校企协同构建和完善创新创业教育内容，促进创新创业教育与专业教育深度融合；重点实施创新创业教育孵化基地建设工程，强化创新创业实践教育；联盟出台政策，吸纳、带动盟内成员院校学生参与科技创新

活动，并依托科技创新项目实施和成果转化进行创业就业；校企共同设立创新创业项目和举办创新创业大赛，共同举办就业双选会，及时发布就业信息，不断提高学生就业率和就业质量。

> 重点工程 6：创新创业孵化基地建设工程
> A. 建设 10 大创新创业孵化基地；
> B. 培养培训 200 个创新创业指导师；
> C. 开发 400 个孵化项目，带进去 1000 名毕业生；
> D. 举办 10 场大中型就业双选对接会和 10 次就业信息发布会，为盟内毕业生提供 5000~10 000 个就业岗位。

（二）把握科技创新重要主线，提升科技供给质量和水平，满足辽宁生态环保产业的技术需求

7. 全面深化产学研合作，重点建设两个综合改革试点市，治理生态环保难题，树立生态环保典范

一是依托全国生态市、辽宁省东部山区重点林区市——本溪市，建设林业生态市试点；二是围绕资源枯竭型城市和科尔沁沙地南侵生态屏障市——阜新市，建设生态治理市试点。

具体举措：

针对本溪市大江大河源头和沈阳饮用水系污染治理工程，与本溪、桓仁等市县合作开展研究项目，探讨治理方策；同时，本溪具有丰富的生态旅游资源，联盟与本溪市旅游局等相关机构合作，共同研究进一步协同开发本溪生态旅游资源的项目策略，服务地方生态建设和绿色发展。

与阜新市、省固沙所、省干旱所合作，针对科尔沁沙地南侵，与阜新市及辽西北防沙组联合，共同研究资源枯竭型城市可持续发展之路。

此外，着力以两个试点市为基点，共同开展"十百千万"科技富民工程，通过与试点市的科技创新和人才需求精准对接，提升人才供给和科技供给质量水平，帮助和带动一大批林农协同发展、科技致富。

> 重点工程 7："十百千万"科技富民工程
> A. 为两个试点市精准扶贫，探索开展 10 户教育扶贫试点；
> B. 为两个试点市定制培养 100 名本专科毕业生；
> C. 为两个试点市培养培训 1000 个科技致富带头人；
> D. 为两个试点市培训 10 000 人次林农及生态环保产业基层实用人才。

8. 建设高水平的科技创新平台，提高科技成果转化能力，实现创新链与产业链的无缝对接

联盟高中等学校成员及科研院所充分发挥已有科研平台优势，进一步完善平台功能，形成联盟成员协同创新机制，帮助行业企业改造升级产品和技术；联盟成员依据各自在人才、技术、资金等方面优势，组成科技创新团队，共同承接生态环保科研项目，联合攻克生态环保技术难题；联盟内中高等学校和科研院所要以行业企业现实需求为立项依据，以推动企业技术创新和产品升级为重点，开展订单式科技创新和成果转化；校企科技人才柔性对接，重点实施科技研发平台构建与科技成果转化工程，实现创新链与产业链无缝对接。到 2020 年，升级改造生态环保科技课题 30 项；完成生态类成果转化 15 项，环保类成果转化 15 项。

重点工程 8：科技研发平台构建与科技成果转化工程

A. 建立"城市森林与环境监测中心" 1 个；

B. 积极争取建立生态定位观测站 2 个，着力解决辽宁生态环境恶化问题；

C. 根据企业需求，围绕产业联合攻关，设立 30 项联盟课题；

D. 为企业提供科技服务，承担 30 项国家科技成果转化项目。

（三）突出生态文明特色主线，提升生态文明教育质量和水平，满足建设美丽辽宁、绿色辽宁的文化需求

适应东北老工业基地振兴和美丽辽宁建设的迫切需要，以"顶天立地"为路线，向上（顶天），主要培养适应生态文明建设需要的高端人才和技术技能人才；向下（立地），主要在中小学普及生态文明教育。到 2020 年，重点实施两大特色工程。

9. 构建生态文明教育体系，实施生态文明进校园，切实肩负起生态文明教育重任

生态文明建设从娃娃抓起，利用同样由辽宁林职院牵头的全国文化育人与生态文明建设工作委员会、辽宁生态环保职教联盟、辽宁生态环保绿色社团等有利平台，构建贯穿"小学—中学—大学"和"线上线下"相结合的生态文明教育体系，实施生态文明进校园工程。2017 年设计建设方案，2018 年开始建设，到 2020 年，力争辐射全省 300 所大中小学，年在线学习 10 万人次。

重点工程9：生态文明教育体系构建与生态文明进校园工程

A. 在高校建设10个生态文明综合实践基地及10个生态文明教育科普基地；

B. 在中学建设100个生态环保社团，定期组织开展生态环保主题活动；

C. 在小学建设200个生态文明教育点，开展300次生态文明教育活动；

D. 在线建设1个生态文化特色馆和1个数字标本馆，对盟内大中小学和全社会成员开放，实现年在线学习10万人次，普及生态文化，传承生态文明。

10. 实施生态文明"三进"，传承生态文明，不断提升生态文化供给质量水平

以生态文明"三进"（进教材、进课堂、进头脑）为主要载体，普及生态文明教育，传播林业精神和生态文化，推动生态文明建设，传承生态文明，提升生态文化供给质量。以辽宁林业职业技术学院为试点，2017年启动，2018年实施，2019年在盟内推广。

重点工程10：生态文明教育"三进"工程

A. 生态文明进教材。组织编制《辽宁省生态文明教育读本》，2017年启动，2018年出版，2019年推广使用。

B. 生态文明进课堂。先试点后推广，将"生态文明教育"作为一门必修课程，要求学生修满"生态文明教育"学分方可毕业。

C. 生态文明进头脑。通过成立生态环保社团、建立生态文明教育基地、开展生态保护志愿者活动等多种途径，促进大中小学生，特别是盟内成员院校学生的生态素养和绿色环保理念。

（四）逐步完善联盟内部治理结构和运行机制，优化联盟发展环境，保障联盟又好又快发展

1. 突出需求导向，建立调研和供需精准对接机制

建立常态化的需求调研机制，联盟各成员院校每两年组织1次行业企业和专业发展状况调研，每两年组织1次辽宁生态环保产业事业发展状况和需求调研，深入了解我省生态环保产业和行业企业需求，建立校企双方供需台账；坚持以需求为起点，动态科学优化专业标准、人才培养方案和课程体系、课程标准，创新科技服务项目，不断提升人才、科技等的供给质量水平，确保供给侧和需求侧精准对接、同频共振、科学发展。

2. 强化融合发展，建立跨界合作与协同创新机制

打破联盟内高中等学校办学层次、区域分布、所有制形式等界限，科学规划、创新布局、融合发展，成体系培养人才，集成化科技创新；联盟每年举办一次高端论坛，开展 2 次中型以上联盟校企成员教产合作对接见面会以及 3 次以上小型对接见面会；联盟各工作委员会每年分别组织 1~2 次人才培养与专业建设论证研讨会、科技创新项目论证研讨会、试点市建设研讨会等；积极搭建各种协同创新平台，营造跨界合作氛围，保障联盟创新、协调、开放、共享发展。

3. 坚持制度化发展，健全联盟制度和组织，完善治理结构

加强组织领导，做好与省教育厅等联盟主管部门及联盟主要面向的五大行业行政主管部门的沟通协调，争取有利的政策、项目和资金支持；建立联盟运行和评价激励机制，根据联盟运行发展的实际需要，逐步制定和出台联盟经费管理办法、联盟秘书处管理办法、联盟人才培养与专业建设工作管理办法、联盟科技创新与技术服务管理办法、联盟促进生态文明建设与教育实施办法、联盟专家咨询委员会工作制度、联盟成员考核激励办法等各项规章制度；并按照《联盟章程》和各项制度，定期组织理事会年度会议、理事会各工作委员会工作会议、专家咨询委员会工作例会及重大项目建设主题研讨会，定期开展联盟骨干成员培训交流等活动，形成完善合理的联盟运行管理体系和健全的组织体系，保障联盟科学、有序、可持续发展。

4. 推动联盟信息化发展，积极打造联盟特色品牌，提升服务产业能力水平

在"互联网＋联盟"背景下，开发对接政府、联盟和成员院校的 3 级信息化平台，建设联盟网站，利用信息化手段加强联盟成员之间协同创新机制建设，集成优势资源，积极构建组织科研、专业（学科）交叉、科技成果转化、创新创业的高水平创新平台；优化建设环境，做好成果宣传，营造联盟发展的良好社会文化环境；突出联盟绿色、环保的生态文明特色，努力打造复合型、创新型、紧密型、生态型的特色校企联盟，努力树立联盟的生态特色和绿色品牌，为辽宁生态环保事业发展和东北老工业基地振兴做出新的更大的贡献。

附：依据文件目录

1.《辽宁省人民政府关于推进高中等学校供给侧结构性改革的实施意见》（辽政发〔2016〕94 号）

2.《辽宁省人民政府办公厅关于印发辽宁省加强校企联盟建设实施方案（试行）的通

知》(辽政办发〔2016〕163 号)

3.《辽宁省教育厅关于深入推进校企联盟建设的指导意见》(辽教发〔2017〕23 号)

4.《中华人民共和国国民经济和社会发展第十三个五年规划纲要》

5.《国家中长期教育改革和发展规划纲要(2010—2020 年)》

6.《国家中长期人才发展规划纲要(2010—2020 年)》

7.《国家中长期科学和技术发展规划纲要》(2006—2020 年)

8.《中共中央 国务院关于加快推进生态文明建设的意见》(中发〔2015〕12 号)

9.《中国生态文化发展纲要(2016—2020)》

10.《中共中央 国务院关于全面振兴东北地区等老工业基地的若干意见》

11.《国家林业局关于印发〈林业发展"十三五"规划〉的通知》(林规发〔2016〕22 号)

12.《辽宁省国民经济和社会发展第十三个五年(2016—2020 年)规划纲要》

13.《辽宁省人民政府办公厅关于印发全省"十三五"重点专项规划的通知》(辽政办发〔2016〕76 号)

14.《辽宁省教育事业发展"十三五"规划》(辽政办发〔2016〕76 号)附件 23（2016—2020）

15.《辽宁省林业发展"十三五"规划》(辽政办发〔2016〕76 号)附件 21(2016—2020)

16.《辽宁省水利发展"十三五"规划》(辽政办发〔2016〕76 号)附件 14(2016—2020)

17.《辽宁省环境保护"十三五"规划》(辽政办发〔2016〕76 号)附件 19(2016—2020)

18.《辽宁省国土资源"十三五"规划》(辽政办发〔2016〕76 号)附件 20(2016—2020)

19.《辽宁省人民政府办公厅关于促进高等院校创新创业工作的实施意见》(辽政办发〔2016〕65 号)

（本规划主旨凝练：邹学忠、王巨斌、徐岩等；执笔人：徐岩）

参考文献

邓峰，2004. 我国高等职业教育的发展现状与思考［J］. 教育理论与实践（24）：17－19.

葛志亮，2017. 高职院校文化育人的路径探索——以江苏建筑职业技术学院为例［J］. 职教论坛（23）：45－48.

国家中长期教育改革和发展规划纲要工作小组办公室．国家中长期教育改革和发展规划纲要（2010—2020 年）［EB/OL］.［2010-07-29］. http：//old. moe. gov. cn/publicfiles/business/htmlfiles/moe/info_list/201407/xxgk_171904. html.

国务院，2014. 关于加快发展现代职业教育的决定［M］. 北京：人民出版社.

国务院，2017. 关于加强和改进新形势下高校思想政治工作的意见［EB/OL］.［2017-02-27］. http：//www. gov. cn/xinwen/2017-02/27/content_5182502. htm.

国务院．关于加快推进生态文明建设的意见［EB/OL］.［2015-05-05］. http：//www. gov. cn/xinwen/2015-05/05/content_2857363. htm.

国务院．关于深化产教融合的若干意见［EB/OL］.［2017-12-19］. http：//www. gov. cn/zhengce/content/2017-12/19/content_5248564. htm.

黄文伟，2007. 高水平示范性高职院校办学特色构建研究——兼论广东农工商职业技术学院办学特色［J］. 广东农工商职业技术学院学报，23（2）：10－13.

蒋寿建，2007. 高职院校实践绿色教育理念解读［J］. 扬州大学学报（高教研究版），11（6）：9－11.

教育部．高等职业教育创新发展三年行动计划（2015—2018 年）［EB/OL］.［2015-10-21］. http：//www. moe. gov. cn/srcsite/A07/moe_737/s3876_cxfz/201511/t20151102_216985. html.

教育部．高职高专院校人才培养工作水平评估方案（试行）［EB/OL］.［2004-04-19］. http：//www. gxgsxy. com/public/pgb/zcfg/bwj/2018/05/22/16064730147. html.

教育部．关于充分发挥行业指导作用 推进职业教育改革发展的意见［EB/OL］.［2011-06-23］. http：//old. moe. gov. cn//publicfiles/business/htmlfiles/moe/s7055/201407/xxgk_171567. html.

教育部．关于全面提高高等职业教育教学质量的若干意见［EB/OL］.［2006-11-16］. http：//old. moe. gov. cn//publicfiles/business/htmlfiles/moe/moe_1464/200704/21822. html.

教育部．关于深化职业教育教学改革全面提高人才培养质量的若干意见［EB/OL］.［2015-07-29］. http：//www. moe. gov. cn/srcsite/A07/moe_953/201508/t20150817_200583.

html.

教育部．现代职业教育体系建设规划（2014—2020 年）［EB/OL］．［2014-06-16］. http：//old. moe. gov. cn/publicfiles/business/htmlfiles/moe/moe_630/201406/170737. html.

教育部职业教育与成人教育司．关于开展职业教育专业教学资源库 2015 年度项目申请工作的通知［EB/OL］．［2015-01-15］. https：//www. tech. net. cn/web/articleview. aspx? id =20150115153924990&cata_id = N003.

李化树，2006. 论大学办学特色［J］. 清华大学教育研究，27（2）：75 – 83.

王景明，2008. 高校德育要加强生态文明教育［J］. 教育探索（11）：98 – 99.

吴中平，2009. 高校办学特色的内涵及构建研究［J］. 中国高教研究（9）：65 – 66.

习近平. 把思想政治工作贯穿教育教学全过程［EB/OL］．［2016-12-08］. http：// www. xinhuanet. com/politics/2016-12/08/c_1120082577. htm.

谢战锋，2007. 高职院校办学特色探究［J］. 考试周刊（27）：15 – 17.

徐岩，2011. 基于全面质量管理的高职教学质量保障体系的构建［J］. 辽宁高职学报，13（5）：8 – 10.

杨叔子，2002. 现代高等教育：绿色·科学·人文［J］. 中国高教研究（8）：3 – 6.

叶鉴铭，2008. 示范性高职院校办学特色研究［J］. 黑龙江高教研究（8）：131 – 133.

佚名，2012. 中国共产党第十八次全国代表大会文件汇编［M］. 北京：人民出版社.

佚名，2017. 全人教育［EB/OL］．［2017-03-20］. https：//baike. sogou. com/v7845068. htm? fromTitle = 全人教育.

郑巍，龙卓珉，郑光华，2007. 创建全国示范性职业技术学院的微观思考［J］. 黑龙江生态工程职业学院学报（5）：82 – 84.

中国社会科学院语言研究所词典室，2002. 汉英双语现代汉语词典：2002 年增补本［M］. 北京：外语教学与研究出版社，1876 – 1875.

周建，2013. 高校教学资源库建设研究［J］. 教育与职业（6）：183 – 184.

邹学忠，2011. "前校后场，产学结合，育林树人"实践教学体系建设的研究［M］. 沈阳：沈阳出版社.

邹学忠，2011. 高职林业类重点专业人才培养模式研究与实践［J］. 辽宁高职学报，13（9）：16 – 20.

邹学忠，2011. 突出内涵建设走特色发展道路——辽宁林业职业技术学院全面加强省级示范性高职院建设的实践［J］. 辽宁高职学报，13（4）：1 – 6.